零食里的中国

我 | 的 | 零 | 食 | 故 | 事

王金玲——著

社会科学文献出版社
SOCIAL SCIENCES ACADEMIC PRESS (CHINA)

前　言

进行观察和考察，可以有许多视角。对社会的观察和考察也如此。有宏观的，如政治的、经济的、军事（包括战争）的等视角，有微观的，如家庭的、个人的视角；有精神层面的，如文化的视角，也有物质层面的，如器物的视角；有主流的，如精英人士的视角，也有非主流的，如边缘群体的视角；有公开的、公共的视角，也有隐秘的、私人的视角；有自我的、主体性的视角，也有客体性的、“他者化”了的视角。林林总总，不一而足。而这观察、考察的视角可以是单一的，也可以是多重的、交叉的、融合的。由此而论，本书——《零食里的中国》，就是以零食为切入点，力图以零食这一人们在日常生活中熟视、熟闻、常食，但目前为止较少受到关注的物质存在为视角，观察中国社会，考察中国社会的变迁，进而为有关中国社会的研究探讨一条新的分析路径，为有关中国研究提供一种新的基础性资料。而本书的副标题——“我的零食故事”中的“我”，则表明这一资料的私人性和个体性。我的性别为女；所属民族为汉族；出生地和居住地均为杭州市城区；受教育程度为大学本科；职业为社会科学研究者；父亲身份为从北方征战到南方的军人（转业前）/省级机关干部

（转业后）；母亲身份为民族资本私营企业职员（解放前）/国营企业工人（解放后）；已婚并育有一子，等等。以上社会身份，更表明这样私人的、个人的努力和相关资料的局限性和有限性。好在有关个人的、私人的经历/经验/知识等的“个人的即是社会的”“私人的即是公共的”已在学界得到普遍认同，成为共识，这一局限的、有限的私人性和个人性，在某种程度上也就具有公共性和社会性的意涵，蕴含和体现了某种公共性和社会性的价值。

当然，既然是“我的零食”，它须至少具备以下三个条件中的一个：一是我吃的，即是我而非他人吃过的零食；二是我吃过的，这包括我仍在吃的和曾经吃过的；三是我特定的。由此，我的零食包括了以下四大类：一是常规认知的零食，如炒花生、山核桃；二是常规认知为菜肴或食材，而被我兼作零食的零食，前者如酱瓜，后者如萝卜干；三是在食品分类中被划归为点心、糕点、蜜饯/果脯等，而被我作为零食食用的，如葱包桧（点心）、桃酥（糕点）、杏干（蜜饯/果脯）；四是被常规认知为非食品，却被我特定加以食品化，作为零食食之的。如酸妹妹（野草）、香蕉皮（水果皮）。

因此，本书所谓“我的零食”指的是：我自己吃过的、不作为主食而食之的可食之物。

进一步看，零食原本是一种物质存在，而当它人为地与某些人、某些事、某些物等相关联，包括建立关联，以及认为发现和/或存在关联，并由此产生或被赋予某种意义时，这一物质存在也就实现了人文化，有了故事，甚至其本身就成了“故事”，并由此有了讲故事的人。我的零食亦是如此：它存在于我的生活中，我使之与我所处的社会中的某些物、某些人、某些事等有了关联，它就成了“我的零食故事”，乃至我的生命/生活史中的故事——我生命/生活史的组成部分，而我自己就是讲述人，讲述“我的零食”是如何出现、存在和游走在我的生命（生物和生理层面）

和生活（心理和社会层面）中，影响着我的人生。

对我喜食零食的爱好和选择零食的偏好具有重要影响的因素，在儿少时期，以生活环境，如幼儿园、学校，尤其是家庭为主。在中国，家庭一直是孩子成长的第一构建力，而家庭生活环境、生活质量及个体在家庭中的生存与发展状况，也从一个侧面反映了整个社会的现状与变迁。故而，我将与本书相关的我的家庭背景和当时的状况做了必要的说明，作为附录放在文末，以方便读者进一步探讨社会的存在与变迁是如何透过家庭呈现在孩童们的零食上；研判社会是如何通过家庭以及家庭中的零食形塑着孩童的成长。在成年之后，这一影响力体现为以儿时形成的口味偏好、市场、朋友、家人为主。朋友中，我退休前的同事，亦是朋友的高雪玉副研究员的影响力最大。高雪玉女士1986年大学毕业分配到浙江省社科院工作，时被称为“小高”，而这“小高”一叫就是三十余年，直至今日，仍被社科院的老同事们如此称呼。退休后，茶友冯君女士、大学校友徐明女士经常与我交流零食信息与品尝心得，不时相互分享自认为好吃的零食，并成为我的网购得力助手；漳州的朋友林百荣先生在每年送我闽南乌龙茶时，都会附上不少被他美誉为“茶食”的闽南特产零食。在闽南零食成为我最爱吃的零食后，让我在对零食大快朵颐时，也有了名正言顺之势、理直气壮之心——此非俗气的“零食”，乃高雅的“茶食”也！而自从两年前儿子携家人回杭工作后，我的零食更偏向时尚化和年轻化，乃至儿童化。儿子和媳妇经常会送来一些年轻人喜爱的、相信我也会喜爱或我确实也喜爱的网红零食，如辣条、蛋黄芥末夏威夷果、榴莲千层奶油蛋糕……十岁的大孙子在超市购买自己吃的零食时，会算上我的一份，最近给我送的是烤鸡翅；八岁的二孙子会不时与我交流吃零食的心得，并与我分享他喜欢的零食，如甜甜圈、空气炸鸡块或薯条。因此，我的零食故事就不仅仅是有关零食的故事，在更深广的背景下，也是有关中国社会和中国人的故事。

本书目录所列“我的零食”为116种，加上文中所涉及的，如“鱼片干”一文中讲到的鱼排，全书所提及的“我的零食”有120余种。我所吃过的零食当然远远不止这些，只因篇幅所限，只能一再筛选，挑选出这120余种最有故事，乃至本身已成故事的零食，进行讲述。

以我的经验看，闲聊时，零食往往是一个能令人人各抒己见并引发共鸣的话题：零食不仅是个人的故事——“我”的故事，也是一代人的集体故事——“我们”的故事，以及跨时代人共同的故事——“大家”的故事。而就在这“我”的讲述、“我们”的讲述、“大家”的讲述中，零食这一人们日常生活中极平常、极普通乃至微不足道之物的故事，就融汇成了国家故事——中国故事，上升成为一个具有宏大意义的主题故事。零食故事的讲述在某种程度上成为一种宏大叙事。而百姓的日常普通生活，也由此不再寻常。

故而，期待更多的人从讲述自己日常生活中普通之处的故事开始，讲述中国的故事，讲好中国的故事。

目 录

L

M

N

P

Q

R

S

T

W

X

Y

Z

附录

后记

阿婆铁蛋

阿婆铁蛋是一款酱蛋类熟食食品，可即食，为台湾小有名气的地方性食品。据说，它是用以鸡蛋加酱油长时间煮，最后煮至鸡蛋只有鸽子蛋大小，取出置入镂空的竹篮或草篮，风干成鹌鹑蛋大小后才拿来食用。特殊的加工方法使得阿婆铁蛋酱香酱味十足，尤其是蛋白，紧致滑韧弹性充足。每咬一小口，就可美美地咀嚼五六分钟，鲜香无比。因这款蛋品的创制人是一位老年妇女，闽南语将老年妇女尊称为“阿婆”，而这蛋又黑如铁，弹性强，韧劲大，嚼起来很费劲，故被命名为“阿婆铁蛋”。阿婆铁蛋传统上是青茶（乌龙茶）的佐茶茶食，在茶歇时食用，后来受到越来越多的人喜爱，也成为一种零食。

记得好像是二十世纪九十年代中期，我在一本书上看到“阿婆铁蛋”这一名称及相关来历介绍。这马上引起我这零食爱好者的兴趣，我不仅记住了这一名称，且在无限的想象空间中思考这款鸡蛋如何成为“铁蛋”，这坚韧的铁蛋又如何能吃？2005年，我应邀作为访问学者去了台湾大学，相较之前去台湾参会，学术访问有了较多和较长的个人活动空间和时间。于是，在台北访阿婆铁蛋不得后，我打听到基隆的渔人码头有卖，便专程去了基隆。

基隆位于台北附近，渔人码头是一个夜市的名称。打听到阿婆铁蛋店的所在方位后前行，一路上是各种煎炸炒煮的小吃摊，还有卖地方食品的售货亭，不时有写着某某铁蛋的招牌在眼前闪过，心中不禁大叹：真是不到基隆，不知铁蛋多啊！一条街已走过大半，仍不见阿婆铁蛋，心中不免焦急，忍无可忍已不再忍地在一家某某铁蛋（不好意思，忘了这款铁蛋的名称）售货亭中买了一袋他家制作的铁蛋，然后仍心有不甘地继续前行。终于在路尽头，我看到了阿婆铁蛋的招牌。挂着阿婆铁蛋招牌的售货亭也是仅五六平方米大小，面积与其他售货亭相似，内部的设置也与其他售货亭无异，四周是玻璃柜，透光的玻璃上挂满了用以招徕顾客的实物，亭子内挂着几个好像是装着蛋品的镂空篮子。与其他售卖铁蛋的售货亭的最大不同之处有二：一是招牌下的玻璃窗上贴着一张时任台北市市长的马英九先生莅临该售货亭时的照片；二是售货员是一位年迈的阿婆，而不是花枝招展的年轻姑娘。

阿婆长相清秀，穿着干净且不失端庄，动作利索，令我如同见到了在闽南渔村见到过的能干的阿婆们。阿婆一见我走近，便指着照片说："马市长来买过我家的铁蛋！"我问："这铁蛋是你做的？"答："当然啦！我做的铁蛋最好吃的啦！"我见到这阿婆铁蛋的售价要比其他铁蛋高许多，脱口而出："贵这么多！"阿婆看看我手中的那袋蛋，一丝不屑在眼中迅速闪过，拿出一包蛋，脸上却笑着说："你比比，比比就知道了！"望望手中如鸽蛋大小的某某铁蛋，看看如鹌鹑蛋般大小的阿婆铁蛋，带着对阿婆眼中闪过的那丝不屑的信任，怀着对阿婆铁蛋曾有的无限想象，我买下了两大袋阿婆铁蛋，然后直接返回台北。

回到台大访问学者宿舍，我立马开吃。相较之下，阿婆铁蛋的总体美味度、蛋白弹韧度、蛋黄鲜美度确实均高许多，真个是价有所值。于是，在一段时间里，品尝阿婆铁蛋成为我休闲生活中的最大乐趣。2005年以后，我又几次赴台湾参会或进行学术访问。随着两岸交往和交流的日多日广，我在台湾购物时，不再被说成是日本人，在高校做学术讲座时，不再有学生提问：现在大多数大陆民众吃得饱吗？但无论是在商场或超市，还是在林林总总的以大陆游客为目标人群的旅游品商店中，阿婆铁蛋还是难觅。因行程安排紧张或活动地点离基隆较远，我也无法专程去基隆购买。所以，每次返程前，望着一堆准备回家送亲友和自享的台湾特产，如凤梨酥、麻糬、冻顶乌龙、阿里山乌龙茶，以及我最喜欢的台湾菜肴之一煎乌鱼籽的食材乌鱼籽等，心中不免遗憾地长叹一声：没买到阿婆铁蛋啊！我已近八年没去台湾了，不知现今在台北的商场中抑或旅游品商店中能买到阿婆铁蛋否？

怀念阿婆铁蛋！

艾　饺

艾饺是一种以米粉为主料之一做的食物，在用大米加糯米碾制的米粉中，加入艾叶汁或直接加入嫩艾叶，揉后提成皮，包入用咸菜（最好是腌制的雪里蕻咸菜）、春笋丁、豆腐干丁混合炒制而成的素馅，捏成饺子状，蒸熟后即可食用。因其用艾叶作为原料之一，成北方的水饺状，故被称为“艾饺”。

艾饺的色，未蒸熟时为翠绿色，蒸熟后转为墨绿色。香，在未蒸熟时因为馅被紧裹而只闻艾叶的清香，蒸熟后，皮为艾叶之清香，馅为咸菜的鲜香、春笋的清香、豆腐干的醇香混合而成的鲜醇清爽之香。入口与艾草的清香融汇后，又有一种清香穿透而出，闻之令人食欲大开，食之令人不忍停口。味，是融合后的咸菜、春笋、豆腐干特有的咸鲜清醇，夹着米类特有的清甜，尤其又有糯米的柔滑，还有艾草明显的植物鲜香，真可谓回味无穷。

艾饺为时令食物，一般只在春末夏初艾草新长、春笋未老时才有，且宜趁其新鲜时就吃，刚出笼时味道最佳，香气最妙。放置三天后，其色、香、味就减弱了许多。在我的经历中，只在浙江吃到过艾饺（也许与笋的生长与食用相关）。而在过去，这艾饺也是农家在这一时节的食物，自制后自食，尤其是给孩子尝鲜。有多余时，也会送一些给左邻右舍，尤其是城里的亲戚朋友。因制作时手法不一（如揉面的力度）、用材不一（如大米与糯米的配比，加艾叶汁还是加艾草嫩叶）、用材来源不一（如哪座山上的春笋、春笋的种类、咸菜的种类及制作手法），各家的艾饺各有其妙。而其特有的时令性和稀缺性（市面上没卖的），也使得艾饺这一乡下食物虽简单但并不寒酸，成为乡下人拿得出手的、送给自认为见多识广的城里人的时令礼品。不论在物质条件匮乏的年代，还是在今天，得到乡下的亲戚好友送来的自制自食的当令艾饺，是让城里人在大饱口福之余，也能在朋友聚会时显扬显扬，在朋友圈中晒晒照片得意得意的事情。不过，近年来，也有一些热爱DIY（英文Do It Yourself的缩写词，译为：自己动手）的城里人，尤其是退休大妈们，会在春末夏初上山采艾叶，自制艾饺，自食与送人。但相比之下，也许是食材质量的不足（城里人的食材大多购买自超市或农贸市场），不管如何努力，这城里的艾饺终是不及乡下的艾饺，只能在无乡下艾饺时聊以自慰罢！

艾　团

艾团是一种以米粉为主要食材之一制作的食物，有甜、咸两种口味。在我的经历中，艾团是浙江春天至夏初时节的时令食物。具体制作方法为：用艾草汁或直接用艾草调和米粉，揉后分成小团捏成皮，甜的裹入用赤豆加糖制成的豆沙，或用捣碎的芝麻加糖制成的麻芯，咸的则裹入用咸菜、春笋、豆腐干炒制的咸馅，轻揉成圆形，蒸熟后即可食用，可热食亦可冷食。因其有艾草之香，又是一团圆球状，故被称为“艾团”。也因其无论生时或熟时都呈青色，故又被称为“青团”。而当它以清明节必不可少的时令食物出现时，则被称为“清明团子”。

艾团未熟时为青翠色，蒸熟后转为墨绿色。其香，生时是艾香飘飘，蒸熟后，咬一口内馅，或是艾草的清香加红豆的柔香，或是艾草的清香加芝麻的腴香，或是艾草的清香加咸菜的咸香、春笋的清香、豆腐干的豆香……总之，甜香无限，鲜香悠长。其味，入口或皮柔馅甜，或皮柔味鲜，食后均齿颊留香，回味无穷。

与农家自制自食、可有可无的艾饺相比，虽主要食材之一（艾草汁或艾草调和的米粉）相同，内馅相同（炒制的咸菜、春笋、豆腐干），制作方法相同，但艾团一是作为“清明团子”，为清明时节必备的，二是作为商品，会在店里出售。因此，较之艾饺，艾团多了一种习俗的必备性、自身的商品性，以及售卖的制度性（如固定的场所、规定的价格）。

记得在儿少时（二十世纪六七十年代），艾团是在小吃店出售，半两粮票，五分（咸的）、八分（豆沙馅）、一角二分（芝麻）钱一只。到清明节那天，母亲也总要早起，到小吃店排队买艾团，用自带的纸袋（七十年代改为塑料袋）装着拿回家。现如今，在杭州最著名的传统小吃大店“知味观”中，清明团子五元钱一个（当然不需再用粮票了），两只一盒，装在精致的食盒中。食盒上的封底印着灵动的艾草和漂亮的艾团，令人一见就很难不大食之。不过，清明节那天如去得迟了，“知味观”的艾团就会售罄，只能待第二天再去买，且其艾团也只有在艾草生长的仲春至夏初，才能在店中买到。

在1973年我17岁时，家有乔迁之喜，我们搬入新居。在新邻居中，有一家的女主人在一家小吃店当会计。当时所有的店都是国营的，没有二十世纪五十年代存在过的私营、公私合营，也没有八十年代如雨后春笋般出现的私营独资、中外合资的所有制形式。搬进新居的两三年后的某个清明节，我和母亲正在家中吃她辛辛苦苦排了半个小时队买来的清明团子（我父亲已去世，我为独女，故当时家中仅母亲与我两人），邻居家的十一二岁的男孩来找母亲聊天。母亲经历丰富，我家又有一台当时很少见的收音机，每天早、中、晚三餐时听新闻及文艺节目是我家的惯例。故在邻居中，母亲可谓国内外消息灵通，文化修养很高的。加上母亲已退休多年，有闲暇时间，所以，邻居们无论老小，都喜欢找她聊天。见男孩来了，母亲递上清明团子让他尝鲜，他很有礼貌地谢绝了。然后，这小男孩半带神秘半带得意地说，他母亲告诉他，因为反对走资本主义道路，许多农民都不上山割艾草卖了。所以，许多年来杭州的小吃店卖给顾客的艾团（包括清明团子）都是用青菜汁调米粉而成的，根本没什么艾草。只有内部卖给店里职工的，店里自己派人去郊区山上割艾草做的，才是真正的艾团，真正的清明团子！不过，他母亲也特别要他注意，这话不能告诉别人，担心传出去，就是“反动”谣言，要被批判的。而店里职工私自做食品，也要被批评的。听罢，我和母亲才恍然大悟，怪不得这几年总觉得清明团子没了艾草香，皮子也乌乌的、暗暗的。就这样，我们对国营店的信任度也大大下降了。尤其是母亲，国营店的这种欺瞒顾客的作为对她的打击更大。那男孩走后，她失望地对我说：“想不到，现在的国营店也这样了！”那神态、那话语，至今我仍记忆犹新。当然，考虑到各种原因，我们也不敢将这“秘密”转告他人。

我的一个写作习惯是在文思阻滞时，以吃零食的方式打开思路，而这零食包括所有的食物——在非正餐时吃的、不以饱腹为指向而吃的食物，我均定义为“零食”。所以，每到仲春至初夏艾团问世、清明时节清明团子上市时，艾团、清明团子也就进入了我的零食单中。

桉叶糖

桉叶糖是清凉型硬糖，棕黄色，三角形，如成年妇女的大拇指指甲大小。它用白底蓝花纹防粘纸包装后，十颗一盒，装在一个长条形盒中。盒子为绿色，印着三角形糖块的样貌，用楷体写着“桉叶糖”三个字。前年我购买桉叶糖时，还是这个包装，可见是几十年一贯的。

我是在二十世纪六十年代中期十一二岁时，第一次吃到这桉叶糖的。忘了当时我是如何得到这糖的，只记得这与曾吃过的薄荷糖不同的口感和香味令我十分喜欢。加上母亲说，做这桉叶糖的桉叶油来自一个名叫澳大利亚的国家，这让我对这糖有了众多的异域遐想。我在母亲用过的那本二十世纪四十年代出版的繁体字的《世界地图册》（还有一本是《中国地图册》）中，找到了澳大利亚，知道了世界上还有一个洲叫“大洋洲”，知道了澳大利亚有桉树（桉叶来自桉树），还有袋鼠和考拉。

那盒桉叶糖被我小心翼翼地藏着，吃了几个月。有时，我也会藏在裤子口袋里，拿出去在邻居小姐妹中显扬。尽管我们都是省级机关干部的孩子，家中的经济条件在当时属中上水平，但大多数家庭有三四个孩子，余钱不多，所以，桉叶糖属“奢侈品”。而我不仅有了这糖，且我家仅我一个孩子，一盒桉叶糖全归了我，故而，足以显扬。在只有一个小伙伴时，我也会在她的强烈要求下，表面慷慨内心不舍地，以母亲告诫我的女孩子应有的文雅，尽量不沾口水地咬下半块送她。当然，她也不会在乎是否沾上了我的口水，接过这半块糖后马上放入口中，边说着好吃、好吃，边吸吮着糖汁水。

喜欢上桉叶糖后，我经常会去家附近那家最大的、门楣上写着“国营葵巷副食品商店”大字的商店里看看有没有桉叶糖出售。一见到柜台上摆着的小玻璃柜里出现了桉叶糖（这糖很少出现的），我就会回家顾左右而言他，醉翁之意不在酒地向父母提及。于是，当我有了重大良好表现，如期中期末得了学校“三好学生”奖，父母就会买上一盒，以资鼓励。所以，桉叶糖总是伴着我的成功的喜悦——学校奖励的喜悦和淑女般拐弯抹角让父母买了桉叶糖的喜悦。那种童年纯粹而简单的喜悦使得桉叶糖至今仍是我最喜欢的零食之一。

听说，几年前网上选出的“80后”儿时最喜欢的零食中，桉叶糖也在其列。看来，或许可以“儿时的桉叶糖”为名，编一本有关桉叶糖与中国儿童的书呢！

巴旦木

巴旦木首先是一个树名，为维吾尔语的汉语译名，而这一维吾尔语名据说又是来自波斯语“Badam”。巴旦木树所产果实为杏类，称巴旦杏，其学名为扁桃。巴旦杏的果核就是炒货巴旦木的原料——巴旦杏的果核炒制后，称巴旦木。本文所说的巴旦木即是指炒货巴旦木。

在我国，巴旦木树的主要种植地区在新疆，故，无论是巴旦木树还是巴旦杏都是新疆特产，而以巴旦杏果核炒制的炒货——巴旦木，当然也就是新疆特产了。

炒货巴旦木有原味和咸味两种。近十年来，也出现了略加蜂蜜与饴糖之类的辅料，成椒盐味（杭州话将甜中带咸或咸中带甜的味道称为椒盐味）的。巴旦木较蜜桃桃核小一些，但外形亦是坑坑洼洼、沟壑纵横的，且外壳坚硬。但近年来，不知是树种改良还是加工技术改进，外壳的坚硬度大大下降，有的甚至松脆到手无缚鸡之力者用手一捏即可打开的地步。打开外壳，内仁可食用，味松脆微甜，清香悠长，丰富的含油量使得咀嚼时有一种特别的腴润感。相比较而言，原味显清甜，咸味显腴香腴润，椒盐味道更丰富，而近年来，椒盐味的巴旦木独占鳌头，甚至已成为整个零食类中广受欢迎的一大炒货。

记得我第一次吃巴旦木是在二十世纪八十年代末。丈夫去新疆开会。那时，会议主办方都会在会议期间送给参会者一些当地土特产，量不多，也非什么高档消费品，但可让参会者更多地了解参会地，也作为参会纪念。丈夫回家后打开行李箱，拿出三包（每包大约一市斤）会议送的礼品，简易塑料包装袋上端印着“新疆特产”四个红色大字，下面竖着印了小一号的红色字：一为“葡萄干”，一为“甜杏干”，一为“巴旦木”。新疆葡萄干久负盛名，新疆甜杏干在当时也声名鹊起，都是零食佳品，但巴旦木为何物？问丈夫，丈夫曰：不知，没问；又问：巴旦木如何吃？丈夫曰：不知，没问。于是，书橱中找出《辞海》，但查找无果；问了几位同事，亦说不知。与儿子一起吃完了葡萄干，吃完了甜杏干，对巴旦木思考良久后，终于认定这东西既然是和葡萄干、甜杏干一起赠送的，必定也是已加工的零食，可开袋即食。而这东西如桃核、杏核般，似某种果子的内核，又如此坚硬（那时的巴旦木外壳十分坚硬），想必是敲开外壳吃里面的果仁的。于是，找来榔头，敲开外壳，取出内仁，先大人试吃三颗，半小时后无异状，儿子（当时五六岁）再试吃三颗，半小时后无异状，便正式开吃。但也“慎”字当先，每次每人不超过十颗。当然，一市斤巴旦木实际上也就几十颗，没几天就吃完了。这巴旦木是原味的，个大肉多，松脆清香，有甜味，非常好吃，给我们一种与杏仁、核桃肉等硬壳果仁完全不同的口感。我和儿子都还想“再来一点”，但直到几年后的九十年代中期，才在杭州的商场中买到。

这初识巴旦木的神秘感与初食巴旦木如同冒险的过程印记在我的脑海中，直到今天，吃到巴旦木时，我仍会想到此事。在给上幼儿园的孙子们剥巴旦木（现在的巴旦木外壳松脆软，可直接用手剥开）时，也会跟他们聊聊此事。在独乐乐和众乐乐中，巴旦木就这样成为社会变化的一个物质注解。

巴西松子

巴西松子为炒制食品，是以松子为原料炒制而成。因其原料主要产地为巴西，故与国内所产松子相区别，被称为“巴西松子”。巴西松子外壳为棕色，如葵花籽般大小，壳薄软，用手一剥即可去除；松仁色淡黄饱满，入口有淡而纯清的松仁香。到目前为止，我吃到的巴西松子都是原味的，因此，其味润腴，嚼之有甜味。与国内所产的松子相比，巴西松子最大的不足是松仁香不如国内松仁浓郁，而最大的优点是仁肉大，尤其是易剥。国内的炒货松子，即使是目前已改进了的、已加工敲开半壳的“开口松子”，因壳较硬，不易用手剥开，有时不得不借助钳子钳开外壳，才能食得松仁。而巴西松子用手一剥即开，即使孩童也能自行剥开。相较之下，巴西松子的易食度更高，而易食恰恰是今零食爱好者开口吃食的第一步。

因对松子低易食度的刻板印象，我一直购买的是松仁而非松子。多年来，我与丈夫一直去珠海避寒和过春节。近年来，在珠海的朋友送给我们的茶食兼零食中，出现了巴西松子。食之，虽香不如国内的松子，但仁肉多，尤其是易剥，于是，它成为我与丈夫都喜爱的零食。从此，面对松子，我不用在不食或手累间左右为难。

超市营业员告诉我，巴西松子近年来销量一路上升，尽管价格比国内松子贵，但买的人越来越多。尤其在国人强调享福（包括享口福）、快乐的春节来临前和期间，巴西松子已成为许多人和家庭待客、自享的零食佳品。看来，随着收入水平的提高和生活观念的变化，对许多人来说，选择零食时，易食度已成为一个重要指标。

白瓜子

白瓜子是一种炒制食品，以一种瓜类作物的种子为原料，在零食中属炒货类。与传统本地的南瓜子相比，其色更白，个较大（大一倍），较扁平。白瓜子一般有三种口味：原味、咸味和椒盐味。十几年前，也出现了一款以白瓜子为原料，加抹茶炒制的“抹茶瓜子”，其味亦为椒盐味。

我是在20世纪90年代末，四处寻找传统炒南瓜子未果，经设在家附近的一家大型菜场中的炒货摊摊主的推荐，买了白瓜子。摊主说，现在已无传统南瓜子，这也是南瓜子，只是因为颜色比传统南瓜子白，所以叫它“白瓜子”，味道与老底子的南瓜子是一样的。半信半疑中，我买了半斤原味的，且作一试。食之发现其片虽大但薄，且无传统南瓜子的香味，只好抱着食之无味弃之可惜的心情吃完了。在心有不甘中，又分别买了咸味和椒盐味的，仍是如此。无南瓜子香的怎能称是南瓜子？加上后来又有人告诉我，这白瓜子其实不是南瓜的种子，但他也说不清那是什么瓜，于是，我不再买白瓜子了。

几年后，市面上出现了一种以白瓜子为原料，辅之以抹茶炒制的“抹茶瓜子”。在我的零食记忆中，抹茶是与蛋糕相连的。我认为，在吃过的所有抹茶食品中，以抹茶蛋糕最美味——抹茶的香、奶油的细腻与蛋糕的松软淡甜结合在一起，食之回味无穷。带着对抹茶蛋糕美味的记忆，我买了一袋抹茶瓜子。这抹茶瓜子仁的肉薄在我的意料中，但这抹茶离开了奶油的细腻有了粗糙感出乎我的意料，而抹茶瓜子的甜中带咸更突破了我的味蕾对抹茶以甜味为佳的习惯的忍受度。我仅吃了一把后，那袋抹茶瓜子就被我扔进了垃圾箱。从此，白瓜子在我的零食单中被排除了。

在我的朋友中，不少人喜欢吃白瓜子、喜欢吃抹茶瓜子，但我却两者都排斥。人与人之间有缘分之说，看来，人与物（包括食物）之间也存在缘分。缘，真是奇妙！

棒棒糖

棒棒糖是一种下端插着手持棒的糖果，设手持棒源于避免儿童被糖果噎呛，帮助儿童食用糖果的考量，故将“棒”儿语化为“棒棒”，称为“棒棒糖”。

传统的棒棒糖为硬质糖，大小如民国时期市面流通的银圆（大致如一个成年妇女以食指指尖抵住大拇指指尖形成的环形大小）；单一而透明的深黄色；单味糖香和糖味浓郁；糖块外裹一层花花绿绿的防水纸；手持棒细长，以木头削制而成。

自二十世纪八十年代以来，棒棒糖发生日新月异的变化，令人眼花缭乱。具体来说，就糖型而言，二十世纪八十年代末之前为硬质糖，九十年代出现无弹性软糖，2020年后出现有弹性的软糖。就糖的形状而言，二十世纪八十年代末之前为扁圆形，九十年代出现圆球形，2000年出现星形，2010年后出现各种异形。如我曾给孙子买过一个风车形棒棒糖。可转动的风车雕空车叶上镶嵌着桔瓣形的桔味弹性软糖，可吃可玩可观赏。就尺寸规格而言，二十世纪八十年代末之前为民国时期通用的银圆大小，九十年代之后，圆球形的有樱桃般大小的，也有大核桃般大小的，现在市面上常见的“真知棒”为略小于大核桃的扁平形的，小至如民国通用银圆，大至如一把小宫扇。2015年后有一段时间，因香港没有如小宫扇般大的棒棒糖，去珠海与从香港赶来的儿子、孙子春节团聚时，我常带两个这超极大棒棒糖给两个孙子一人一个。或孙子们来杭州过暑假时，我带他们去附近超市一人买上一个，在他们的惊叫声中，享受一下当奶奶的快乐。

就色泽而言，二十世纪八十年代末之前棒棒糖都为透明深黄色，九十年代后，随着内含物的增加和变化（如加了巧克力、草莓），棒棒糖的颜色越来越丰富，红、橙、黄、紫、褐、蓝、绿……更有复杂的混合调色，如那种小宫扇大的棒棒糖就是白色底色上飘着七色彩虹带，或呈七色漩涡状，令人惊艳。可谓应有尽有，而透明度也在不透明、半透明、透明间变化多多。就香而言，二十世纪八十年代末之前为单纯的糖香和糖味，九十年代，尤其是2010年后，糖香和糖味都走向多样和繁复。如，单味的，有奶香奶味、草莓香草莓味、柠檬香柠檬味、巧克力香巧克力味。多味的，有奶油巧克力味、松子薄荷味、奶油香草味……不一而足。就手持棒而言，二十世纪八十年代末之前为木削棒，九十年代以后改为木压棒和塑料棒，二十一世纪前十年的中后期，出现了纸质棒。经不断改进，如今棒棒糖的纸质棒不但软韧不易断，也更不溶于水，不会在吃到一半时溶化在口水中。就包装纸而言，二十世纪八十年代末之前，大多为印制着几何图形或小花朵的不透水纸，九十年代之后，图案花纹越来越多样，2000年后，多为卡通图案，而与流行的儿童漫画、儿童动漫剧的关联度日益紧密。如儿童动漫剧《小猪佩奇》刚热播，棒棒糖的包装纸上就出现了剧中人物造型图案，而包装纸如今也是更具有安全性的防水、防晒的聚合纸。

我对棒棒糖的记忆始于1963年。棒棒糖在国内的出现应该早于这一年，只是也许是年纪小（1963年时我八周岁），也许是被称为“三年困难时期”（1960—1962年）的物质匮乏，我对1963年之前的糖的记忆只有家中烧菜的红糖（用红糖与酱油调味，是我母亲烧菜的一大法宝，故而我家的红烧鱼、红烧肉之类比别人家的味更鲜），冲糖开水的白糖（杭州人称用开水冲制白糖为糖开水，糖开水在当时常作为一种营养品），以及用黄色包装纸独立包装的、有着浓浓桂花香味的颗粒硬糖——桂花糖。逢年过节，家中常会买上半斤桂花糖，而在幼儿园，它也常常被作为早餐与午餐、午餐与晚餐（那时，机关幼儿园一般都是住宿制，周六下午幼儿才被父母接回家）之间的点心。在我的印象中，在1963年，商店里的货物好像一下子多了许多，我在糖果柜台里发现了杭州话称棒儿糖、普通话称棒棒糖的糖果。与一分钱一颗的桂花糖相比，五分钱一颗的棒棒糖可谓是“奢侈品”。因此，在我家，棒棒糖是给我作为六一儿童节的礼物和我表现优秀尤其是得了学校三好学生奖状时的奖品。那时，学校每学期都要评三好学生，一年评两次（一年有两个学期），我每次都能评上。加上六一儿童节和其他偶尔零星的奖励（如家中大扫除时，帮助父母干了许多家务活），我一年能得四五根棒棒糖，相较于绝大多数一年只能得一两根棒棒糖，甚至没尝过棒棒糖味道的邻居小伙伴和住在附近木板房中的同学，我对这一有赖于当时不多见的家中父母为双职工、两人都有每月六七十多元的在当时可谓的高收入、只有我一个孩子的福利心满意足。当然，我也十分珍惜，一根棒棒糖总是舔几口包上糖纸儿（杭州话将颗粒糖的外包装纸称为“糖纸儿”）放入口袋，一根棒棒糖可吃一个多星期。1966年“文化大革命”开始，当时我上小学四年级，学校“停课闹革命”，三好学生当然也不评了，加上被告知我已不是小孩子，以及“女孩子要有女孩子样子”，我意识到吃棒棒糖是幼稚行为和“不像女孩子”的行为，棒棒糖走出了我的生活。

与棒棒糖再续前缘是在儿子已四五岁的二十世纪八十年代末。与许多孩子一样，儿子也喜欢棒棒糖，于是，棒棒糖也成为我在六一儿童节送给儿子的礼物和在儿子有良好表现时的奖励品，且数量较我儿时多了许多：平均每月有一根。之所以进行数量控制，不是在于钱，而是担心多吃糖会影响儿子牙齿的生长。拿着棒棒糖，儿子也很高兴。对他来说，这不仅是一种口福，更是父母对他良好行为的一种奖励，使他有了成就感，增强了自信心。而为了表达他的爱心，在小学四年级（十岁）之前，他会在打开包装纸后，拿着棒棒糖让我舔上一口，然后自己再吃。在十岁之后，大概觉得自己已经长大了吧，他有了棒棒糖后，就不与我分享了。而在儿子小学毕业后，棒棒糖在我家也不再具有礼品或奖品的意义，只是因着口味、样式等的多样化被我关注，并以儿子的名义买来，儿子“顺手牵羊”地得以食之的尝鲜性零食了。直到今天，一旦发现新奇的棒棒糖，我仍会买之，或自己品尝；或在春节期间带到珠海，当在香港工作的儿子带孙子们和我们团聚时，与他们共享；或在孙子们来杭州过暑假时，与孙子们共尝，其乐也融融！

哦，还要补充一点。在2010年以前，棒棒糖基本是论根卖，现在，则出现了论袋卖的十根一袋的包装。近两年，我们在珠海所住地附近的超市里也有棒棒糖卖了，但只有十根一袋的。带孙子们上超市，他们要买棒棒糖时，我们也只得买上一袋，然后回家就大家分享，给两个孙子一人留两根，以免小朋友出现蛀牙。此外，过去，棒棒糖是放在玻璃柜中展示的，后来，不少超市，尤其是小超市在收银台旁会放上一个插满棒棒糖的转筒，带着孩子来付钱者会在孩子的吵闹下被迫买上一根；在无零钱时，收银员会用棒棒糖抵要找还的钱给顾客。不过，近年来，因支付宝、微信支付等电子支付方式的流行，在支付宝开发商阿里巴巴公司所在地的杭州，这种以物代零钱的现象已很少见了。

薄荷糕

薄荷糕为蒸制食品，是以大米磨成的米粉、薄荷汁、白糖为原料制成，为浙江，尤其浙北、杭州一带的特产。薄荷糕一般为长方形，成年妇女手掌般大小，白色，一面印着阶梯状花纹。其中，浙北一带的薄荷糕上会撒一些用青梅、萝卜丝染色后制成的红绿丝，增添了一份俏丽感，而杭州的薄荷糕大多为纯白色，以一种不染红尘、脱俗淡雅之姿态呈现在世俗生活中；大米香中夹着薄荷的清香和白糖的甜香，清雅宜人；松软细腻。大米的米甜加上白糖的清甜入口即化，与薄荷的清凉融合在一起，清润甜爽；接着这清凉透过口腔，升至脑部，头脑也清明了许多。

在杭州城里，薄荷糕一直是杭州人喜爱的、价廉物美（在二十世纪八十年代，只要三分钱一块，如今为两元钱一块）的早餐佐食（主食一般为前晚的干饭加水煮成的泡饭）。在二十世纪八十年代末之前，婴儿奶粉尚不多见更少用时，在孩童半岁以后，母乳供不应求，而荷花糕（在二十世纪八十年代之前，江南常见的婴幼儿母乳替代品，用米粉制成）又难以买到时，大人们也会将薄荷糕用开水调成米糊替代荷花糕调成的米糊，进行喂养。在夏天，如人疰夏（杭州话对在夏天因暑热而体弱、不思饮食之苦夏症状的称呼），薄荷糕调制的米糊也是很适宜的药膳和养生之物。

薄荷糕可热食也可冷食，相比较之下，热的薄荷糕更糯柔，更清香，更清甜。故而，一旦遇上餐饮店里有刚出笼的薄荷糕出售，杭州人大多会排队购买。而一旦买到或吃到巧遇的刚出笼的热薄荷糕，许多人会窃喜：今朝（杭州话，即普通话“今天”）真当运气！

据说在杭州，大米磨成粉制作糕点的历史可追溯至宋代。在二十世纪九十年代之前，包括薄荷糕在内的大米类蒸制糕点也是杭州人餐桌上的主打早点食品。但在二十世纪九十年代后，随着以面包蛋糕为代表的西式早点的大规模进入，大米类蒸制早点的“领地”被一步步蚕食，几成挣扎之势。而进入二十世纪后期，尤其在二十一世纪以后，随着人们对中国传统口味追求的回归，随着包括大米类蒸制食品在内的中国传统点心的不断改进，包括薄荷糕在内的大米类蒸制食品走上了重振辉煌之路。在餐桌上，在地铁、公交车上的上班族手中，在匆匆而行的学生口中，人们又可经常见它们的模样，闻到它们的清香了。只是，因已转型为车间式制作，在餐饮店中难见刚出笼的大米类蒸制食品了，而如薄荷糕、方糕、定胜糕之类，是刚出笼的更好吃啊！

如在前文中所述，行文有滞时找吃食是我写作的一个习惯。而若家中刚好有薄荷糕，它也就成了我的“零食”，即使在一般范畴中，它不属“零食”。由此，薄荷糕作为“我的零食”——我特定的零食之一，且以本文录之。

爆米花

爆米花是一种膨化型大米类食品，用大米在膨化器中膨化而成。因爆米花较大米米粒大一倍多，如肉嘟嘟的小胖子，故又被称为“米胖”。

爆米花色白，粒壮，有一种大米膨化后特有的甜香味。入口，嚼之松脆香甜，含之，则化为满口的香甜米糊。爆米花是许多二十世纪五十至七十年代出生者儿时最喜爱的零食，也是孩子们想尽办法从父母处一再争取到的零食。而当家中有人病后初愈或受寒胃痛难以进食时，大人们也会用爆米花加红糖冲成米花饮给他们食用。

儿时，总有一个瘦削的黑黑的老头（不知为何，那时我见到的爆米花者总是瘦削、黑黑的老年男性）不时到我家所在的那条巷子边转悠吆喝。他推着一辆小推车，推车矮矮的平板上，最外面是一个焖着火的小煤炉，煤炉上放着沾满煤烟的膨化器（小时候都将其称为爆米花机，直到二十世纪八十年代，才知道它的学名：粮食膨化器）。膨化器的一头是一个压力表，中间是圆柱状且有凹凸的容器，另一头是摇转用的把手。整个膨化器用生铁铸成，中间是连着煤炉的风箱，拉着风箱一端的把手前后运动，就将风送进了煤炉助燃；靠近推车把手处，是一个放着煤块的箱子，箱子上放着一个用来盛装出炉的爆米花的麻袋。爆米花用的煤是有烟煤，煤气很重，而这也成为“爆米花的人来了”的活广告之一。

爆米花的老头推着操作车，用绍兴腔的杭州话高声吆喝：爆米花，爆六谷胖（六谷胖是杭州人对膨化玉米粒的俗称）！在我们所住的单位宿舍区周围一圈圈地转着，大声吆喝着，不达目的，不会罢休。宿舍里的孩子们一听到吆喝声，或开始向父母或家中其他长辈央求，央求不成就软磨硬泡或撒泼，或谋划如何“你偷一把米、我偷一把米”地三四人凑成一炮爆米花所需的米量。那些父亲出差、母亲上班、家中无其他长辈的小孩索性自作主张挖出一罐米。最后，每次总有五六个篮子排到老头的小推车旁，篮子里面用碗装着他用铁制水果罐头瓶自制的量米罐量出的大米，有时也会有从农村亲戚处得到的玉米。我家则会一年五六次地爆年糕片，基本不爆大米。

在宿舍区的空地上，老头捅开焖着的炉火，加上煤块，将要膨化的食材倒入容器。然后，他一手前后拉风箱，一手左右摇膨化器。几分钟后，他将膨化器置入麻袋中，一手抓紧把手，一手打开容器盖，高喊一声“响喽”。“嘭”的一声大响后，孩子们的欢笑声伴着膨化食品特有的香气飘满整个宿舍区。老头把麻袋里的膨化食品倒入主人家的竹篮子中，那家的孩子便也抓一把在口中，一边吃一边跑着回家。有时身边还会跟着几个这次没爆米花机会的邻家小朋友，小主人也会大方地每人一把地分享，因为说不定下次自己就要他们的分享之物了呢，再说，有满满一篮呢！当然，这些邻居家的孩子只是本宿舍区中的邻居家的孩子，而不是宿舍区附近的住木板房或大杂院的孩子。而基于对爆米花的喜爱，宿舍区中的孩子们还发明了一种我们叫作“爆米花”的游戏：如爆米花者一样，左手前后移动（拉风箱的动作），右手比划圆圈运动（摇爆米花机的动作），并规定谁能双手一起做这个动作，就是“聪明人”，否则，就是“傻瓜”。于是在一段时间里，练做这个动作成为我们宿舍区孩子们的常态活动。事实上，在那时候，在少儿中，阶层的分界也是明晰的。

膨化食品出容器时“嘭”的一声犹如炮声，膨化食品较原物“胖”了许多，所以，杭州人将膨化器从开始到结束的操作过程的数量计词称为“炮”或“胖”。当时，每一炮爆米花加工费为一角钱，爆玉米、小米同价，而爆年糕片则要一角两分钱。加工时，若加糖精，需要加两分钱。小孩子一般都喜欢吃甜食，而当时在人们的认知中，糖精就是白糖中的精华，故而，大人们也常常会多出两分钱，让爆米花的老头加上糖精。加糖精时，小孩们会围在老头身边，紧盯住老头手中的小匙，若认为量少了，就会大叫：少了，少了，加进去！加进去！也有的在老头加了够两分钱量的糖精后，抓住容器盖，要老头再加一点后才放手。而这时，老头也会不知是真的无奈，还是假装无奈地添一点点糖精，以便能开工。直到二十世纪七十年代末，人们得知糖精是化学合成的，多食有害健康后，糖精才在老头手中消失，而爆米花时也没了加糖精的嬉闹与开心。

爆米花在二十世纪八十年代后半期逐渐淡出我们的生活，到了今天，已是踪影难觅。前几年在植物园附近的饮食一条街——青芝坞难得一见，那爆米花摊就如珍稀大熊猫似的被人们围观拍照。而不知为何，那爆米花的仍是一个干瘦的、黑黑的老头子。儿时的美好回忆涌上心头，尽管那爆好装在塑料袋里的爆米花要五元一袋（大约有两手把抓的量）、年糕胖要十元一袋（十五六片），我还是毫不犹豫地各买一袋。尽管知道肯定无儿时的香甜，权作慰藉。

爆青稞

爆青稞是炒制类食物，以青稞炒至如花朵般爆开而成，故又称为“炒青稞”。爆青稞可直接干食，也可加开水浸泡或加水煮成糨食吃，可原味吃，也可加盐或糖调味；作为粥品时，可原味食用，也可加盐或糖、奶或蜂蜜调味。

我是在八九岁时（1963年或1964年），从有关红军长征的书上看到“炒青稞”一词的（爆青稞为近年来的新命名）。印象最深的是，红军战士长征过雪山时，饿了，就抓一把青稞加一把雪充饥；过草地时，出发时发的用炒青稞磨的青稞粉吃完了，就把装青稞粉的干粮袋翻转，用清水洗净，一盆糊糊加野菜煮成一锅晚餐大家吃。还有一位红军战士在过草地的途中，见到一位随军队而行的老百姓妇女抱着一个饿得奄奄一息的孩子在路旁痛哭，便解下自己还剩一半青稞粉的口粮袋给了这位妇女，让她煮面糊糊给孩子吃。在走出草地时，这位妇女手捧这只上面歪歪斜斜地缝着一个“谢”字的口粮袋（印象中，那位红军战士姓“谢”，口粮袋上的“谢”字是他自己所缝，以方便辨识），身旁站着一个虽瘦得皮包骨头，但能站立的孩子，说是要谢谢救命恩人。但那位红军战士的战友们告诉她，就在走出草地的前几天，因吃的东西实在太少，这位红军战士因饥饿而牺牲

了。从此，“炒青稞”就成为红军精神的一种物质性符号标记在我的心中。

直到2018年，我才见到真实的炒青稞，只是炒青稞已有了新的名称——爆青稞，好在“爆青稞”之外也有用“炒青稞”一名，让我明白这“爆青稞”就是原名为炒青稞之物。这爆青稞是云南民族大学学报副主编、社会学专业博士生导师杨国才教授所赠。她是我的好友，知我是零食兼美食爱好者，常赠送我一些在外地和网上难买到或难觅得的足够正宗的、高品质的云南当地土产，如牛干巴（腌制风干牛肉）、油鸡枞菌、鲜花饼、鸡骨酱等，让我爱不释手。这次，在林林总总的土产外，又加了一款爆青稞。她告诉我，这是她的学生们当下的流行零食。见到这个爆青稞，我眼中一亮；听说这是年轻人的流行零食，心中又是一顿，一种从红军战士到时尚青年的穿越感倏然而过，不知是我穿越了时空，还是时空穿越了我。

杨教授送的爆青稞十分松脆，嚼之咔咔有声，如军人行走时的步伐声；一口嚼下，满嘴是青稞的清香加炒米的醇香，有如入农家新炊米饭的氤氲中；青稞粒外皮焦黄，顶上爆开着或白或黄的米花，小小的如一场春雨后，战后一片焦土上开出的点点荠菜花和蒲公英花，顽强而又生机蓬勃。这让我又想起红军长征；想到红军长征走过的地方；想起红军长征走后，中央苏区（如赣南闽西地区）人民的生存与抗争……

看来，我这个深受红军长征事迹影响的二十世纪五十年代的出生者，还是不能华丽转型，把红军长征经过藏族聚居地区时的口粮——炒青稞认作时尚零食——爆青稞啊！

爆玉米花

爆玉米花是一种膨化玉米食品，以玉米粒放入膨化器中加压加温膨化而成。玉米为外来粮食作物，杭州人将其列为中国传统的粮食作物——五谷之外的第六谷，称为“六谷”。而六谷在膨化后，会变大一两倍，如饱满的棉花花朵般绽放。所以杭州人将爆玉米花俗称为六谷胖。

从二十世纪五十年代至七十年代，六谷胖是由走街串巷爆米花的人加工的。那时，杭州城里少玉米，粮店没有出售。只有趁出差去农村到农户家购买得到一些，而购买或被赠送玉米的家庭，大多是多子女、口粮紧张（用粮票购买的粮食不够食用）的家庭。这些玉米作为口粮的补充，要拿出一罐（爆玉米花的老头用铁罐自制的容器）作为孩子们的零食，亦属长辈们的奢侈之物、表达溺爱之物。所以，爆玉米花在当时可谓是我们宿舍区孩子们的珍稀之物，行走在路上，放口袋里到处显扬。而与宿舍区的小伙伴分享时，也不如分享爆米花那样一小把一小把地分，而是数着颗粒，一颗一颗地分。

在二十世纪八十年代，爆玉米花在我们的生活中渐渐消失。某天，一种飘奶香、带有甜味的“六谷胖”，以“哈立克”的洋名（当时，我们被告知，这是“六谷胖”的英文名的音译），华丽丽地在电影院的门厅中出现，随着美国文化（物质文化和精神文化）大规模进军中国的标志性产品——“三片”（英特尔芯片、电影大片、乐事薯片）中的美国大片不断在电影院银幕上上映，哈立克也占据了中国电影院的门厅的一角，改写了中国原有的电影零食史，开创了中国电影零食史的新篇章。情侣间，男友原本以2元钱一大袋买来送给女友的电影伴侣——简易塑料袋装的话梅，被5元钱一包（还是小份，大份的为十元一包）的、装在西式风格的花格纸做成的漏斗状罐形开口包装中的哈立克所取代。买上一包，男友拿着，以女友为主，边看电影边一人一颗地共食品尝，成为当时电影院里最时髦的浪漫之举。而那些原先不吃酸酸的话梅的男人们（在我的经历中，男人们大多不喜欢吃酸的零食，而女人们大多喜欢，所以，酸酸的话梅被认为是“姑娘的零食”），因哈立克有着在中国人的生活中曾少见的黄油香和奶甜味，从此将哈立克加入他们（尤其是男青年们）的零食清单中。在陪伴孩子去观影时，过去以1角钱买一根棒棒糖以示关爱或打发孩子的父母们，在孩子们的央求或哭闹中，常常也不得不掏钱购买哈立克。由此，看电影的成本大大增加了。那时，低资历的年轻人在机关或事业单位就业的（大多为大中专毕业生），月薪一般为40—50元，在企业就业的，月薪大多为30—40元。一张电影票（一场）一般为5元，加上5元买哈立克（还只是小份，还只是一袋）。当时对以看电影为双方日常见面时常规活动的谈恋爱中的男青年来说（以杭州的惯例，谈恋爱期间男女双方见面的活动，如看电影、餐饮、交通费等的花销，均由男子支付），哈立克的出现，无疑是大大地增加了其经济压力。

哈立克在电影院门厅流行几年后，杭州的商店里出现了一种被称为“微波炉爆玉米”的商品，五元钱一包，买回家，拆开外包装塑料袋，取出装有涂着黄油、糖浆的玉米粒的牛皮纸袋，置入微波炉，转上三分钟，相当于三袋量的电影院卖的五元一袋的“家制哈立克”便出炉了。未打开牛皮纸袋，哈立克的香味就飘满整个房间，打开后，更是满室飘香，抓一把入口，满口香脆，味道并不亚于电影院的哈立克。于是，家中的老老小小都有口福了。而当孩子要求买一袋回家“自爆”解馋时，许多家长也少了不少经济上的纠结。“微波炉爆玉米”由此成为畅销商品。近年来，这一商品在超市或商场中较少见了，也许是零食种类增多或食客口味的变化吧，但我仍会不时（一年三四次）地在货架上找一下，得之，回家爆之，开心一整天。

二十世纪九十年代，杭州的街头巷尾出现了一些时有时无、时此地时彼地的流动性哈立克售卖摊。这些售卖摊的特征是：在一辆人力脚踏三轮运货车（上海人俗称：黄鱼车）上，放着一个液体煤气钢瓶，钢瓶的输气橡胶管接着一个液化煤气灶，煤气灶上有一个平底高压锅，制作者按其所说的“哈立克正宗配方”，将一罐玉米粒（据其说是美国进口）、一小勺从一个食品盒中刮出的黄油（据说是市场买的，不是自制的），以及一小勺白糖放入锅中，盖上锅盖，打开煤气开关，三分钟后，在一阵“哔卟”声中，一锅只需三元钱，但有电影院两大份（售价20元）量的土法上马“哈立克”便出炉了。这街头“哈立克”，无论色、香、味、松脆度都不亚于电影院的，价格又便宜许多，所以，一出现，买者众多。这些售卖摊流动性很强，走街串巷，一发现有城管人员，立刻踏车而走。而在城管人员下班后，他们马上就会在学校附近或公交车站附近这些潜在顾客较多的地方出现。

这些售卖摊的摊主只有一人，连制作带售卖，且在我们印象中，均为女性。这些妇女大多三十岁左右，短发，操着带有外地口音的普通话，衣着简单干净，外表淳朴内心聪明，动作利索，两眼灵活地观六路，以防城管人员下班后的加班严查。一旦发现附近有可疑人员，她们立马跳上三轮运货车，飞踏逃走。几年中，我在数个摊位上买过，无论哪个摊位，只要第二次去买，女摊主就认识我，第三次就知道我“要多加点黄油”，少放糖，并且，会给我更多地加些黄油（味更香、口感更松脆），或在我答应下次再在她摊位上买后，优惠价5元5角钱卖给我两爆（便宜5角钱）。有一次，因熟悉，我没按惯例一手交钱一手交货，而是先付了钱，然后与女摊主聊天。女摊主刚放入玉米粒，突然脸色一变，大叫一声“他们来了”，踏车而逃。我在惊愕中，看见三四个城管人员飞追而去。不料几天后，那位女摊主又出现了，她见我连说对不起，又说那天“逃跑”成功，最后送给我一爆，以示道歉。各摊位“哈立克”的品质差异不大，这女摊主如此诚信，从此，我就成了这个摊位的常客。

从二十世纪九十年代中期到2003年前后，这种土法制作的“哈立克”摊在杭州存在了若干年。下班后坐公交车回家，我也经常在车站附近的摊位上，以儿子的名义（儿子十几岁的年龄，也爱吃），买上一包或两包，回家与儿子分享。趁机也以这土制“哈立克”如何价廉物美、如何松脆喷香可口，向在外地工作的丈夫显扬一下。不过，在2003年前后，因无证经营，尤其是液化煤气钢瓶近火的高度危险性（相当于一个炮弹），这土法制作“哈立克”摊被取缔了，我那价廉物美的分享和显扬也无奈地停止了。

也是2003年前后吧，杭州城里许多商场、便利店的大门内侧都设立了一个哈立克售卖机，样式与电影院的相同，味道与电影院的相同，价格也是电影院的原价——5元一小份，10元一大份，只是那装哈立克的漏斗状锥形开口袋小了近1/4。那些商场、超市、便利店的大门都临街而开，店中飘出的哈立克香在街上弥漫，成为某种招牌式的标志。那时，工薪阶层的月收入大致已达一两千元，年终奖有数百至两三千元，于是，哈立克不仅从新奇转变为平凡，从奢侈品转变为普通食品，吃哈立克的行为也更多地具有了世俗性。中国古人云：入鲍鱼之肆，久闻不觉其臭；入馨兰之室，久居不闻其香。西方美学的一个著名术语为：审美疲劳。就这样，哈立克不再吸引包括我在内的诸多食者，包括我在内的诸多食者也渐渐离开了哈立克。2012年前后，这种售卖机在杭州城里的商场、超市、便利店中已是少见了。不过，听说它已成为电影院的标配，我已许多年未去电影院，不知实情如何。若果真如此，像美国人一样，且不论生活方式，吃着哈立克看电影至少也已成为中国人的一种观影方式了。

碧根果

碧根果首先是一种树的名称，它原生长地在美国和墨西哥。如今，以美国为主生长地，余者分布在美洲、欧洲、亚洲等的20多个国家。碧根果树的果实亦称碧根果，其果仁可作为油料作物，榨成食用油，也可炒制成即食食品，成为一种零食。本文所说的“碧根果”，即是作为零食的炒货之碧根果。

碧根果比橄榄略大，也为上圆而大、下尖而小的椭圆形；外壳为褐色，壳薄而易碎，炒制后只需用手捏，外壳即破碎。去除外壳，其内仁呈咖啡色，仁肉较仁皮浅，内仁间有薄皮相隔（较硬，食之有涩味）。碧根果一般有原味和咸味（加盐炒制）两种，与作为杭州著名特产、杭州人必打卡零食的杭州山核桃（又称小核桃）相比，其外壳易破裂，仁肉多而大，口感更具腴润感，但香味远逊于杭州山核桃。不过，碧根果松脆、腴润、有核桃类零食特有的香味，在某种程度上（壳与果仁的色、仁肉的形状）与山核桃具有相似性，加上其主要从美国进口，因此在国内，碧根果也被称为美国山核桃。

据说，碧根果在中国已有一百多年的种植历史。但作为一种市面上销售的炒货零食，我是在二十世纪九十年代末，才在杭州城里看到和吃到的。一开始听到这名称，还以为是一种绿色的长条食物；见到实物，以为是诸暨香榧（外形与色泽均很像）之类的零食，吃后才知道，这仁肉的色、香、味类似山核桃。后被人告知，此物的学名叫“美国山核桃”，我一下子就明白了为何会有这一名称。

在二十一世纪前十年中，碧根果作为进口食品进入了超市，但仍属高档零食。那时流行以茶话会联谊，同学会、同乡会、退伍转业军人的战友会、有知识青年上山下乡经历的知青会等层出不穷，而机关企事业单位在春节来临前也常以茶话联欢会的形式进行年终总结、表彰、奖励。这些茶话会或联欢会一般以圆桌排座，每桌的惯例为一人一茶、桌上八大盘零食（大致为：西瓜子、葵花籽或白瓜子、花生、开心果、独立包装的加应子或蜜饯橄榄、话梅糖、碧根果或开口松子，以及独立包装的牛肉干之类的卤货），这八大盘中若有碧根果，参加者就会认为该场联谊或联欢会档次很高——碧根果上桌了！

2008年以后，随着供应量的增加、百姓收入的增长和消费水平的提升，碧根果从高档零食转入中档零食。而经加工已敲开外壳的手剥山核桃以及直接可吃的山核桃肉的出现，使得原本就对碧根果评价不高，只是流行跟风（杭州人的这一习俗以被命名为“杭儿风”而闻名）的杭州人不再为牙咬、榔头敲地吃山核桃而烦恼，因此在杭州城里，碧根果在零食中的地位便一降再降。现如今，即使吃着别人送的碧根果，杭州人民也会口贱地说上一句：“这东西没有炒核桃儿（杭州本地话中对山核桃的叫法）香！”

冰橄榄

冰橄榄是一款冰冻蜜饯食品，以敲裂的橄榄鲜果为原料，用蜂蜜腌制后冰镇，然后置入冰柜冷藏待食，为福建省福州市特产。

冰橄榄色为新鲜橄榄的青绿色，香为新鲜橄榄的清香加蜜糖的甜香，清爽而甜柔。取一枚入口嚼之，爽脆，清凉；蜂蜜的蜜甜调和了青橄榄原有的涩味，减弱了涩度，但又未消退青橄榄的涩味，保留了青橄榄特有的涩后回甘和涩后生津，使得冰橄榄入口即甜，嚼之回甘生津；食时甜甘可口，食后回甘悠悠。而无论食时还是食后，一段时间，舌下如有甘泉，清凉甜甘涌流不断。那冰橄榄的内核——橄榄核经敲打后的腌制和冰镇也有了清凉的甜味，夹着融化的冰水吸吮之，有夏日汲清泉饮之的通爽感。食冰橄榄，颊齿留香，颊齿留甜；舌上甜甘，舌下生津；口中清凉，身上清爽，脑中清明。冰橄榄，令人回味无穷！

冰橄榄夏日可食，春秋天可食，冬日在暖气充足的房间中待久了，也可食。只是，冰橄榄冰镇和冷冻的时间要把握得十分到位：时间短了，蜜甜不入味，橄榄果肉较硬；时间长了，蜜甜完全盖住了橄榄原有的涩味，回甘和生津减弱，橄榄果肉也变得松软而不爽脆。故而，以我的经验，作为冰冻食品，与其他冰冻食品一样，冰橄榄宜开袋即食，不宜在常温下久放，并且，生产日期后两个月之内的，味更佳。

福州市的闽侯县是中国的青橄榄之乡，所产的青橄榄适合制作各种蜜饯类橄榄，如九制橄榄、拷扁橄榄、盐津橄榄等。以此为基础，福州的大世界商标的橄榄制品在零食界也历史悠久颇负盛名，而冰橄榄就是其中之一。只是，因制作贮存特点所限——需冰镇和冰冻，冰橄榄未能如它的“兄弟姐妹”一样漫游全国乃至国外，“藏在深闽少人知”，更多只是福州人享用的口福。

2005年我去福州度暑假，参加了一个茶聚。茶歇时，有茶友端出诸多茶食，其中有一个玻璃碗，内装凝着冰霜的被敲裂的橄榄。白色透明的玻璃碗中，装着青绿色的披覆冰霜的橄榄，碗上飘着缕缕冷雾，煞是好看。问之，答曰：是冰橄榄。食之，清凉清爽，清香清甜，回甘悠长，煞是好吃！刚好那时我丈夫被调动至福州工作，于是，此后只要我去福州，每次总要买几包来吃。这只有福州才有的冰橄榄，为我的“零食生活”增添了新的乐趣，也让我知晓了中国零食的丰富多彩，难以穷尽。

2014年，我丈夫又调动回到杭州，冰橄榄在我的生活中渐行渐远。在对冰橄榄的怀念中，难免对福州的商家/厂家心生疑惑：这么好吃的零食，为何没想到让它走出福州，走向全国？

冰淇淋

冰淇淋是一种冰冻奶油类食品，多为甜味，近年来，也有咸味、辣味等新口味出现，但基本上仍为甜味。冰淇淋是英文名词Ice Cream（中文意为冰奶油）的中文译名，其由Ice 的意译“冰”和Cream的粤语音译“淇淋”组成一个新词。据说，该词在二十世纪三十年代的上海流传时，被认为是翻译得妙的一个英文名词。

在记忆中，我最早是在八九岁（1963年或1964年）的时候，在当时杭州城里最大、最有名的海丰西餐社品尝到冰淇淋这一美味食品的。那天不知为何，母亲带我进了位于延龄路（后在“文化大革命”期间改名为延安路，并沿用至今）的海丰西餐社。延龄路当时是杭州最繁华的商业街，位于西湖附近，其在杭州人心中的地位犹如南京路在上海人心中的地位。进餐厅后，母亲点了两个冰淇淋，与我一人一个地品尝。我们坐在几近无人的餐厅内的一处餐桌边[1]，服务员用托盘端上了两盅冰淇淋。晶莹剔透的玻璃盅放在墨绿色的绒布桌毯上，黄色的、融融的灯光照耀着，玻璃盅中是一颗如鸭蛋般大小的奶白色的冰淇淋，缕缕冷气如烟雾般飘散，冰淇淋球旁，放着一个银光闪闪的小勺。刹那间，我想到了童话中的王子和公主，他们吃饭的时候也许就是这样吧！我学着母亲，优雅地一小勺、一小勺，一小口、一小口地抿着冰淇淋，奶香、奶甜味与恰到好处的冰凉在口中化开，与那场景一起，成为我心中永远的怀念。尽管后来吃到的冰淇淋更多样，奶味更足，但我始终认定都比不上海丰西餐社的那款冰淇淋！

而一年至少四五次去海丰西餐社更被认为是“洋气十足”的行为。母亲去海丰西餐社或买西式点心（“蟹斗”）[2]，或带我去吃西餐或冰淇淋（父亲不喜欢吃这类西式食物）。当时，这“蟹斗”1元钱、半两粮票两个（每个如少女拳头大小，内空处装着奶油），冰淇淋5元一份，西餐的大人餐15元、一两粮票一份，儿童餐则是10元一份，而大米价为1角多钱一斤，难怪在“文革”中有人批母亲有“资产阶级大小姐作风”。好在即使退休，母亲和父亲各有七十余元和六十余元的退休工资（母亲作为资方留用人员退休工资高于父亲18级干部退休工资），家中只有我一个孩子，尽管母亲负担着外婆的家用开支，但母亲的“洋范儿”并未影响家中日常生活，反而使家中增添了许多别家没有的乐趣和情趣，也使我增加了许多邻家孩子或同学未涉及的包括西式食物在内的西式生活的知识。

二十世纪八十年代以后，包括口味、造型、内含物、外包装等元素在内，冰淇淋的品样越来越多样化，也越来越多地出现在国人的日常生活中。现如今，只要有食品售卖的超市商场，无论大小，总有至少一个冰柜中或排放或堆放着各种冰淇淋，无论冬夏；在档次稍高些的自助餐上，总有一个作为甜品的冰淇淋的专柜，里面至少放着四种口味：奶油、香草、巧克力、草莓（或抹茶）的冰淇淋，无限量供应，任君自取；在动车或高铁列车上，列车员不时地推着冷热饮售卖车，吆喝着“咖啡、牛奶、冰淇淋”，在车厢中穿行而过……连中译名叫“哈根达斯”的冰淇淋，据说是最贵的——80—120元一小圆盒（其他同量的冰淇淋的售价一般为10—20元），也经常出现在情侣或小朋友的手中。冰淇淋终于从洋派的“奢侈品”变成本土的平民化食品。

注：

1. 海丰西餐社的西餐很正宗，但当时许多人不习惯吃西餐，包括不习惯西餐的口味和食用方式。另外相较于中餐，尤其是面条、包子之类的民间常用简餐来说，西餐的价格太贵又量太少——杭州话俗称“不实惠”，故而，海丰西餐社的食客较少。
2. 我印象最深的是用酥皮包着奶油烤制而成、其外形如螃蟹的蟹钳（也称“蟹斗”）故被称为“蟹斗”的西点。

冰　沙

冰沙（又名刨冰）是一种冰制食品，以碎冰为原料，上盖红豆沙、绿豆沙之类的豆制品或哈密瓜粒、芒果粒等鲜果果粒，或淋柠檬汁、梨汁等水果汁而成。因其碎冰最早是用铁筛在大块冰上刨削而得，故在杭州，冰沙原本一直被称为“刨冰”，而碎冰上也只是淋果汁。直至二十一世纪前十年后期，具有台湾特色的“冰沙”进入，人们开始带着新奇感更多地使用“冰沙”一词，而“刨冰”也有了新的类型——豆沙或果粒刨冰。

2005年，我应邀作为台湾大学的访问学者赴台湾。在台北期间，在工作、学习之余，台湾大学历史系的林维红教授（时任台湾大学妇女/性别研究室召集人，该研究室是我作为台大访问学者的邀请方）带我遍尝台北著名的餐饮小吃。她也是一位美食家，带我去吃的那些美食让我至今想起仍不免手指大动（可惜面前无食），而最令人难忘的是源自大陆各省又在海峡对岸具有了台湾特色的那些小吃，如鼎泰丰的包子、永康街上一家小吃店中的棺材板（用面粉做成四方形容器，烤制成形后，再将带着汤汁的海鲜、蔬菜果品放入其中）、锅边糊（用米粉糊在锅中摊成极薄的米糊片后，置入由蔬菜、肉类、海鲜煮成的汤中做成糊羹）。一次，在与台大妇女/性别研究室成员座谈交流两岸妇女研究现状的茶歇时，我说起了维红教授带我吃的那些美食，刚好台大外语系的叶德兰教授（她当时是研究室成员，现任研究室召集人）在场，她问维红教授是否带我去过台大旁的那家冰沙店。维红教授说，那是年轻人爱吃的东西。德兰教授说，是啊！那时在台大读书时，她和她的同学经常去那处吃冰沙，现在有时也会去吃一碗，听说，现在许多台大学生也经常去吃，真是十分好吃呢！那是我第一次听到“冰沙”一词，一开始以为是豆沙冰冻后的冰品，细问下，才知道原来就是杭州人说的“刨冰”，只不过所加辅料不同而已。德兰教授也是一位美食爱好者，她对台大旁那家冰品小店的推崇，引起了我的好奇。在我的要求下，一天，工作之余，德兰教授带我去了那家在台大颇有名气的冰品小店。

小店并不大，进门左手是用玻璃窗隔开的制作、售卖处，右手是沿墙竖着排列的三张桌子，每桌可坐三人。点好冰沙，待工人制作后，服务员叫号，我们自己端上桌。我点的是经典的红豆沙冰沙，德兰教授点的是冰果冰沙。取到后发现我面前的冰沙是一大碗，真止的一大海碗！碗内的四分之三堆着莹白透亮的碎冰，碎冰似大米粒，在光线的折射下，有一种水晶的晶莹感；红豆沙暗红，铺在碎冰上，犹如红玛瑙镶嵌在水晶上。于是，一碗普普通通的红豆沙冰沙一下子就有了一种豪华感，面对它，犹如面对一大块镶嵌着红玛瑙的水晶。红豆沙做得很到位，酥而不烂，甜而不腻，清甜可口；冰沙粒小，在口中易化易嚼，一勺带着冰粒的红豆沙入口，清甜清凉，在已有暑气升腾的台北午后，令人清爽惬意。那冰沙真的很好吃，但那量对我这年届五十的非年轻人来说，也真的太多了！在吃完一半后，我不得不放下勺子，忍痛割爱。德兰教授比我年轻许多，一碗见底，但她也摇着头说，今非昔比，与在台大读书时相较，今天的速度慢了许多。台湾大学旁边的那家冰品小店给我留下了美好印象，不知现在还在否？

对这一碎冰冰点，杭州人曾统称为“刨冰”；在二十世纪后期，随着具有台湾特色的“冰沙”的风行，“冰沙”成为这一冰品的流行名词。在近几年，随着传统食品的回归，随着只知“冰沙”不知“刨冰”的新生代年轻人对“刨冰”出现的新奇感，“刨冰”一词又从边缘走向主流，成为复古式的流行词。白云苍狗，沧海桑田，三十年河东三十年河西。这冰品的名称变化又何尝不是一种世事变化，不是一种社会变迁的折射？

波罗蜜干

波罗蜜干是一种烘制食品，以波罗蜜类鲜果切片烘制而成。波罗蜜干是依波罗蜜鲜果大小形状切片而成的不规则椭圆形或圆形，色黄、松脆，果甜浓郁，有一种波罗蜜鲜果特有的、我称之为“波罗蜜香”的甜甜的果香。此香馥郁扑鼻，兼有新鲜牛奶的香味时隐时现地穿行于其中。醇而厚的果甜味和果香牛奶香弥留于口中，弥散在四周，令食者食后余味悠久，周围空间余香悠悠。

我很早就知道波罗蜜这一水果名，并听说，如同另一知名亚热带水果——榴莲一样，对波罗蜜的气味，有人认为香，有人认为臭，有人认为跟臭豆腐一样，闻着臭，吃着香，越臭越香、越香越臭。我至今还没吃过波罗蜜鲜果，而与波罗蜜干的相遇，则是在2002年以后。那时，我丈夫调到福建工作。每到寒暑假（那时，我所在的浙江省社会科学院也与学校一样，有寒暑假制度），我和儿子都会去福建与他团聚。记得那是在2002年后的某个春节前夕，我与儿子一起去买春节吃的零食，因想种类多一些，就去了一个平时不太去的大型超市。进了超市，在货架中穿行，左盼右顾中，我突然看到一个绿色为基色的塑封真空包装袋矗立在货架上，上书四个黄色的醒目大字：波罗蜜干。我脑海中出现的某一个画面是《大话西游》电影中，那个孙悟空的前身（好像叫“至尊宝”吧）手举月光宝盒，大喊一声“般若（bō rě）波罗蜜”，然后就时空穿越了。当然，那“般若波罗蜜”是佛教用语，意为渡过生死苦海，到达彼岸。但《大话西游》的搞笑形式影响了我，让我一听到或看到“波罗蜜”三字，就会想到那种名叫“波罗蜜”的亚热带水果。月光宝盒的画面过后，我脑海中浮现的一句话是：越臭越香，越香越臭，跟臭豆腐一样，闻着臭，吃着香。油炸臭豆腐是我喜爱的美食。于是，在月光宝盒和油炸臭豆腐的纷乱感中，我就疾步上前，连价格都没看，拿了一袋放入购物车中。

回到家中，将买的其他零食先置于一旁，我马上打开了波罗蜜干包装袋，丈夫吃了一片就说难闻，走开了。我和儿子接二连三地吃个不停，把一袋子波罗蜜干（大约125克）一次消灭完后，异口同声地说：“真好吃！真香！”于是，第二天我们又特地去了那个超市（家附近的小超市没有此物出售）买了一袋。不过，就性价比而言，这波罗蜜干属高价格，且只是可吃可不吃的零食，加上家中还有诸多其他零食，故而在和儿子一起享用了第二袋后，我们没去买第三袋。

当然，后来无论在福建还是在杭州，我都多次买过波罗蜜干。相比较而言，在我吃过的波罗蜜干中，我认为泰国原装进口的波罗蜜干口感最好，香味醇浓而纯正，无其他杂味或杂香。所以，我如今只买泰国原装进口的波罗蜜干，尽管价格较贵。茶人对喝茶有一种说法，说是喝了品质好的茶后，再遇到品质差的茶就喝不下去了。一言蔽之，即上去下不来。对我而言，吃零食又何尝不是如此！

彩虹糖

彩虹糖是一种各自裹有不同颜色糖衣、具有不同口味的颗粒糖组成的什锦糖。其如成年妇女的食指指甲盖大小，扁圆形，嚼之松脆，外裹的糖衣如内里的糖粒一样的味道，有巧克力、薄荷及多种果味。随着所含物的不同，糖粒的香味也各不相同，或是巧克力的醇香，或是薄荷的清香，或是水果的甜香……彩虹糖的糖衣有红、橙、黄、绿、蓝、紫、褐（巧克力色）等多种颜色，每粒糖都有各自的色彩，加上每粒糖都有自己的滋味和香味，因此，彩虹糖的色、香、味是丰富而多彩的。这，也许就是其被命名为彩虹糖的原因吧!

彩虹糖属m&m豆（或外裹巧克力糖的一种巧克力）系列，一般以长条形塑料彩印袋为外包装，一袋二十粒左右。近年来，也有了一种罐装的款式，所印图案如袋装，但另印“限量收藏版”五字，顿有高大上之感。加上内装量较多，故而，若遇之我也会买之（包括m&m豆），一做收藏，一为减少购买次数。尽管此收藏并非如珠宝般的高价珍品，也知只是商家的噱头，但游戏心起，买了也就买了，藏了也便藏了，至今还有几个糖罐放在壁柜里，作为植物种子存放罐。

大概是在二十世纪八十年代末或九十年代初，我在商场（那时杭州还极少有超市）见到了彩虹糖，在其多彩斑斓的包装和奇幻的名称引发的好奇心的鼓动下，花了那时可谓是高价的三元钱买了一小袋彩虹糖。回家与儿子共享，两人均悦之。从此，以彩虹糖为首，加上后来又遇到的罐装m&m豆，这m&m豆系列成为我给儿子从小学到初中最多的奖励物、上高中时最多的零食。直到儿子到外地上大学、工作，直到儿子有了自己的儿子——我的孙子，包括彩虹糖在内的m&m豆系列零食仍是我每年春节与儿子，后来加上孙子团聚时，必定要从杭州带去，以示爱心的休闲食品。而我也往往借奖励、给儿子孙子买春节零食之名，或捞几颗吃吃，或自己也买上一袋享用。只是如今，这自享的，大多在我的心甘情愿中，进了孙子们的口中。

我喜欢吃这彩虹糖，儿子也喜欢吃这彩虹糖。而在多年的食用中，儿子也练成了一种特别的食用法——将彩虹糖抛至半空，然后用嘴接住。这绝技过去他在家时，常常“秀”给我看；在他有了儿子后，春节有了彩虹糖，他就“秀”给儿子看。于是，也许是这糖确实好吃，也许是这“秀”确实精彩，彩虹糖也就成了孙子们的喜爱之物。从我到儿子，再从儿子到孙子——说得学术一些，从母代到子代再到孙代，三代都喜食彩虹糖，用社会学的一个概念——代际传承来说，可谓一种口味的代际传承吧！

蚕豆串

蚕豆串是一种儿童零食，用棉纱线穿过生蚕豆成串，再用清水煮熟而成，方便儿童边玩边吃，曾是浙江的杭州、嘉兴、湖州、绍兴一带儿童的时令零食。

在二十世纪八十年代之前，市面上很少有儿童零食，绝大多数家庭也少有余钱给孩子买零食吃。但在蔬菜瓜果收获季节，大人们也会买一些价低的当季时令品给家中的孩子当零食吃。在浙江的杭嘉湖和绍兴地区的城乡里，在五六月蚕豆和毛豆大量上市且价格便宜（带荚的蚕豆三分钱一斤、毛豆一毛钱一斤）时，对许多家庭来说，蚕豆串和煮毛豆就成为最常见的时令儿童零食。

记得儿时，每到五月份，我都能吃到一两次、每次一饭碗的煮毛豆，相较之下，便宜的蚕豆串能吃到五六次。母亲买来带荚蚕豆，剥出蚕豆粒（母亲计算过，这比去荚的蚕豆粒性价比高），然后用穿上了白色棉纱线（那时的棉纱线有蓝、白两色，蓝色的会掉色）的缝衣针，在一颗颗蚕豆粒的中间穿过，形成项链状或手链状。在清水中煮熟后，我便套在脖子上，开心地跑出家门，与小伙伴们边吃边玩。有时，母亲也会多串几串，送给邻居家的小孩。那时的儿童们，无论男孩女孩，都会有或多或少的蚕豆“项链”或“手链”套着，边吃边玩；也会相互较劲，比较谁的串大、粒大、粒多；也会相互以粒馈赠，以示友情；也会以粒赌输赢，输者拉下一粒给赢者……总之，那时每年五六月间，蚕豆串及其相关的活动建构了我们日常生活的兴奋点。

蚕豆串是让儿童在户外边吃边玩、边玩边吃的零食，那“玩”可能是跳橡皮筋，可能是捉迷藏，也可能是在地上弹玻璃球……不过，那时的大人们似乎都没注意到边吃边玩、边玩边吃的卫生状况。即使如我家，我在幼儿园就会背诵“饭前便后要洗手”的卫生守则，父母也会要求我“饭前便后要洗手”（怕在当时很少见），但也会让我套着蚕豆串在户外疯玩狂吃，而我们这些幼儿极少会因此而腹泻或胃痛。每想到此，对于如今越来越讲究的幼儿卫生而幼儿越来越易被细菌感染的现状，我常百思不得其解。

蚕豆串色翠绿如碧玉，有着豆类的清香悠长，嚼之，蚕豆皮韧而蚕豆肉酥软，满口鲜甜。只是二十世纪九十年代以后，随着各类零食（包括儿童零食）的层出不穷，加上洁净度较高的棉纱线逐渐难以寻觅，蚕豆串退出了我们的视野。

其实，那真是一款又好吃又好玩又富有营养的儿童零食呢！

茶爽含片

含片是以含在口中，以唾液润化作为食用方法的一种硬质固体片状可食物。其中，药用功效较高的，如维生素C含片，在药店出售；作为休闲食品的，如茶爽含片，在超市和商场出售。当然，无论是作为药品还是休闲食品，如今网上店铺中也是种类繁多，可以网购了。

茶爽含片为三角形，如成年妇女无名指指甲盖大小，单个独立真空塑封在一片塑料上，每片塑料片上有六颗，两片塑料片为一组，装在一个彩印的拉盖铁盒中，食用和贮存都卫生且方便。记忆中，茶爽含片大约是在2000年前后在杭州出现并火爆的。有一段时间，我家附近超市收银台旁和糖果货架的醒目位置，都排放着茶爽含片，刺激着人们的购买欲。

在杭州，茶爽含片有三种口味：原味、蓝莓味和柠檬味，并分别以绿色、深蓝色和黄色三种含片色，装在绿色绿茶图案、深蓝色蓝莓图案、黄色柠檬图案的彩印铁盒中。就口味而言，原味的为茶叶、薄荷、白糖混合味，茶叶的清爽加上薄荷的清凉再加上白糖的清甜，口感清新，令人头脑清明，有一种心旷神怡感。而蓝莓味的和柠檬味的，则是在原味的口感中，分别增添了蓝莓香/蓝莓味和柠檬香/柠檬味。相比较而言，我更喜欢原味的纯净和清爽。有两三年中，原味的茶爽含片是我居家旅行的常备物，闲来含上一颗，有茶香，有茶味，可润口，可醒脑，尤其在长途旅行不易泡茶时，更可解口渴，缓茶思，其乐多多。

当年之所以经常购买茶爽含片，除了喜欢它的口感，还在于喜欢它的外包装铁盒。当年，我经常外出做基线调查、参加学术会议和研究项目会议，研究工作也繁多，有大量的调研照片、原始数据、文档材料等电子文件要保存。而那时无论是照相机的储存卡，还是U盘，存量都较小，外出至少要带上三四张照相机储存卡和四五个U盘，以便存储照片和保留寻找相关文件，而在家中，也需要有储存卡和U盘的存放处。于是，茶爽含片的外包装铁盒成为我分门别类存放照相机储存卡和U盘的最好容器，既便于携带，也便于寻找。并且，我也将此经验推广，不时也会送茶爽含片给同事或同行友人。那铁盒较之含片，受到更多人的欢迎。又于是，在一段时间内，购买茶爽含片成为我最得意的一箭三雕之举：既可满足口欲，又可便利工作，还可增进友谊。

不知是何原因，近七八年来，至少在我家附近的超市中，茶爽含片踪影难觅了，而铁盒装的各种含片、糖果琳琅满目，购买者有了更多的选择。茶爽含片由此成为我记忆中的零食，而茶爽含片的外包装铁盒还静静躺在我的书桌抽屉中，诉说着逆流而上与我一起走过的岁月故事……

茶叶蛋

茶叶蛋是我最喜欢的蛋类食品之一。而相较于五香茶叶蛋、卤香茶叶蛋，我更喜爱只用茶叶、盐、蛋一起煮的无其他添加物的茶叶蛋。借用武夷山茶农将单一品种大红袍制作的武夷岩茶称为“纯种大红袍”之命名方式，我将用单品茶、盐、蛋一起煮成的茶叶蛋，称为“纯种茶叶蛋”。

我家煮纯种茶叶蛋之法来自我母亲，而集四十余年煮茶叶蛋的亲力亲为之经验，以科研人员特有的专业精神，我总结出绿茶、红茶、青茶（乌龙茶）茶叶蛋的不同之处：绿茶茶叶蛋的蛋白较松软，蛋白上的花纹清浅秀雅；红茶茶叶蛋的蛋白较硬，蛋白上的花纹深黑浓烈；青茶（乌龙茶）茶叶蛋的蛋白韧而有弹性，即闽南语中的很“Q”，蛋白上的花纹呈咖啡色，如云南产的大理石般赏心悦目。因此，相比较而言，我更喜欢品尝用青茶（乌龙茶）煮的茶叶蛋，而用青茶（乌龙茶）中的闽北乌龙，尤其是武夷岩茶（统一商品名为大红袍）煮的武夷岩茶茶叶蛋，更是色、香、味俱佳，食之令人难忘。得意之余，从共享角度出发，我将煮茶叶蛋的家传之法书写下来，作为“茶趣”内容之一，收录于2018年由清华大学出版社出版的拙著《茶生活》之中。

煮茶叶蛋的茶叶以喝过的残茶为宜，每次1—3泡残茶均可。可连续

煮。若为未泡过的干茶，每次3克即可，也可连续煮2—3次。因我个人的经历中，均以残茶煮茶叶蛋，忘了在书中说明煮茶叶蛋之茶以残茶为宜，结果造成了茶友陈君的茶叶蛋“处子秀”的失败。

茶友陈君在看了《茶生活》一书中记载的我的煮茶叶蛋家传之法后，决定亲自动手，煮若干佐早餐，与夫人共品。结果，煮出的茶叶蛋，据他所说，蛋白很硬，很不好吃。他将这一结果告诉了我，我甚惊愕，大呼“不可能”！并在惊愕之余，下次茶聚时带了煮好的大红袍茶叶蛋请诸茶友品尝，以证明我所言非假。在边嚼着色香味俱佳的大红袍茶叶蛋，边证实我的家传之法之妙，大家又一起探讨了陈君“处子秀”失败之原因，未果。直到一日，有茶友要把残茶带回家煮茶叶蛋，陈君突问：茶叶蛋是用残茶煮吗？答曰：用残茶为宜，若未泡过的干茶，3克即可。陈君恍然大悟：我是用朋友送的台湾冻顶乌龙，没泡过，放了一大把！众人齐应：那蛋白肯定是又僵又硬的啦！于是，陈君分得两泡残茶，回家重新上阵。

第二天，捷报传来。以“茶与蛋的完美结合”为题，陈君在微信朋友圈发纪实性照片并配文，说用武夷岩茶残茶，以《茶生活》一书中所载之法，煮出了美味的茶叶蛋。闻之，众茶友皆乐，笑称陈君这宛如终与心上人喜结连理、终成眷属，从此过上幸福生活一般。我想，这武夷岩茶的残茶想来也是历经被忽略、被遗弃的磨难，最后终于在陈君家与蛋“结成眷属”，从此，以茶叶蛋的新身份在陈君家过上独乐乐加众乐乐的幸福生活吧！

炒米糕

炒米糕是以米和糖为原料，将炒制的米置入热糖浆中搅拌均匀后，将冷未冷时切成片状或块状，待完全冷却后即可食用。考究的，在切片或块前，还会在糕上撒上一些用植物色素染成绿色或红色的萝卜丝（杭州人俗称：红绿丝），以增美感。

我所吃过的炒米糕可做三种分类：以米类分，可分为大米和小米；以糖类分，可分为红糖和麦芽糖；以形状分，可分为片状和块状（正方形或长方形）。以大米和小米两者为基础比较，大米类的呈微带褐黄色的白色——炒米色。大米的清香和着糖浆的甜香扑鼻，干脆香甜，嚼之，满耳是“咔嚓、咔嚓”糕体破裂声，满口是炒米香、大米的清甜，以及红糖的鲜甜或麦芽糖的柔甜。小米类的炒米糕色金黄，小米的糯香与糖浆香相融合，使得糕香具有一种柔软感，因米粒紧致而增加了糕体刚硬度的小米炒米糕更有一种硬脆感——杭州话俗称为有嚼头。嚼之，满耳是“咔吧、咔吧”炒米糕破裂声，满口是炒小米特有的脆香和外脆内糯，以及小米特有的糯甜与红糖的鲜甜或麦芽糖的柔甜结合在一起形成的糯鲜甜或糯柔甜。就形状而言，大米类炒米糕与小米类炒米糕都一样，片状的更适合儿童与老人咀嚼，而年轻人则喜欢更有嚼头和质感的块状炒米糕。

在浙江一带的农村，春节前夕农家自制炒米糕、米花糕（以爆米花和糖浆为原料，又称胖米糕）、冻米糕（以冻米和糖浆为原料，又称冻米糖）作为春节期间和节后自食与送人礼品，是一种源远流长的民俗。在我的印象中，似乎也是浙江更盛行这一习俗。而我吃的米糕也基本来自浙江，其中，又以来自金华地区的被称为“红糖之乡”的义乌和东阳，及与金华地区相邻的衢州地区的为最佳——前者以糖取胜，后者以炒米时间适度取胜。在二十世纪九十年代之前，炒米糕基本为农家自己手工制作，用以自食（作为零食）和送礼，在杭州城商店中是无售的。事实上，那个年代，在农村，也只有小康人家才有余粮和余钱来制作这一非果腹的零食和礼品。故而，春节回农村过年的城里人中，能带回炒米糕、米花糕、冻米糕之类零食者并非多数，能带回足够的量以转赠邻里亲友的，更是少数。所以，那时能吃到炒米糕之类的农家自制零食（包括家中带回和获得转赠的），被视为有口福。进入二十世纪九十年代后，随着商品经济的迅速推进，市场经济的不断扩展，车间化大机器流水线生产的炒米糕越来越多，商场、超市、网店均有出售，包装也越来越漂亮——过去用白纸包裹成一个一尺或半尺见方的长方形，一包称“一封”，现在用彩印纸小包装后再装入一个彩印的塑料包装袋中，防潮、易食，也更具美感。但在品尝大约十几种不同品牌的炒米糕后，我发现，还是农家作为自家春节零食手工自制的好吃，尤其是金华、衢州一带农家手工自制自食的，仍是“双峰插云”，尚无法超越。看来，商业化流水线生产与自家精心手工制作之间还是存在很大的差距啊！而事实上，如今农村中能手工制作高品质炒米糕的手艺人也越来越少，所以，在今天，城里人中能吃到正宗手工自制炒米糕者也为数不多，能吃到，也是有口福的了！

炒米糕须在干燥、无日晒处存放，若受潮或被阳光晒化了糖浆，其味就不佳了。不过，在我家，即使是受潮或被晒化了糖浆的炒米糕，也可用开水冲泡成一道美食。我的父母都是外省人，在杭州城里没有什么亲戚，所食之炒米糕（还有米花糕、冻米糕等）都是邻居回家乡过年回杭后的转赠。母亲对此十分珍惜，无论是两三块还是四五片，都用报纸包好（我父母一直自费订阅《浙江日报》），藏入铁皮饼干箱中，慢慢品尝。有时因存放时间长了或受潮化了，母亲就会将它们一并加开水冲泡，作为下午点心或夜宵。二十世纪九十年代后，市面上出售的炒米糕多了，加上我丈夫经常下乡有调查等公干，炒米糕在我家不时出现，不再是稀罕之物，不过金衢一带农家手工自制自食的精品仍难得一吃。有时买多了，也会出现受潮的情况，于是，“革命传统代代传”，将受潮的炒米糕用开水冲泡做成由我们命名的“炒米糕糖开水”，也就成了我、丈夫、儿子的喜饮之物。只是此物还没机会给孙子们品尝（孙子们会吃炒米糕后，家中再有了炒米糕，都是不用存放就吃完了），依据“口味的代际传递/传承”之逻辑，想必他们也会喜欢的。

陈皮梅

陈皮梅是以青梅为主料，辅以陈皮、甘草、蜂蜜（此为传统制法，现已出现以糖替代的）等调和、腌制加工而成的一种蜜饯。陈皮梅色乌润，青梅的果香、陈皮的醇香、蜂蜜的甜香、甘草的柔香融合在一起，形成陈皮梅特有的香味；无核，梅肉酸甜可口，嚼之多汁，回甘悠长，为传统休闲食品（杭州人称之为消闲果儿）中的经典代表。而青梅开胃醒脑、陈皮通气止咳、蜂蜜润肺润喉、甘草健脾和胃，也使得陈皮梅具有一定的药用功能，成为居家旅行的佳品。

在儿时，陈皮梅是小伙伴们口中的“高级消闲果儿”。我小学就读于清泰街第一小学（简称清泰一小），隔着清泰街，在学校对面，是清泰街第二小学（简称清泰二小）。后来，清泰一小和清泰二小合并成清泰小学。1966年“文化大革命”开始后，尽管清泰街名被保留了（直到现在，尽管在现代化进程中已“面目全非”，那街仍叫清泰街），因“清泰”有封建意味，在打倒“封、资、修”（即封建主义、资本主义、修正主义）的浪潮中，清泰小学被更名为立新小学。故而，我的小学履历为：入学于清泰一小，毕业于立新小学。在原清泰二小旁边是临街的住户，其中有一家门口经常有一对老年夫妇摆一个小摊，卖一分钱一撮的盐金枣、一分钱两片的梅片、二分钱一把的葵花籽（用报纸折成三角体的包装）等零食，所有的零食售价最高为二分钱，这个小摊是清泰小学学生们经常光顾的地方，每天总有五六个人去买零食。隔着小摊四五户人家处是一个前店后家的小店，卖糖果、饼干、蜜饯等零食，蜜饯中就有三分钱一条的陈皮梅条（大约两寸长、成年妇女小手指的三分之一粗，为圆长条）、一角钱一包（十片）的圆形山楂片（这种山楂片现在在超市和网店中仍有出售）。这家小店最便宜的就是陈皮梅条，所以，小朋友们称它为“高级店”。学生们去的较少，一个星期也就有两三人光顾，而陈皮梅条也就被我们认为是“高级消闲果儿”了。我家的经济状况在当时属上乘，但母亲给我、让我自行支配的零用钱却很少，大大低于当时我的同伴们的平均水平（因家中零食不少，母亲也不希望我养成乱花钱的习惯）。所以，我很少去学校对面的那个小摊买零食吃，甚至从未去那个小店买过零食，尽管不时陪同学去那个小店柜台前浏览柜中展示的食品。好在我和同学关系不错，我教她们功课，她们会将买的零食，包括陈皮梅条分食于我。这偶得的“高级消闲果儿”陈皮梅往往令我回味无穷，至今难忘。

陈皮梅，以内无核的梅肉为主体，常见的是单颗独立包装，小时候那种圆条形包装的已不见。而正因为它是梅肉，小时候吃陈皮梅条时又常常吃到其中的梅子皮，受大人们所告知的杭州胡庆余堂药店是一个姓胡的资本家开的，名叫庆余堂的影响，我一直认为这陈皮梅是一个姓陈的人做的皮梅。直到1967年停课闹革命，不再去学校学习，爱看书的我缠着父亲不断去新华书店买书。有一天，父亲买回了一本《中草药手册》。而我在上海的表哥作为知识青年（简称知青）去云南思茅地区（现更名为普洱市）插队落户，作为去农村插队落户知青可享的福利之一，他可购买《赤脚医生手册》。与他同住的我外婆（他的祖母）知道我喜欢看书，让他多买了一本寄给了我。阅读了这两书后，我才知道这陈皮梅是用陈皮制的梅——陈皮一梅，而非姓陈的人制的皮梅——陈一皮梅——进而也知晓了若干有关陈皮的知识。如“陈皮”指的是柑橘皮晒干后存放一年以上者，而这柑橘皮也非一般的柑橘皮，需那种专门用以制作陈皮的柑橘树上产的，且以广东省新会地区的新会柑皮制成的新会陈皮为最佳。

在“文化大革命”中，小学对面的小摊和小店都关门了。据住在附近的同学说，那摆摊的和开店的都是“黑五类”[1]，受到革命群众的监督，不可以再摆摊开店了。在“文化大革命”中，每逢毛主席发表了最新指示，我们都要马上结队上街游行，边走边高呼“毛主席万岁”。一次，已是秋冬天，半夜我被同学叫醒，跑到学校集合上街游行庆贺，回家就受凉感冒了。发烧、咳嗽十来天才病退，但食欲始终未恢复，母亲便去商店买了七八颗陈皮梅给我开胃通气，我终于吃到了盼望已久的、在大商店里出售的、单颗独立包装的、被小伙伴们认为“肯定极为好吃”的“高级”陈皮梅。那香、那味，比小店里买到的陈皮梅条好上几十倍，让人久久怀想！在“文化大革命”中，因为新华书店里书少、因为可读之书少、因为有了知识青年上山下乡运动、因为我父亲和外婆对我爱读书之习惯的“纵容”，我有机会并认真阅读了《中草药手册》和《赤脚医生手册》这两本当时一般同龄小孩子很少会有且会读的书，纠正了对陈皮梅名称的误解，知晓了一些有关陈皮的知识。就这样，以我这个小孩子为载体，微不足道的“消闲果儿”——陈皮梅与轰轰烈烈的政治运动——“文化大革命”联系在一起，成为社会大动荡、大变化的一种物质载体及物质性标记。

注：

1. 在“文化大革命”中，地主、富农、反革命分子、坏分子、右派分子（简称：地富反坏右）这五类人被统称为“黑五类”。

春　卷

春卷是一种油炸食品，一般以成年妇女两个手掌大小的圆形薄面饼（俗称春饼或春饼皮子）裹入内馅后，用油煎或油炸而成。因其外形为两端包紧（以防内馅外露）的卷形，旧时是春节期间的时令食品，故被称为春卷。

在杭州，春卷一般有甜、咸两种口味。其中，甜春卷大多以红豆沙（杭州人又称赤豆沙或细沙）加糖制成，也有的人家（如我家）以桂花糖年糕切成细条为馅。而咸春卷的内馅，一般有三种：韭芽肉丝豆腐干丝、雪里蕻（一种咸菜）肉丝和黄豆芽白萝卜丝豆腐干丝，均为炒熟后冷却，再裹入春饼中。甜春卷甜柔，咸春卷鲜香，各美其美，美味无限。

在杭州，春卷的烹制有炸、硬煎、软煎之分。其中，炸，即是在锅中放入较多的油，待油热后，将生春卷置入，油炸成外皮金黄后捞出，即可食用；硬煎，即是锅中放入少量的油，将生春卷置入油中，用中火煎成两面外皮金黄后取出，即可食用；软煎，即是在锅中放入微量的油，将生春卷置入热油中，用小火慢慢煎至两面外皮微黄后取出，即可食用。三者相比，炸的外皮最脆硬，软煎的外皮最软韧；炸和硬煎的，外皮的脆香夹着内馅的甜柔或鲜美；软煎的，外皮的面香与肉馅的甜柔或鲜美相融，形成了杭州春卷特有的美味。

二十世纪九十年代末之前，在杭州，就一般家庭而言，只有在春节期间才能吃到春卷，而做春卷的春饼，也只有在春节期间才能买到。在那时，春节前十天到正月十五，菜场的角落或烧饼油条摊、小吃店门口就会出现一两个燃烧着的煤炉，上放一个平底锅，一个中年或老年妇女一手将面浆顺时针绕圈扩展浇淋在铁锅上，一手转着铁锅以保持湿度均衡，十几秒钟后，将面皮翻个身再烘上几秒钟后，一张春饼皮就出锅了。那时，一见到春饼摊出现，就知道春节快到了。而从儿时开始，直到四五十岁，在春饼摊前排队等着春饼出锅买回家，以及回家后吃上一块热春饼（儿子三岁后与儿子同吃），也成为我“做忙年三十夜”（我母亲的俗话，意指为了过年而忙碌）的一大忙事和乐事。菜场、小吃店、烧饼油条摊的春饼摊曾是杭州城里过年时的一道风景线，如今是踪迹难觅了。而做春饼看似简单，实际上是一项高难度的技术活。在年轻时，为了在非春节期间吃到春卷，我曾认真学过，也在儿子12岁时，与他一起从哈尔滨千里迢迢地买回一个专做薄面饼的面饼机，但所制作的春饼非厚即破，均未成功。随着流水线机器批量制作的出现，随着春饼摊的消失，这手工制作春饼的技艺不知是否也与编麦秆扇、补碗、做蓑衣等手工技艺一样，濒临失传?

2000年以后，在杭州，工厂化流水线大批量生产的春饼随时可买到了，只是均为从冷藏箱中取出售卖的。这使人们增加了吃春卷的机会，但也少了手工制作的春饼带给人的柔软湿热、变化多端（不同制作者使用原料和制作手法的不同往往使所制作的春饼具有不同的特色），在长久等待（有时因人多，会等上一两个小时）后获得的快乐，以及与制作者交谈的欢愉。春饼可随时买到了，春卷也就随时可吃了。如今，在许多家庭中，春卷已从春节时令食品转型成日常食品，在许多餐饮店乃至酒店中，春卷也成为主食之一列入菜单之中。只是不知为何，吃来吃去，今天的春卷总不如过去的香甜鲜美。

春卷宜热吃，但冷吃也无妨。在我家，餐中吃剩的冷春卷就常常在我文思阻滞时，被我一手抓住，塞进我的口中，以通思路。由此，在我家，春卷不仅是菜肴，也是我的一种零食。

葱包桧

葱包桧是杭州的著名小吃和特色小吃，起源于杭州，特产于杭州，也是我最喜爱的点心加零食之一。葱包桧的制作方法很简单：用薄面饼皮包裹住半根油条和两三根葱（整根），在平底锅上用木制压制工具压紧，成打块状（越紧实越好吃）后取出，两面涂上酱（咸酱、甜酱、辣酱自选，可多可少，可单一可混合，全凭自己的口味），即可食用，其香脆鲜之味，令人回味无穷。

葱包桧起源于杭州与油条（又名：油炸桧）起源于杭州相关。据说，在距今一千多年前的南宋首都临安（今杭州），当人们听说抗金英雄岳飞被奸相秦桧陷害致死后，发明了一种将两根面条拧在一起放入油锅炸成条状物食之的食品。这两根油条一根代表奸相秦桧，一根代表出了陷害岳飞主意的其妻王氏，下油锅是阴府酷刑中的酷刑，油炸后食之意即让秦桧夫妇受到酷刑后再啖其肉。当时，在强权的高压下，民众只能以此方法表明自己立场，发泄自己的愤怒，而这个食品也被杭州人命名为："油炸桧"。而"油条"则是后来的、由外地人引进的称呼了。在我幼年时（二十世纪五六十年代），不少世居杭州人仍习惯使用"油炸桧"这一名称，可见影响之深远。不知葱包桧起源于何年，不过当油炸桧被葱包裹又一起被包入面饼皮子后，这“葱包桧”就成为具有南宋都城杭州之历史蕴含和文化意义的特产小吃了。只是后来为节约成本，用葱包裹油炸桧成为油炸桧上放几根葱，“油炸桧”的名称也随着社会的变迁逐渐被“油条”取代，眼见着就要湮灭在历史的尘埃中了：即使在杭州，二十世纪八十年代出生者基本上已不知“油炸桧”之名，更不知“油炸桧”为何物了。

在杭州城解放路中段的官巷口附近，曾有一家“明湖池”的公共浴室，在二十世纪九十年代现代化浪潮中，这家浴室被拆后被商店替代。而在我儿时，这是一家在杭州城里以高档闻名的浴室。在我七岁（1962年）从幼儿园毕业就读小学，冬天不再有幼儿园温暖的浴室洗澡后，到我十一岁“文化大革命”开始不久的1966年，每到冬天家中因天冷无法洗澡时，母亲隔个十来天就会带我去这个离我家两站公交车距离的明湖池洗澡。在当时，即使因天冷无法在家中洗澡的冬天，杭州城里的妇女也很少花钱上公共浴室洗澡，小孩子更少。于是，母亲的这做法就十分醒目，她常常不得不抱怨式夸奖（夸奖我讲卫生、爱干净）地向别人解释：“她（指我）在幼儿园每个星期都要洗澡，习惯了，一个星期不洗澡，就说身上发痒，要洗澡。”在明湖池，我们这对已让服务员熟悉的母女，也被昵称为：娘同女儿（杭州话，意即母亲与女儿）。而到了1966年“文化大革命”初期盛行“大鸣、大放、大字报、大辩论”的阶段，母亲冬天经常上公共浴室洗澡也成为一大“罪状”。一位邻居写大字报将其公开批判为“资产阶级生活方式”，母亲不敢再带我去任何公共浴室洗澡了。

在明湖池门口，有一个葱包桧摊，每次进门时，我总要狠狠地吸一口诱人的香气；出门时，除了猛吸香气外，还会故意明显地看上几眼（不敢紧盯，这有失于母亲教我的女孩子应有的行为规范），以期引起母亲的注意去购买。而有时时间晚了（我们都是下午三四点钟去，因女宾部均为单间且仅有十几间，有时人多，难免要等，至浴后出门，已是晚上六点多钟），母亲也会花上一角二分钱买上两个葱包桧（每个六分钱），暂且充饥，以撑到回家吃晚饭，我与她一人一个，吃着走回家（我们去明湖池一般都是来回步行）。在杭州冬日的寒冷中，身上是浴室洗澡后特有的温暖，手中是喷香鲜美的热乎乎的葱包桧，那香，那脆，那鲜，那热度，成为我对儿时杭州寒冬最美好的记忆。

我在婚后的第二次搬家是在1990年，新居在市中心的浣纱路，附近就是著名的浙江省妇女保健院。当时，杭州城里人家和郊区的富裕人家生孩子都会去这家妇保医院，我们住在附近，经常可以听到生了男孩的人家一路放鞭炮庆贺，也常常听到有守在产房门前的丈夫或婆婆因听到生了女儿而将挎着炖鸡的锅子摔在产房门口的事情。妇保医院大门口旁有一个葱包桧摊，每到周日我就会花上一元二角钱去买上四个葱包桧（三角钱一个），家中一人一个（那时，我母亲和我们住在一起）作早点：葱包桧是我母亲、我、我儿子喜爱的食物之一，我丈夫虽不太喜欢，但也不拒绝。于是，葱包桧就成了我家周日早餐中的常见食物。买的次数多了，就跟男、女两位摊主熟了，而我也有了买多了总该打点折扣的想法，并在某次男摊主当值时提了出来。男摊主思考了一下，爽快地答应了我提出的以一元一角买四个葱包桧的建议——较原先少一角钱。但两周后，当女摊主当值时，她的脸色就不好了。我再三解释与男摊主达成的协议，女摊主见我是常客且买得多（一般人都是只买一个，最多买两个），无奈答应了折扣价，但始终面有愠色。过了三周（我买了三次）后，她终于忍不住跟我说，“你办公室里的废纸到时候拿点过来给我包葱包桧，要不我要花钱去买白纸来包。这样，我省了钱你也可以打折扣”。望着她递给我的因没用力压而显得松松垮垮，且每个放了两根葱（原本至少有三根）的葱包桧，想着机关（我那时在浙江省妇联工作）办公室的材料，哪怕废纸也不能外拿，想着有可能以后她家的葱包桧是用不知哪里来的脏纸包裹，我从此不愿再去，也不敢再去那个摊上买葱包桧。家中周日的早点改为附近小吃店买的生煎包、烧饼、油条、包子等。好在那时已是1996年，一年多后的

1998年，我家搬到了浙江大学（今浙江大学玉泉校区）附近。

浙江大学附近有一个卖葱包桧和鸡蛋饼的摊子：杭州鸡蛋饼有点像京津地区的煎饼果子的改良版，即，将一个如煎饼果子的煎饼大小的薄面饼置于平底锅中，敲入一个鸡蛋，搅碎，再根据顾客口味，放入榨菜、咸菜、香菜、葱花，待蛋液成形后将面饼翻身再烙上一两分钟，然后上面抹上酱（咸酱、麻酱、甜酱各选，可单味，也可混味），放上油条，卷成条状，便可出锅食用了。由于这个摊子所做的葱包桧十分好吃，在浙大学子和附近居民的口口相传中，大概在2016年，这个葱包桧摊制作的葱包桧曾在民间食客评审中被评为“杭城十大葱包桧”之一（好像名列第八），登上了在杭州颇有名气的《钱江晚报》。

这个摊子的摊主是个女的，长得秀气而淳朴，十分能干。据说，从摊面饼到切葱花都是她一手而为，而家中烧饭做菜洗衣拖地之类的家务也都是由她承担。这个女摊主操着外地口音，据说，她是在二十世纪八十年代末嫁入杭州，丈夫是一个杭州话俗称“结婚困难户”。在城乡壁垒森严，且城里人生活好于农村的时代（大约是在2000年之前），与城里人成婚是不少农村女青年改变人生和改善生活的主要途径，不少优秀的农村女青年就这样嫁给了一些由于自身或家庭原因而在城里难以找到合适对象成婚的男子，杭州也不例外。而若传说属实，这女摊主想来也是这被迫者之一吧！在等得葱包桧出锅而与她的闲谈中，常常可以听出她的无奈和酸楚，可见她的生活不易。

这个摊子设在16路车站之起点站——浙大站附近的一座临街高楼的一楼的院子中，院子与人行道隔着铁栅栏，交易就隔着铁栅栏进行。每天早上六点到八点，下午四点到六点，这个摊位开张，铁栅栏内就会有人排队购买，少则三五人，多则十几人。一个葱包桧最早是五角钱，后来是一元、一元五角钱，再后来是两元钱，且为两个合在一起卖（杭州人称之为“一副葱包桧”）。鸡蛋饼最先是一元五角，后来是两元五角，最后为四元，买者报上要买的东西的名称和数量，把相应的钱置入放在铁栅栏内的小桌子上的一个小篮子中，小篮子旁放着由顾客按所需自涂或由摊主代涂的酱料的数个酱料瓶子，而若要找零钱，也由顾客报上数目后从小篮子中自取，向摊主展示一下即可。那个摊子做的葱包桧和鸡蛋饼真的很好吃，味道超过许多大饭店做的。当丈夫调至外地工作，儿子又进入高中并在校住宿，尤其是他后来到外地上大学并工作后，一个鸡蛋饼加上一杯咖啡或牛奶，就成为我最常吃的早餐，或晚餐，我将其称为：中西搭配，有滋有味。

2016年，G20会议在杭州召开。为了保证会议的顺利进行，G20会议会场周边的街道进行了整治，浙江大学玉泉校区离会场不远，这个小摊被拆。后来，在离这个摊位有段路程的玉古路上，我见到了一家名为“玉英鸡蛋饼店”的小店，因几次路过时均未营业，后又因新冠肺炎疫情很少出门，不知是不是那个小摊搬迁后成了这家小店。

这个从南宋而来，有着千余年历史的葱包桧，历经时世变迁，可谓杭州乃至中国社会历程的一个民间叙述吧！

葱管糖

葱管糖是一种饴糖类休闲食品，以麦芽糖裹上芝麻制成，一般为成年妇女食指粗细，2寸或3寸长，两头封口，如葱般中空，故被称为“葱管糖”。

杭州旧俗，以“葱”通“聪”，春节期间，会让小儿吃葱，老人也会给家中小儿分发葱管糖，祈愿小儿在新的一年更聪明能干。若家中小孩学习成绩好，期末考试（俗称：大考[1]）得了高分，家长也会买来若干根葱管糖进行奖励。故而，在我儿时的记忆中，商店里有葱管糖出售，但大人们不常买，若买，必是在新年时，或是家中孩子在大考考出好成绩，或期末被评为“三好学生”[2]时——那时，学校会评选“三好学生”。入小学后，我几乎每个学期都能评上“三好学生”，加上学习成绩好，所以，我常常能得到父母奖励的葱管糖。

1983年，在我去街道办事处进行结婚登记前，母亲对我们说：“买一斤寸金糖[3]回来给我。”我知母亲此意是称心如意（在母亲的溧阳腔上海话中，“称”与“寸”谐音，“心”与“金”相近），于是，欣然答应。只是登记完毕去商店后，被营业员告知寸金糖卖完了，新进货时间不知，又被劝说，葱管糖刚到，很新鲜，这批葱管糖质量很好。而事实上，葱管糖只是较寸金糖长一些并裹上了芝麻，其差别并不大。于是，我们买了一斤葱管糖回家送给母亲。一开始还以为母亲会有异议，但见她反而很高兴，甚不解。后来，我生了儿子，儿子的发展一直不错。一次，听到母亲与他人聊天，提到孩子成长时说，他们（指我和丈夫）那天结婚登记回来，买了一斤葱管糖，我就晓得他们生的孩子不会差，开心与得意溢于言表。这下我才明白，因"葱"通"聪"，故而，即使我们因没有寸金糖而买了葱管糖，母亲也很高兴。

现如今，杭城已无"葱"的旧俗，超市和商场也不见葱管糖，不知那无所不包的网店中是否还有出售？

注：

1. 因当时工资收入有限，所以，必须是大考才有奖励，被称为"小考"的期中考的成绩若好，会口头表扬，但不予考虑物质奖励。
2. 按毛泽东主席"德、智、体"全面发展的要求，"三好学生"为思想品德好、学习好、身体好。
3. 一种饴糖制的、一寸左右长短、如成年妇女食指粗细的金黄色的长圆条形糖。

大白兔奶糖

大白兔奶糖为牛奶味的单独包装颗粒糖，外包装纸的中间印着一只快乐奔跑的大白兔，上书“大白兔奶糖”五字。大白兔奶糖色纯白，牛奶香浓郁，味甜润，在国内，曾是知名度极高的高档糖果。在儿时，我们即使只得到了一张大白兔奶糖的包装纸（杭州人俗称糖纸儿），也是非常得意的，会将它展平夹在课本中珍藏。

大白兔奶糖产于上海，印象中，我上小学（1962年）之前，一度只有在上海才能买到。我的外公外婆和舅舅住在上海，春节我和父母到上海与他们团聚，回杭州时，他们总会买上一些让我带回。到了“六一”儿童节，舅舅在寄给我学习用品中，有时也会夹着一斤半斤的大白兔奶糖。所以，大白兔奶糖的包装纸成为我可自由支配送人的佳品，而当我有可送人的大白兔奶糖包装纸时[1]，身边也会围着一些同龄伙伴。

记得是在上了小学之后的1963年，我在家附近的国营葵巷副食品商店里看到了大白兔奶糖。之所以对1963年印象深刻，是因为在那年，商店里的东西多了许多。母亲那年退休，有更多的时间带我去食品店、百货店等处闲逛了。在闲逛中，母亲有时也会买上若干大白兔奶糖、巧克力之类当时普通人家很少买的高档零食。此外，我家的伙食较好，母亲会给我每个月订一瓶牛奶，我家也会请人帮忙洗被单、被里、毛巾毯等。以这些为依据，我家被冠以“戳富老板”（杭州话，意为有钱者）的名号。在那个以富为耻，打倒“封、资、修”的年代，“戳富老板”并不是美称。而我也不免处于一些邻居小伙伴的羡慕嫉妒恨中。我那时不知，即使向他们送上几十张大白兔奶糖包装纸，这些羡慕嫉妒恨也是难以消弭的。而处在这或多或少的羡慕嫉妒恨中，儿时的我总有一种被排斥感及由此而生的孤独感。

直到二十世纪八十年代，大白兔奶糖在杭州仍属“高级糖”。如，我在1983年结婚时，我家按惯例向亲朋好友邻里同事等分发喜糖，因喜糖袋中有一款大白兔奶糖[2]，而被众人夸为“发的喜糖高级”。大白兔奶糖不仅被认为是“高级糖”，也被认为具有较高的营养价值。儿时，就有人告诉我，六颗大白兔奶糖等于一杯牛奶，直到今天，许多人仍持此观点。且不论这六颗大白兔奶糖是否真的等于一杯牛奶的营养价值，仅就其为牛奶制品而言，其营养价值肯定高于一般用糖汁和香精制作的糖品。故而，当二十世纪八十年代末人们收入逐渐增加，生活水平不断改善之后，大白兔奶糖也就成为普通糖果了，至少在我的身边，还有不少人经常买大白兔奶糖，以给孩子增加营养，而我也会在蛀牙与营养的纠结与平衡中，除了给儿子每日订一瓶牛奶外，也不时给他买一些大白兔奶糖。

正因为二十世纪七十年代末的改革开放，许多中国的普通家庭过上了小康乃至富裕的生活，大白兔奶糖广泛地成为普通人家孩童的常吃零食。于是，大白兔奶糖成为“80后”的共同回忆。前几年，一些“80后”在网上评选的“我们印象最深的童年食品”中，大白兔奶糖名列其中，且位居前茅。事实上，作为一款风靡了四十余年，且今天仍受欢迎（比如，我的孙子也喜欢吃大白兔奶糖）的糖果，二十世纪五十年代至七十年代出生者也能讲出不少大白兔奶糖的故事，二十世纪九十年代的出生者，乃至至少二十一世纪前二十年的出生者的生活中也会出现大白兔奶糖。所以，可以说，大白兔奶糖贯穿在中国人的生活中，成为一代又一代中国人的生活回忆。

注：

1. 大白兔奶糖由母亲收藏，我的食用时间、数量由母亲掌握，故而，我有大白兔奶糖包装纸的时间、数量（最多时有两颗的量）不定。
2. 按当时习俗，分发的喜糖袋中一般为六到八颗独立包装的糖，可一款，也可多款。记得我家当时分发的喜糖为八颗一袋，共有三款，其中之一就是大白兔奶糖，其有两颗。

大核桃

大核桃是杭州人的称呼，山东、陕西、云南等大核桃产区则称“核桃”。杭州有一种较孩童玩的玻璃弹珠略大的核桃，为杭州著名特产之一，主产地在杭州附近的临安山区，其名称书面用语写为“山核桃”；又因须以砂子翻炒至熟后方能有特有的香和味，其杭州话口语名称为“砂核桃”（杭州话读音为sha hu dao），外地人将其称为“小核桃”。为加以区别，杭州人将产于山东、陕西、云南等地的比婴儿拳头略小的核桃，称为“大核桃”。

大核桃一般以干果的形式出现，但在其产地，新鲜核桃也常被食用。1996年，我与同事高雪玉女士去陕西开会，一日午餐后我们俩到会议所在地的陕西师范大学后门闲逛，见一流动摊上卖新鲜大核桃。因是第一次见到新鲜大核桃，我俩甚新奇，又听说可食，更感新奇，商量后遂买了一斤。一试，果然有大核桃干果没有的水果脆和水果甜，我甚喜欢。会议结束后，我吭哧吭哧背了五斤回家，与家人共享，家人也觉得爽甜可口。自此，新鲜大核桃也成为我关注的零食对象。

在中国传统文化中，大核桃是补脑佳品。为此，儿时家中常有大核桃备我食用。作为家庭饮食传统的延续，儿子幼时，我也常买大核桃给他吃。只是他嫌生的大核桃有涩味，所以我那时常买的是用焦糖加工的“琥珀大核桃肉”，或者将大核桃肉炒熟后让他食用。如今，当孙子来我家度假时，加工后的大核桃肉也是我为他们准备的一种必备零食。

在吃过的大核桃中，我觉得最好吃的是产自云南的漾濞核桃。始吃漾濞核桃，是在云南大理。在大理著名的“三道茶”中，第二道茶——甜茶中的配料之一就是漾濞核桃。那日在大理喝“三道茶”，觉得那核桃肉特别细腻滑润甘甜。问之，才知道是漾濞核桃。凡正宗的大理“三道茶”，用的必须是这漾濞核桃。时隔七八年之后的2008年，我终于在家附近的农贸市场中买到了常思之念之的漾濞核桃。我家附近有家较大的农贸市场，场中除了摊位外，还有不少店铺，一家由一个云南小伙子开的云南土特产小店就在其间。据小伙子说，他姐姐嫁到了浙江，他就跟着到浙江打工，辗转到了杭州。后来见到浙江人喜欢云南土特产，就筹款开了这家小店。十来平方米的小店中，排放着三十余种云南土特产，漾濞核桃就是他重点宣传的，而我也是见了店门口的漾濞核桃宣传广告，才进了这家小店。只是，漾濞核桃是季节性产品，小伙子的收购渠道估计也不太畅通，所以，我与这家店卖的漾濞核桃有如“千里有缘来相会”——有缘，便能买到；无缘，不是已卖完，便是还没收购到，或是还长在树上没成熟。在这“短缺性供应”中，漾濞核桃就在我心中美味长存了。

大核桃曾属“肉好吃、壳难除”之类的零食。记得小时候，大人们会用榔头帮我们敲大核桃的外壳，以便我们取出核桃肉。而我们，也会开动脑筋，挖空心思想办法，以便大人不在时，可以自己拿大核桃吃。其中，有效的方法之一是用门缝夹碎大核桃。我在自己家试过，到上海度假时，在外公外婆家和舅舅家也试过。结果表明，我外公外婆所住的上海四川北路克明里14号的石库门房子的内屋门（外屋门不行）最易夹碎大核桃壳，且核桃肉完整，而常常住的上海成都北路999号的房墙门和我家住的下马坡巷长坡里林业厅宿舍7幢的宿舍房的房门效果都较差，也许是门缝的角度所致吧！有此发现后，每年再到上海过春节，我心中就藏了一个小秘密：在外公外婆家（我先是称外公家，外公在1965年去世后，就改称外婆家了），用门缝夹大核桃吃！在近三十年的城市大改进中，这三处建筑如今都不存在了，但儿时的记忆却是长存于心中的。

在二十世纪九十年代，浙江的云和县成为国内著名的进口木制玩具、教具和装饰物的制造地。一次去云和进行社会调查，我在厂家的商品陈列室里发现了一款被称为“桃核人”的可夹碎大核桃外壳的木制玩偶。玩偶为中世纪欧洲士兵造型，据说，拉起其背后的木杆，玩偶开口，放入核桃，向下压杆，玩偶的大口即闭合，咬碎大核桃壳。闻之大喜，我当即买了四个。但回家试之，这玩偶无论如何都咬不碎大核桃壳。无奈，又不忍丢弃，只得放入儿子的床底。前几天因要重新装修房间，从儿子睡过的床下拉出了两个纸箱，那中世纪欧洲士兵造型的“核桃人”还威武地躺在那里。二十多年前Made in China（中文译为中国制造）专供出口的“核桃人”，想必有一定的收藏价值吧！

近十几年来，市面上逐渐多了一种叫作“纸壳核桃”的薄壳核桃，壳薄，一捏就碎。几年前，我还得请丈夫帮忙“用手一捏”，或用榔头略敲后再“用手一捏”，如今，却是我这“手无缚鸡之力”的女人，也能“用手一捏”，外壳即碎了。在我所吃过的薄壳核桃中，最易用手捏碎外壳，肉质较细润且甜的是友人冯君帮我网购的一款产自陕西的大核桃。冯君是我的茶友，也爱吃零食，故也是我的食友。她有关茶与零食最精辟的妙语之一是：“茶喝喝，瓜子剥剥，音乐听听，你不晓得有多少惬意！”她每当吃到一款美味零食就会告诉我，或送我品尝，或帮我网购——精准地网购。陕西产的美味薄壳大核桃就是她吃了，她丈夫也吃了，均认为“好吃”且易去壳，后向我推荐，并帮我网购的。从此，吃大核桃再也不是我的难题，大核桃肉的美味可以“用手一捏”加“用手拈来”。

蛋　糕

蛋糕以鸡蛋和面粉（小麦粉）为基本原料，经烘烤或蒸制而成。其基础色泽——烘烤而成的外部为棕黄色，内部为深黄或黄色；蒸制而成的，内外均为嫩黄色。其基础香为鸡蛋和小麦粉经烘烤而得的醇香或经隔水蒸而得的清香；而其基础口感的特征为松软且甜。近年来，蛋糕中的添加物越来越多，有不少厂家还添加了不同的香精以现不同的香味，因此，需以基本材料和基础色、香、味来说明蛋糕原本的用料与色、香、味。

就我所见，传统的烘烤蛋糕有正方形（两寸左右长宽，俗称大蛋糕或方蛋糕）、小砖形（半寸左右宽、半寸左右厚、一寸左右长，俗称小蛋糕）、蘑菇形（如蘑菇般大小，俗称蘑菇蛋糕）。因用料之一是鸡蛋，蛋糕被认为有较高的营养价值，加上其松软香甜，适合老人和儿童食之，且价格较一般糕点高，故而，在二十世纪八十年代之前，蛋糕是馈赠长辈，以表孝心的佳品，也是小康人家幼儿病后康复期的营养品。而在那时，奶油裱花蛋糕、奶油夹心蛋糕之类的奶油蛋糕少见，且只能在为数不多的西点店才能买到，商场中的蛋糕是被今日称为传统蛋糕的那类蛋糕“一统天下”。所以，那时，奶油裱花蛋糕、奶油夹心蛋糕之类被专称为“奶油蛋糕”，而论及“蛋糕”，人们都认为是那类今日被称为传统蛋糕的无奶油和其他添加物的蛋糕。不像西式糕点店林立、西式糕点流行的今天，一说到“蛋糕”，人们头脑中浮现的就是奶油裱花、奶油夹心类的奶油蛋糕，而过去常吃的那种蛋糕被定名为“老底子蛋糕”或“传统蛋糕”，不仅难以买到，也常常被认为是老年人的“怀旧食品”了。

在杭州，奶油蛋糕的风光无限是从二十世纪八十年代后期奶油裱花生日蛋糕的流行开始的。按中国旧传统，无论老少，凡过生日，大多以吃面条的方式庆贺——以面条之长祝过生日者长寿。在北方的一些地区，至今仍有以一根面条、一碗面的面食庆贺生日的习俗，而生日时吃的面条也就被称为“长寿面”。记得“文化大革命”期间，每到12月26日毛泽东同志生日时，怀着对毛主席的崇敬和热爱，母亲总要煮面条以庆贺，并给附近的两户“五保户”[1]孤寡老人各送一斤面条，作为共同庆祝之用。随着西方文化的大规模进入，西方生活方式成为时髦乃至流行之事，从二十世纪八十年代晚期开始，以吃奶油裱花圆形蛋糕（一般直径为五寸至八寸）、点生日蜡烛，唱英文歌曲“Happy Birthday”（中文意为生日快乐）为仪式庆贺生日，尤其是以幼儿生日的仪式变化为开端，西式庆贺逐渐替代了中式庆贺，连“生日庆贺宴”都被洋化地称作不伦不类的“生日派对”（英语Birthday Party的中文译名）。如今，过生日买奶油裱花生日蛋糕（蛋糕上用奶油和水果装饰如画，中间有“Happy Birthday”英文字样）、点生日蜡烛、唱“Happy Birthday”生日快乐歌（用中文和英文各唱一遍），可以说已成为许多中国人，尤其是城里人过生日的程式，无论老小。

话说回来，尽管对国人生日仪式的西化有怨言，但对生日蛋糕上的奶油裱花我还是十分喜欢的。那种奶香和奶油的滑润细腻，往往令我深陷其中，并对草原、牧民和草原上的牛羊群产生无限的遐想。在儿子小时候给他过生日时，除了煮面条，为了吃那蛋糕上的奶油，以儿子的名义，我总会买上一个有奶油裱花的生日蛋糕（最小的尺寸）。只是儿子也喜欢吃奶油，于是，分吃蛋糕的过程也成为我与儿子斗智斗勇“抢”吃奶油的过程，而我丈夫，一般吃到的多为蛋糕坯。即使在二十世纪九十年代，因纯奶油供应不足，裱花的奶油是植物类的人造奶油，我和儿子也“抢”吃不误。而从二十一世纪开始，一寸左右宽和厚、二寸左右长的裱花小蛋糕大量出现，且花式日多，奶油也日益正宗纯正（真正用牛奶提炼），那奶油裱花蛋糕就成为我家常见的零食——在儿子外出就学和工作后，我就索性厚着脸皮，直接因自己爱吃而购买了。记得有一次去邻近的西点店买奶油裱花小蛋糕，售货员帮我装盒后问：“小朋友几岁了？”并打算去拿生日蜡烛（估计也有人买奶油裱花蛋糕给小朋友庆祝生日），我半是不好意思半是理直气壮地说：“是我自己吃着玩！”年轻的女营业员眼中闪着诧异（估计她在想，怎么五六十岁的老太太还这么爱吃奶油裱花蛋糕），脸上堆着笑，立马接口说：“是，是，这奶油蛋糕很好吃的。”然后，她快乐地笑着收钱，前所未有地、亲切地与我道别。

就蛋糕本身来说，我最喜欢吃的是蒸蛋糕。蒸蛋糕隔水蒸成，自有种清香和清甜。西点店里没有，只能在商店、超市或专门的零食店中买到，但不知为何，经常缺货。为了能随时吃上蒸蛋糕，在儿子给我买了一台面包机后我自制面包成功的激发下，在越来越盛的自己动手DIY之风的推动下，我买了带制蛋糕功能的电饭煲，开始尝试自制蛋糕，但无一次成功；然后，又买了有蒸蛋糕功能的馒头机，仍未成功。由此，我再一次清醒地认识到，不是任何人都能DIY，不是任何事都能DIY，专业之事还需由专业人士来做，或者自己成为专业人士。

注：

1. 政府对因无工作能力和亲属资助、无收入来源者，以家庭为单位（包括单人户和单人以上户）在吃、穿、住、行、医五方面实行保障。这些家庭通称为“五保户”。

灯影牛肉

灯影牛肉是即食性牛肉制品，属牛肉干类，为川（四川）渝（重庆）特产，色褐红；麻辣香（花椒和辣椒香）中透着牛肉的鲜香，牛肉的鲜味顽强地与麻辣味抗衡，形成了麻辣牛肉味；油汪汪地浸透了麻辣油，约A3纸大小，长方形，薄如纸，据说其薄可透过灯光，故称灯影牛肉。

我是在小学三年级（1965年）看家中藏书——《红岩》时，知道“灯影牛肉”这一食品的。长篇小说《红岩》中有一人物叫甫志高。甫志高原为中共地下党员，后被国民党特务逮捕，禁不住威逼利诱、严刑拷打，最后背叛组织、出卖同志，成为叛徒。那时，读小说的人不多，但随着改编自《红岩》的电影《烈火中永生》、歌剧《江姐》的上演，与许云峰、成岗、江姐、双枪老太婆等革命志士及其英雄事迹家喻户晓的同时，叛徒甫志高的名字和行为也让人们耳熟能详。直至后来，“甫志高”成为少儿们指称叛徒的代名词，凡被认为是告密者，如向老师、班干部汇报某节课上有同学高声喧哗，举报某同学考试时偷看邻桌同学的试卷，以及变节者，如好友向势不两立的对头讨好，都会被称为“甫志高”。直至今天，不少二十世纪五十年代出生的老人，仍会用“甫志高”这一专用名词戏称泄露隐私秘密（如某夜夜不归家不是在单位加班，而是与朋友一起通宵打扑克）的好友。

灯影牛肉就出现在甫志高被捕的场景中（小说《红岩》中有，而电影《烈火中永生》和歌剧《江姐》中均无这一情节）：深秋的雨后夜晚，甫志高出席了中共地下党党员会议后高兴地回家，路过巷口时，一个灯影牛肉摊还在营业，摊头上作为招牌的一个红灯笼在风中摇晃。甫志高路过时，买了一些灯影牛肉，用油纸包好，准备回家佐酒独乐乐。到了家门口，他把牛肉和雨伞都夹在腋下，掏出钥匙准备开门，不料腰后顶上了一把手枪。他浑身一激灵，腋下的牛肉包和雨伞都掉到了地下的泥水里。在“跟我们走一趟”的命令下，他被三四个来人——国民党特务捂住了口，连推带搡地带上了车。

书中并没有说那包灯影牛肉是否被特务们踩烂，但我自第一次看《红岩》起，就一直想象着那包灯影牛肉的下场：如果没踩烂，用油纸包着，用凉开水洗洗还是可以吃的；如果被踩烂了，真是可惜啊！一包牛肉呢！还有，那灯影牛肉应该很好吃，要不，半夜三更甫志高为什么还要买一包回家佐酒？那时有自藏书的家庭很少，“文化大革命”开始后，书店里也极少有小说出售，包括《红岩》在内的家藏书（“文革”初期父母烧掉了一部分“封、资、修”的书，如《白蛇传》《苦菜花》，以及父亲在解放后上文化补习班时的初中自然地理课本、母亲用过的《中国地图册》《世界地图册》等）被我无数次阅读。而在看《红岩》时，每看到“灯影牛肉”处，那些疑问就会在心中翻卷数遍，最终成为我心中的《红岩》一大难解之谜。

二十世纪九十年代末，我在成都开完会回杭州的时候，在机场从安检口至休息区的途中，不经意间偶一转头，看到一个店牌上写着“灯影牛肉”四个大字，门口挂着一盏红灯笼，让我一下子想到甫志高夜半三更回家，见到巷子口的那个灯影牛肉摊上在寒风中飘摇的红灯笼。灯影牛肉，我终于见到了实实在在的你！我冲进店中，柜台上方挂着的被透明塑料袋塑封的灯影牛肉，真的如纸薄，透着柜台中白炽灯的黄光，红褐中透着金色，有一种惑人的神秘感。我进店后就毫不犹豫地指着柜台里放着的一包灯影牛肉说："买这个！"然后才看价格。见到那仅A3纸大小的灯影牛肉的性价比对当时我的财力而言，真的较贵，但又不能不买，于是咬咬牙，在售货员还没来得及要我多买几袋前，坚决地说："买一袋！"

灯影牛肉买回家后，开袋品尝。打开袋口，麻辣香便夹着牛肉香扑面而来，倒出麻辣油，撕开油汪汪的牛肉入口，香是真的香，鲜是真的鲜，辣是无比的辣!吃了两口，我就眼泪、鼻涕、口水齐流，成了"三流分子"。邀儿子和丈夫一起品尝，还给他们讲《红岩》中的甫志高的故事，见我已是"三流"，不爱吃辣的他们坚决不入伙，那灯影牛肉也就成了我的专享之物。与吃惯了的江南的五香牛肉干相比，在香鲜麻辣的强刺激下，灯影牛肉令我热血沸腾。由此，如果说，江南的五香牛肉让人进入一种盈实温情的小康意境的话，那灯影牛肉就会让人产生一种"我自横刀向天笑"的壮怀激烈之情了。而也正是这一"壮怀激烈"之情的生发，灯影牛肉让我在吃时如"斗志昂扬"上战场，吃后则念念不忘想再来一份。只是，不知为何，我在杭州一直没有找到有卖灯影牛肉的店，灯影牛肉的滋味也就与小说《红岩》一起，在我的脑海中飞翔着。

在二十一世纪头几年，我几次去四川开会或进行项目研究工作，几次路过成都的机场，那灯影牛肉店已被张飞牛肉店替代。好奇中买了一袋张飞牛肉试吃，私下里觉得这色、香、味与灯影牛肉相差不多，那密封袋下端也汪着一层红红的麻辣油，只是A3纸的形状成了细丝状，如被剪短了的张飞的胡须。没了褐红中透过的金黄，在我的心中，就少了那种小说《红岩》所给我的民国时期中共地下党进行地下工作的神秘感，少了中共地下党人为国捐躯、为民牺牲的英雄主义豪情。

故而，我只买了一次张飞牛肉就不买了，尽管现在在杭州也容易买到，而对于灯影牛肉，则始终念念不忘。进了商场和超市，我总要寻找一番（对于网购的，我吃过一次，有上当受骗感），但至今尚未找到。所谓"念念不忘"只能是"不忘"之人"念念"了。

冬瓜条

冬瓜条又名糖冬瓜，以冬瓜切成一寸左右长、一分左右厚的长条，用白糖腌制风干而成，色晶莹透明如白玉，上覆薄薄的糖霜，有一种雪中玉的质感；香为冬瓜的清香加白糖的甜香，清爽宜人；入口嚼之，松软且甜润，口中吮之，清甜的汁水源源渗出，清爽无比。冬瓜条给人一种清雅、富贵、甜馨感。故而旧时，在江苏南部地区和浙江北部地区（俗称苏南、浙北，为传统农业社会中最富裕的地区，物产丰富，民生殷实），尤其是苏州、无锡地区，以及上海城区，冬瓜条与糖莲子（莲子去芯，用白糖腌制后风干）、糖藕片（藕切成薄薄的圆片，用白糖腌制后风干）、粽子糖（如三角粽子般的糖块，成年男子大拇指指甲盖般大小，深黄色，晶莹透明，无包装，有松子仁夹在糖中，故也被称为松仁粽子糖）一起，作为“糖四件”，是有一定声望和财力的高门望族人家招待贵客的茶点。即使西化后的洋派人家，在招待尊贵的中国客人品茶时，茶点也须是“糖四件”。

中华人民共和国成立后，传统的高门望族人家逐渐难以寻觅，但在我的儿时，食品店仍有“糖四件”出售，只是人们是单件购买，而茶点也不断非精致化，最终被简单的炒瓜子、炒花生之类所替代了。

儿时，冬瓜条在我家的零食单上“榜上有名”，这大概与我母亲出身于江苏溧阳（属苏南地区）县城中一个有一定社会声望的士绅家庭，后又在上海从事会计工作有关。而冬瓜条在我家的用途主要有三：一是作为待客用的茶点。记得儿时家中来客人，母亲就会泡茶以待，与之相伴的是两碟茶点：冬瓜条和独立包装的糖块（杭州人俗称颗粒糖）。那时候（二十世纪七十年代），普通人家以茶待客已少见，更何况还有茶点。想来，这也是母亲那苏南士绅大家族的遗风吧！较之要剥糖纸且含在口中说话不便的糖块，客人也更喜欢拈一条无包装的冬瓜条入口佐茶。在杭州，这冬瓜条也较少有人家购买，能在我家吃到，也算吃个稀罕。所以，作为茶点，冬瓜条较之糖块总是更易减少。又所以，当应母亲的要求，淑女般地端上茶点时，我总要多看冬瓜条几眼，心中暗暗希望客人能少吃几条，待存放时间长了作为家人的零食时，我能多吃一点。

二是作为病时喝中药的镇苦物。儿时，生病多吃西药，但当西药低效时，也吃中药——大多为汤剂，尤其是当感冒长咳不止，或当母亲的高血压症发作时等。中药汤颇苦，于是，冬瓜条就成了我家常用的中药镇苦药，无论父母还是我（家中仅我一个孩子），都如此。故而，小时候得了感冒咳嗽时，常常希望久咳不止并喝中药，这样就可以吃到好吃的冬瓜条了。

三是作为家人吃的零食。如果冬瓜条没被客人吃完，放的时间又长了，母亲就会拿出来作为家中的零食。这零食父亲爱吃，我更爱吃，故而常常我是第一快手，父亲屈居第二，冬瓜条被我们两人迅速瓜分食之，母亲则在一旁嘲笑我们的不雅吃相。

儿时，冬瓜条无包装，散装在广口玻璃瓶中，瓶口朝内（以便售货员出货），横躺在柜台上在食品商店出售。母亲不时会买上二两存于家中，以待客，以镇苦，存放半年左右没用完又不太新鲜了，拿出来作为零食。

这旧时进入高门望族的“糖四件”之一，在新社会成了普通人家之食，也算是“旧时王谢堂前燕，飞入寻常百姓家”了吧！直到今天，冬瓜条在商场、超市中无迹可寻，也不知这“王谢堂前燕”飞往何处了。白云苍狗，世事万千变化，零食又何尝不是如此？

冬腌菜

冬腌菜是用长梗青菜腌制的咸菜。同大白菜之于北京人，冬腌菜也曾是杭州及杭州附近的绍兴地区的人们越冬时的主要蔬菜，尽管它并非新鲜蔬菜。因其在冬天腌制，主要在冬天食用（不少人家会一直吃到春暖花开的三月份），已无脆感，软沓而有陈味，故被称为“臭冬腌菜”，也是不少人喜欢的一道菜肴。

在我儿少时代，腌制冬腌菜是杭州人的一件大事，亦可谓一件盛事。进入初冬后，杭州人就开始为腌冬腌菜而忙碌了：借人力脚踏货运三轮车——那时只有机关企事业单位才有这种货运三轮车，而所有的单位都是公有制的，按规定，公家的东西不能私用。于是，如何用各种理由通过私人关系从公家那里借来这货运三轮车，以便自家从菜场买了长梗青菜运回家，就成为各家各显神通、事后各有吹嘘的“前戏”；到菜场买长梗青菜——因供不应求，一般要排队一个多小时才能买到，货源紧张时，凌晨五点左右就去菜场门口排队，以便菜场开门后因位置靠前而买到长梗大白菜，也为常见之事；买好长梗青菜后装车回家——一般人家要买几十斤，人多的家庭要买一百多斤，所以需用人力脚踏货运三轮车帮助运送；阴干萎凋——在避阳光的背阴处摊开萎凋。那时，家家户户墙根处排着一棵接一棵的长梗青菜，颇为壮观；腌制——萎凋三四天后进行腌制。在洗净的缸中放入长梗青菜和盐，然后人在缸中，用脚大力踩踏，待菜被踩软后，人出缸，加大石头压在菜上。此时，孩子们最希望的是入缸踩菜，但因人小力小踩不透，家中大人们往往不允。能入缸踩菜的孩子皆为受家中大人们宠爱的，因为孩子们踩完后，大人们还得再踩，浪费时间。故而，那时腌菜时能在缸中踩上几脚，也是孩童们值得显摆的大事。而关于腌菜，也颇多民间传说。其中直至今天仍被“老杭州”们当作笑谈的最著名的一则是：有脚气病的人踩的冬腌菜味道特别鲜。尽管家中腌冬腌菜时，均拒绝有脚气病者入缸。

大概腌制一个月，冬腌菜可以出缸开吃。而腌制冬腌菜的人家将自家的冬腌菜送给因各种原因没腌冬腌菜的人家，请他们品尝；或送给腌制了冬腌菜的人家，以做比较，然后互相交流经验，是我儿少时代邻里冬日交流的一大内容。而冬腌菜菜肴，更是杭州人冬季餐桌上必不可少的一道菜，冬腌菜炒豆腐干、冬腌菜炒冬笋、冬腌菜炒肉片、清炒冬腌菜、麻油冬腌菜（生吃）、冬腌菜肉骨汤，如此等等，不一而足。而冬腌菜炒冬笋更是被冠上了“炒二冬”的美名，如今已成为一道传统杭州名菜。

对孩童们来说，冬腌菜出缸后最开心的不是吃餐桌上的冬腌菜，而是家中大人们在洗冬腌菜准备烧菜时，常常会摘出其中的菜心给他们当零食吃——冬腌菜也可以生吃。冬腌菜生吃时，酸中有鲜、鲜中有酸，咸酸鲜脆并济，十分好吃。而其中的菜心又因其嫩，更是美味。在小时候，每逢母亲准备冬腌菜菜肴时，我总会在她身边转来转去，以期引起她的注意，能记得将菜心给我，而不是一并切入菜肴的备菜中。而事实上，每次多多少少我也总能吃到那美味的冬腌菜菜心。这在我的浙江省林业厅（后改为农业厅）宿舍的邻居小伙伴，以及附近平房的同学里，亦属常规行为。不过，据我那家乡在浙江绍兴嵊县（今称为嵊州市）的丈夫说，他们小时候可吃不到冬腌菜菜心，家里的冬腌菜连菜边老叶子都是要拿来做菜肴的。

不知这是杭州与绍兴不同的风俗习惯，还是经济状况形成的城乡差异——那时，农村家庭一般都较城市家庭贫困，至少那时候就我所在的杭州市来说，冬腌菜菜心是孩童们冬日百吃不厌的零食。

如今，人们极少自己动手做冬腌菜了，连原本各家中常见的腌菜大缸也都不知去向何方，几乎成了文物。并且，尽管菜场里和网络上都可买到冬腌菜，但出于各种原因，人们也少食且不直接生食了。好在我的老邻居郭立新自退休后热衷于自己动手DIY食品，包括腌冬腌菜、做臭豆腐、制醋大蒜等，并不时开车穿越整个杭州城送到我家。故而，至今每年冬天，我仍能吃上安全放心的、美味可口的、传统手工工艺制作的冬腌菜。当然，那冬腌菜菜心绝对是切下放在一旁，作为零食吃的。

豆腐干

本文所说的“豆腐干”指的是作为零食的豆腐干。在我的零食生涯中，最早吃到的作为零食的豆腐干是无锡产的卤汁豆腐干。在高铁（高速铁路的简称）尚未开通的年代，在火车客车通过的铁道线的停靠站，有火车站工作人员推着售货车，向在站台（当时称为月台）上等车和从火车上下车或下来转转，以及不愿下车从车窗伸出手要买东西的人售卖东西。在一些较大的停靠站站台上，还建有固定的售货亭向来往的人们售货。在这些售卖的货物中，当地产的传统食品占了多数，也最为过路乘客喜爱，如浙江嘉兴的粽子、江苏常州的大麻饼、南京的板鸭、山东（安徽）符离烧鸡、锦州苹果、北京果脯等，而无锡的，就当是卤汁豆腐干了。关于提到的锦州苹果则有这样一个故事。在解放战争期间，解放军攻打被国民党占领的锦州城时，战士们宿营在城外的苹果地里。正值苹果成熟，枝上挂满苹果，但战士们没摘一个。此事在当时受到毛泽东同志的表扬，后来，又在“文化大革命”中作为“解放军不拿群众一针一线”优良传统的典型事迹广为宣传，在许多人心中留下深刻印象。1996年，我带刚好放暑假的儿子去开会，火车路过锦州时，我下车买了两袋十个左右著名的锦州苹果。锦州苹果如少儿拳头般大小，绿色酸甜，十分绵软。由此，我儿子吃后称之为“老奶奶苹果”——适合老奶奶吃的苹果。

无锡的卤汁豆腐干，如成年男子大拇指指甲般大小，酱香浓郁，酱油的鲜味和着糖的甜味，鲜甜悠长，常是二十块左右装在一个浅蓝色底印花的小盒子里。那时候，到无锡出差或路过无锡的杭州人多多少少都会带上几盒回家，自食以及作为佳品送人。如今，开设在我家附近菜场里的那家小豆腐店也能制作这一卤汁豆腐干了。但即使是著名大酒店制作的，我吃着，也不如当年无锡火车站站台上买的“无锡卤汁豆腐干”的味道，不知是时过境迁，还是“无锡卤汁豆腐干”自有秘方？

二十世纪九十年代后，作为零食的豆腐干有了真空独立小包装，产品也日益多样。而让我真正感到零食豆腐干新产品的层出不穷，令人“尝不胜尝”的，是我的同事高雪玉女士。小高和我都是零食类“吃货”，只是她盛名在外，办公桌上（现吃）和办公桌下的纸箱子里（存放）都放着多种零食，以便在工间和午间休息时食用（自己和所里的其他人）。也常有所里的人，乃至同楼层的其他单位的熟人叫着“肚子饿了”到她所在的办公室，蹭食物吃。而我则属于“零食地下爱好者”，除了在家吃，习惯于将零食放到小高那里，与她，有时也会叫上别人一起品尝评论。在不愿到食堂吃午饭或因工作忙过了食堂吃饭时间时，也到小高那里，泡上一杯咖啡，加上零食做正餐。

因小高买的零食量多品种多，让我大开眼界的同时，也更多地吃她买的零食。其中，豆腐干就是最主要的一类，因为她和我都喜欢吃豆腐干。在她那里，我吃过兰花豆腐干（微咸而清淡，据说原先用剪刀在表层剪开成兰花瓣状，现今则为一整块无剪痕）、虾米豆腐干（虾皮味，据说以虾皮与豆腐干同煮而成）、鸡汁豆腐干（有鸡汤鲜味，据说用鸡汤与豆腐干同煮而成）、鸡蛋豆腐干（鸡蛋加入豆腐干中，有鸡蛋香和鸡蛋味，口感较韧）、麻辣豆腐干（又称川味豆腐干，麻辣感威猛）、五香豆腐干（用茴香、桂皮、酱油、糖等加工而成，香气浓郁）、素牛肉（口感较韧，如嚼牛肉）、牛肉豆腐干（与牛肉同煮而成）……有一天，小高说买了一款新型豆腐干，要我猜猜是什么味道。我嚼之、品之，有豆腐干的香和味，也有牛肉（非牛肉汤）的香和味，鲜美可口，连吃两包，不知何物。小高剪开第三包，将压在一起的两片豆腐干分开，可见其间夹着一片牛肉。小高告诉我，这叫：牛肉夹心豆腐干。恍然大悟中，我不得不再次感叹中国人的聪明——这牛肉夹心豆腐干不就是西方三明治的中国豆腐干化吗？！这牛肉夹心豆腐干十分好吃，且易饱。我曾一连三天午餐不去食堂，在小高那里一杯咖啡、三块牛肉夹心豆腐干（其他豆腐干我一般要四块，再加两三块饼干）大快朵颐，直把她买的一大袋牛肉夹心豆腐干吃光，她答应我有空再去那家零食店购买（据她说，只有那家店才有这种豆腐干）后，我才悻悻地又吃上了食堂午餐。

作为一个零食豆腐干的爱好者，在吃豆腐干时，我时常会想起有关明末清初著名文学评论家金圣叹的一个传说。据说，他在法场上对押送的士兵说，告诉你一个秘密：豆腐干和花生一起吃，可以吃出牛肉的味道。说完后，慷慨就义。常听人说，这体现了中国文人视死如归的大无畏精神。然而，从一个“吃货”的角度看，这又何尝不是体现了“吃货”的最高境界？！“民以食为天”，吃原本不应是一种粗鄙之事，“吃货”也不应是庸俗之人，将“吃”臻至崇高境界，“吃货”也就成为追求高尚之人了。

要多说一句的是，我试过金圣叹先生所说的豆腐干加花生有牛肉味的吃法。相比较而言，用盐卤做的纯品老豆腐干（即韧劲较强的豆腐干）与五香花生米（煮熟后烘干）一起嚼食，牛肉味最明显。特此录之，以示“吃货”的认真和专业精神。

必须提及的还有长汀豆腐干。长汀豆腐干属闽西传统特产和送礼佳品的闽西八大干之一。这闽西八大干为：长汀豆腐干、连城红心地瓜干、武平猪胆干（用猪胆汁煮猪肝后，将猪肝切片，微苦，有清热解毒之功效）、上杭萝卜干、永定菜干、明溪肉脯干（以猪肉制成）、宁化老鼠干（以田鼠肉制成)、清流笋干。这闽西八大干当年曾名扬福建省内外，并随着闽西人，尤其是闽西客家人远渡重洋，在海外的华人圈中也颇有美名。这八大干中，我最喜欢的就是长汀豆腐干。长汀豆腐干与众不同，是以百叶(也称千张)为原料制成，薄而软韧，微咸，黄豆的豆鲜饱满，一层一层撕开，一口一口细嚼，是被我称为“口中不停但吃不饱”的最佳零食之一。因薄而软韧，浙江大学原党委书记张浚生先生(据说，他是长汀人)将长汀豆腐干称为“脚底板皮”，我才知旧时常年打赤脚走路的穷人脚底生了老茧后又脱的皮，其厚度、软韧度及皮肤纹，都与这长汀豆腐干颇相似。长汀是第二次国内革命战争时，中央苏区所在地，“脚底板皮”的称呼也让我联想到打着赤脚战斗的红军战士们，想来他们也吃过这“脚底板皮”豆腐干吧？张先生是老领导，因他也爱吃长汀豆腐干，所以，每当我随丈夫一起去与他见面时，他总会与我聊起长汀豆腐干，以及相关的轶事。很怀念这位知识广博、大度豪气、平易近人的老同志！

豆酥糖

豆酥糖以黄豆粉（炒熟）和麦芽糖（杭州人也称饴糖）为原料，用麦芽糖糖条粘上黄豆粉卷成一寸左右的圆形而成，外用土制淡黄色吸水软纸包装，两块一包，每块一寸左右宽，两寸左右长，包装纸上用红色印着“豆酥糖”三字。

因黄豆粉易散落，口吃豆酥糖需用包装纸在下巴处接着，以免浪费和弄脏衣物。而吃后黄豆粉粘满唇边，也被幼时的我们称为“长胡子了”。黄豆粉的香和麦芽糖的甜形成了豆酥糖特有的香甜味，且价格也较便宜（记得儿时为6分钱一包，为麻酥糖价的一半），故而，在儿时，不少家庭会用豆酥糖作为礼品或奖品送给小孩子（包括自己家的和亲友家的），而少儿们也会凑钱买上一包共食，以解馋。

尽管豆酥糖在今天已成罕见之物，但每当我想起高中时代，就会想起它，或者反过来说，当我说到豆酥糖，就必然会说起我的高中时代。我是在1972年进入高中学习，在杭州市，是原“文化大革命”期间招收的第二批高中生，也是“文化大革命”期间招收的最后一批高中生。1966年“文化大革命”开始，在经历了“停课闹革命”“复课闹革命”后，知识青年上山下乡运动广泛深入开展，随着由工厂、农村、部队基层推荐、选拔生源进入大学学习（这些大学生后被称为“工农兵学员”）制度的建立，尽管初中仍招生，高中则是停止招生了。1973年，在“文化大革命”初期被打倒的邓小平同志恢复了在中央的领导工作，提出了恢复以高考招收大学生制度的主张。在1972年，杭州市招收了“文化大革命”开始后停招的第一批高中生（在我所就读的杭州市第七中学分三个班，共计90人左右），在1973年招收了第二批高中生（在杭州市第七中学，有两个班，共计90人左右）。在高考目标的导引下，我们十分正规地进行着高中课程的学习，也不必如初中时，需经常或到工厂学工，或到农村学农，或在解放军的领导下，背着用棉被打成的背包，一天步行几十里，在农家睡地铺，咬紧牙关地学军。不过，在高考考场上交了白卷的张铁生被树立成“白卷英雄”典型人物后，也在邓小平同志再次被打倒、上大学仍保持基层推荐选拔制度后，我们的高中学习就恢复了初中模式，到农村、农场与农民、农工一起干农活——学农，成为我们学习的一项主要内容。

在高中期间，我们经常到杭州附近的余杭县大观山果园（属大观山农场）学农。那地方后来因良渚文化器物的出土，已成为著名的良渚文化遗址之一，而在那时，则是一片桃树林。不知为何，我们的学农总是被安排在盛夏在烈日下采桃子，桃子的绒毛和着汗水粘在脸上、身上，疼痒难熬；穿着防晒的卡其布两用衫，在烈日下除草，汗出即干，收工回宿舍，身上的衣服一片白花花的汗碱。望着在宿舍门口大呼小叫，要我们这些学农的学生好好干活的农工们，我们敢怒不敢言；望着他们把我们采下的桃子里最好的留下自己吃，甚至当着我们这些学生的面大吃，挑出损坏的或有点烂的给我们吃，我们依然敢怒不敢言。

当然，在大观山果园学农也有快乐之事。比如，收了毛豆，食堂会给我们每个寝室（上下铺，10—12人）发一大脸盆煮熟的毛豆，给我们当零食吃，这“毛豆大餐”在家中是吃不到的。再如，学农结束回校时，果园会给每个学生分两斤桃子，而大观山桃子在当时的杭州颇具盛名，这不仅使家人有了口福，也颇有面子。而最难忘的是某次学农期间，不知为何，果园居然给我们放了一天假，且可自由活动，这真让我们喜出望外。与好友商量后，我们一行五人，向农工们经常极力夸耀的、附近的瓶窑镇出发。走了大约一个小时，来到瓶窑镇的街巷中，从镇头逛到镇尾，摸着口袋里母亲在我离家前给我应急之用的二角钱（那时，一个小孩子手中有二角钱，可谓“富人”），我花八分钱和同学一起在面店里奢侈地吃了一碗阳春面（只有酱油、葱花的清汤面，价格最便宜，若加一点猪油，则需一角钱一碗了）。在路过一家食品店时，突然看到了豆酥糖，想起了读小学时父母的奖励，想到了独自在家的母亲（我父亲于1972年去世），我用剩下的一角二分钱买了两包豆酥糖，回到宿舍用手帕和衣服包了又包，以免被房中不断乱窜的老鼠闻到香气。在第二个星期学农结束回家时，将其送给了母亲。这是我第一次在杭州之外独自出行，是我第一次自己决定购的大物（一角二分钱的物品在当时，对少儿来说，可谓是大物件），也是我第一次送给母亲的礼物。见到我送上的两包豆酥糖，母亲先是意外，后是高兴，口中只是喃喃地说：“你长大了，你长大了！”之后，一连好几个月，母亲见到邻居和熟人就说我给她从瓶窑买回两包豆酥糖，这两包豆酥糖也被母亲珍藏了好几个月。最后，一包拿来自享，一包用来待客，并又乘机显扬了一下这是我学农时到瓶窑特地给她买的。想来，这豆酥糖被母亲认为是我的成人标志，以及爱母亲之孝心的体现。

豆酥糖由此在我的人生征程上成了一个标志，成为家庭亲情的一个物质性的实在符号。而以更广阔的社会大背景看，这豆酥糖也记载着“文化大革命”的诸多信息呢！

阿胶膏片

阿（读音：ē）胶为滋补品，也是一味中药。阿胶源自山东东阿（读音：ē），据传说，为位于东阿的阿（读音：ē）井水熬煮当地特产的驴皮而成，初为膏状，冷却后成固体块状。正品阿胶色为棕色至黑褐色，面上有光泽闪烁；质硬而脆，断面光亮，碎片为深褐色、半透明。阿胶有补血滋阴、润燥止血的功效，素为妇女的滋补品。故而在江浙沪一带，有女人冬季食用阿胶的习俗。在我家，从我12周岁月经来潮到20周岁，只要能买到阿胶，母亲都会在冬天炖上一搪瓷杯，让我服用，给我调理身体。

炖阿胶是一件十分耗时的事。先要将阿胶块放入水中，浸一天左右，使之软化。然后，将软化的膏体放入大搪瓷杯（北方人称搪瓷缸，为铁铸成后再用搪瓷烧制而成，大者有500毫升的容量）中，再加上红糖、绍兴黄酒（以消除驴皮的腥味）、大核桃肉、芝麻等，盖上杯盖后置入铝锅（也称钢精锅）中，隔水炖六七个小时。膏体成糊状后，取出冷却待用。而服用阿胶也颇麻烦。服用时，用勺子掐上一勺至碗中，用开水冲开成汤后服用。每次都要在母亲的提醒和督促下，我才按下嫌麻烦之心，去冲服阿胶。

2010年左右，我参加了一个美容养生公司的活动，得到了一件包装精美的新年伴手礼——一盒阿胶膏片。打开一看，原本需用开水冲服的、夹着大核桃肉的阿胶膏被切成薄片，一片片单独包装，共20片，整整齐齐地码在盒子里。商品化终于带来了阿胶的易食，我十分高兴，只是那阿胶膏片入口后，有一股马匹特有的马臊味般的牲畜体味，十分难闻和怪异。因难以忍受，我只得忍痛割爱。但那单片独立包装，让我始终难忘。

2016年，我又得到了一盒阿胶膏片。20片独立包装的阿胶膏片整整齐齐地码在一个简易的厚纸盒中，上面扎着如今罕见的细麻绳，显现一种低调的奢华。盒中的阿胶为棕褐色，十分纯正；夹着的大核桃肉细腻，芝麻香润；与阿胶一起炖的红糖是纯正的义乌农家用甘蔗制作的红糖，香厚甜醇。这阿胶膏片，有着母亲炖的阿胶膏的味道，吃着吃着，就会想起儿时在父母身边度过的岁月。

这阿胶膏片是我的茶友张华安先生自制和赠送。张先生今年还不到40岁，出身于浙江山区，从小喜欢跟着村医上山采草药。从浙江中医药大学药学系毕业后，他更是与中草药为伍，从各家中草药方子，尤其是名家名方中吸取精华，自制良品多多。其中，不少食疗食品，颇受人们欢迎。如，他精选乌梅和红糖制作的红糖乌梅，乌梅个大肉厚味鲜酸，红糖味醇厚悠长甜鲜，两者结合鲜酸加鲜甜，既可作消闲果儿，又有消暑、去腻、开胃、止呕、防晕车的功效，颇得我儿媳和孙子的喜欢。而就我而言，最喜欢吃的还是张先生做的阿胶膏片。较之其他阿胶膏片，张先生制的阿胶膏片原料上乘，调配得法，火工到位，是我至今吃过的阿胶膏片中最精良者，也是我认为最得传统中药之妙处的阿胶膏片。

这阿胶膏片味道好、功效好，又简便易食。从2016年起，每年冬天，张先生都会送我一盒。于是，这阿胶膏片也成为我不时食之的零食。

耳朵饼

耳朵饼是以小麦粉为主料的烘焙食品，因其外形如人类的耳朵，故被称为“耳朵饼”。耳朵饼色泽金黄，外壳是明亮的棕黄色，奶香飘拂，甜脆可口；中间有一道椒盐味，以猪油加肥猪肉丁为配料的红豆沙，呈耳蜗状以S形从上蜿蜒而下，使之更像耳朵。耳朵饼在我儿少时属高档食品之一，一般家庭很少购买，但在我所就读的浙江省林业厅幼儿园（因林业厅与农业厅合并为农林厅，该幼儿园于1963年上半年撤销），有时会作为小朋友的下午点心，一人一块地分发。而在周六下午未被父母接回家的小朋友的周日下午点心碟中，其出现的频率更高。

作为林业厅干部的子女，我于1959年上半年（三周岁多）进入省林业厅所属幼儿园，于1962年8月毕业（1962年9月，我七周岁时，进入小学）。林业厅幼儿园是全托制幼儿园，小朋友每周一上午八点之前（八点整为当时机关上班时间）入园，每周六下午五点半左右（当时机关下班时间为下午五点整，且每周仅周日为休息日）回家。近者由父母接送，远者由我们称之为“工人叔叔”的幼儿园工人踏着由人力货运三轮车改装的接送车，挨家挨户接送。那时，几乎没有奶奶爷爷或外公外婆接送幼儿园孩子的，而在孩子上小学后，更是任其自己独立上学和放学回家。若父母工作忙或临时有事，不能接送孩子回家过周日，幼儿园也会安排值班人员，教导（由老师承担）和照料（由我们称为“阿姨”的保育员承担）留园的幼儿，即使留园者只有一人——我自己就有多次一个人留园，由一位老师教我唱歌、认字或计数，一位保育员照料我吃喝，并陪我在幼儿寝室午睡和夜晚睡觉的经历（入园时，我们基本都学会了自己穿、脱衣服和洗脸刷牙，所以，在这方面，我们不用保育员帮助）。而也许是为了安慰，留园幼儿周日下午的点心碟中的点心总会数量多一些（如，原本是一颗糖、一块饼干的，会成为两颗糖、两块饼干），或者质量高一些（如，一般的饼干变成耳朵饼、小蛋糕）。所以，属于高档食品的耳朵饼会更多地出现在留园小朋友的周日下午点心碟中，而我因较多地留园（那时，父亲是基层部门负责人，母亲是单位骨干，工作都很忙），也更多地吃到了耳朵饼。

我爱吃甜甜的、带着奶香的耳朵饼饼体，但讨厌且绝对不吃那条红豆沙，因为那有浓浓的猪臊味和肥腻味，令我恶心和反胃。不知为何，我从小除了没有猪肉味和肥腻味的火腿瘦肉外，讨厌一切猪肉，包括新鲜猪肉、腌猪肉和火腿肥肉，不能食用这些猪肉。用猪油做的菜肴和点心，即使是猪肉作配菜，且把猪肉挑尽了后剩下的菜肴（如猪肉炒青菜，把猪肉挑尽后剩下的青菜），我也绝对不能吃，一吃就吐，且吐得翻脸倒胃，脸色苍白，满头虚汗。我出生满月后即被送到上海外公外婆家照料，三周岁多回到杭州后，即进入全托制的幼儿园。父母发现我这不食猪肉的偏食行为后，从身体营养和形成良好行为习惯出发，使用了多种强迫和哄骗的方法，要我改正，但始终未果。无奈之下，母亲带我找到了幼儿园的专职医生——凌医生[1]进行咨询。凌医生问明情况后，建议我父母“任其自然”，不要再强迫或哄骗，可以用其他方法给我加强营养。我父母接受了他的建议。而凌医生也将我的这一情况告知了保育员和厨师。此后，凡遇到猪肉菜肴，我就有了作为替代品的鸡蛋，我再也不必将猪肉菜偷偷地给同学吃了[2]，而是开开心心地吃着虽是替换品，但是我喜欢吃的鸡蛋了。

只是耳朵饼作为点心并非经常，且保育员也不知道我对那条只一厘米左右长、半根筷子粗的红豆沙也会如此敏感，所以，若有耳朵饼，定是照常发给我。我很喜欢吃耳朵饼那飘着奶香的、甜甜脆脆的饼体，但又很讨厌且绝对不吃也不能吃那条红豆沙。而那时，老师经常教导我们，世界上还有三分之二的劳苦大众吃不饱肚子，浪费食物不是好孩子。我是幼儿园公认的乖巧、温顺、听话的好孩子，但实在不想吃那条红豆沙，又不愿让阿姨调换耳朵饼。在美食和规矩的双重夹击下，我左突右冲，最终美食战胜了规矩，我想到了一个既能吃到耳朵饼又不会让别人发现、受到批评的好办法，并加以实施——将耳朵饼偷偷放入罩衣的口袋里，在口袋外用指甲刮掉红豆沙（那红豆沙凸出饼体，刮平即可），在衣服上擦干净有猪油味的手指后，偷偷拿出耳朵饼，正大光明地吃后，在上厕所或在院子里游戏时，倒掉口袋里的残渣。我们幼儿园的小朋友都在外衣之外再穿一件罩衣，罩衣每晚集中洗涤，所以，事后我那有时口袋上会有猪油的罩衣也没引起注意。

就这样，我避开了令我呕吐的猪油猪肥肉红豆沙，避开了老师的批评，吃上了美味的耳朵饼饼体。这美味又增强了我再次冒险的冲动，而未被发现遭批评，也淡化了我对“逾矩”的羞愧感，并且让我知道了老师也在“撒谎”——他们常告诫我们不要干坏事，我们干的所有的事，他们都会知道，其实并非如此；知道了好孩子有时也会干坏事；知道了，如果别人没发现，干了坏事的好孩子仍然会被认为是好孩子。

注：

1. 我们称他“医生叔叔”。林业厅幼儿园很正规，设有专门的医务室和休养室，配有专职医生和专职护士各1人，护士姓梁，我们称她梁阿姨。
2. 幼儿园规定我们不准有剩菜剩饭，必须碗净盘净。好在别的同学喜欢吃猪肉，包括用猪油烧的菜，每次总能帮我吃得一干二净，且不会揭发我。

番薯片

番薯片以番薯薄片制成，它是浙江春节传统零食，旧时，为家庭手工制作而成。在浙江，无论平原还是山区，每到春节来临前，农村中即使是最穷的人家，也要制作番薯片，以在新年供家人，尤其是孩子作为零食，添口福，以及待客，增加新年欢乐气氛；在城市，若无亲友相赠，人们也会自制番薯片，在春节大快朵颐。

番薯片的制作，有生做和熟做两种。其中，生做是将生番薯洗净、去皮后，直接切或刨（用特制的番薯刨刀）成薄片，再切成小块，摊开晒干后待用。需要时取出，用热粗砂（需手先洗净晒干）炒熟后，即可食用。生番薯片的炒制是一种高技术手工活。如不是经验丰富的老手，番薯片难以保证熟脆松香，难免或不熟或僵硬或焦煳，成为废品。故而生做番薯片的炒制大多请经验丰富的外人帮忙，或直接到炒货摊制作[1]。也有人家将番薯薄片再切成条状，以便炒制。因后道工序相同，这切成条状的虽被称为“番薯条”，但味道与番薯片无异。

相较于生做，熟做较为复杂。从儿时我母亲操作的工序看，是为：将生番薯洗净、去皮后，放入锅中煮熟，取出捣成糊状，再找出底下有边沿的饼干箱（或自有或借用，城里人一般都用底部有边沿的饼干箱或饼干筒。而在农村，据我丈夫说，他老家嵊县农村，用的是底部有边沿的木桶盖或大碗）洗净后，将底部朝上，摊上一块纱布，把番薯糊涂满底部边沿与底部平底处的空间，形成薄饼后刮平多余的番薯糊，然后将纱布与番薯薄饼取出，把番薯薄饼放在竹簟上，再将纱布拿出做第二张，一张又一张放在竹簟上晒至半干，再切成小片（或正方形，或长方形，或菱形）后继续晾晒至干透，待用。需要时取出，用热粗砂（须一并先洗净晒干）炒熟即可食用。在杭州市内，熟做番薯片的炒制少者为家中进行，且用细沙（事先已洗净晒干），以免炒菜锅更多磨损，多者（一斤以上，否则炒货摊拒绝代为加工）则请炒货摊炒制。在我家，有时因量极少（因父母不爱吃，有时只做二三两，以应景和让我饱口福），也为了不损坏炒菜锅，母亲会油炸番薯片。这油炸番薯片味更美，但在当时属奢侈之举，母亲只能偶尔为之、偷偷为之，也不准我声张。而不爱吃炒番薯片的父亲却爱吃这油炸番薯片，常以此作为下酒菜。在制作熟做番薯片时，也有人在番薯糊中添加芝麻、橘皮的，这样的番薯片有着芝麻和橘皮的香与味，被认为是番薯片中的佳品。

生做炒制的番薯片与熟做炒制的番薯片相比，就地区论，前者在山区和农村较多，平原和城市较少。故而，在我小时候，至少在我周围，谁家有了生做炒制的番薯片，他家中的孩子必先会拿出来炫耀一番。就色、香、味论，前者色白，有一种生番薯特有的植物的清香和清甜，后者色土黄或褐黄，有一种红糖焦糖的熟香和熟甜。所以，在小时候，生做炒制番薯片会让我想起家附近的横河公园[2]中那两棵白玉兰树上春天盛开的白玉兰花的花瓣，而熟做炒制的番薯片会让我想到家附近城河[3]边上那片树林中秋天落下的树叶。进而，吃生做炒制番薯片总让我有一种春暖花开的春天的感觉，而吃熟做炒制番薯片，则总让我如置身于秋阳夕照、落叶飘飘的秋林之中，两者都能让我遐想万千。

只是，无论是生做炒制的还是熟做炒制的，番薯片在我们今天的生活中已属稀罕之物。作为“儿时的味道”，它已成为我们这代人的记忆，物质化和文化式地凝结成乡愁的组成部分。在2018年浙江丽水举办的世界丽水人大会上，会议主办方送给参会者一份以“儿时的味道”命名的礼品，盒中除了每种两小包（两泡）共三种丽水小名茶（景宁金奖惠明茶、松阳香茶、龙泉金观音）外，还有四五种每包半两左右的儿时的零食，其中，就有熟做炒制的番薯片（另外印象较深的是年糕胖和类似零食中的枇杷梗的兰花根）。许多旅居外地或国外的参会者如获至宝，小心地带回家，以作留念，以慰乡愁。

注：

1. 旧时，到了冬天，无论城乡，炒货摊就多了起来。除了自炒自售炒货外，他们还为客户代加工炒制各种炒货。
2. 在位于杭州城东的城河（现名东河）和中河之间，旧时有一条连接河。因与南北向流动的城河和中河不同，该河为东西向流动，故被称为“横河”。后横河淤塞成地，解放后，部分建为横河公园，部分建成住宅区和道路，仅留下“小河下”“横河桥”等地名。二十世纪六十年代末，横河公园旁仍留有十来座“船屋”——逃荒或避难来的船民上岸后，用船改建的屋子，标示着“横河”曾经存在。
3. 城河，又称护城河，因位于杭州市主城区东部，今已改名为“东河”。旧时，城河外即为“乡下”，城河边筑有城墙，在儿时，我们仍可见城墙遗迹和破碎在地的城墙砖，现仅剩城墙上原开设的“清泰门”“庆春门”“望江门”等作为地名，而随着市区的不断扩大，城河也成了内河。

番薯枣

番薯枣是一种番薯类零食，其以番薯为原料，经洗净、去皮、切块、蒸或煮、捣成糊状、成型、烘焙（半干即可）、真空单独包装等工序制成。因形如蜜枣，故被命名为番薯枣。其色黄褐如琥珀，有熟番薯特有的焦糖香和番薯甜，嚼之软糯有弹性，如今已是老少咸宜、男女都喜爱的、美味的养生保健零食。

就我而言，对番薯枣的记忆可追溯至二十世纪八十年代末朋友所送的、他母亲手工制作的番薯软条。那年，他回老家过完春节回杭，送我一袋用红色塑料袋装着的、“真当很好吃”的零食。我打开一看，是十几条（大约一斤）长短不一、裸装的、半干的番薯条。他说，这年番薯大丰收，家中吃不完，番薯干又家家都做，也吃厌了，他母亲左思右想，就想到了做这个番薯条的办法，把熟番薯糊手工搓成条，太阳晒，后来因天阴或下雪，又用炭火烘，成半干后当零食。与吃惯了的番薯片相比，这番薯条色如黄蜡石般润黄莹亮，上覆日晒或炭烘而成的白色糖霜。入口，番薯的醇甜中夹着糖霜的清甜，番薯的醇香中透着太阳的气味（农村人称之为日头香）或炭香和烤番薯香，嚼之软而有弹性，真是十分好吃！此后，每年他若回老家过年，我都会要求他带一些被我称为“番薯软条”（以区别于其他番薯条）的番薯条，而他也总应诺每次给我带上一袋用红色塑料袋装着的、他母亲手工制作的番薯长条，直到他调到外省工作。而我直到今天，看到红色塑料袋，就会想到那香甜无比的、朋友母亲手工制作的“番薯软条”。

大约在二十世纪九十年代中期，杭州市面上出现了一种叫作“番薯脯”的零食。它以熟番薯糊为原料，造型后真空单独包装，色褐黄，番薯的熟香浓郁，番薯甜醇厚，嚼之柔软而有弹性，如成年妇女半个手掌大小，为椭圆形。在我看来，这番薯脯是朋友母亲手工制作的番薯软条的工业化版。而我最早见到的番薯脯产自浙江丽水地区的遂昌县（山区县），送我番薯软条的朋友家乡离遂昌县不远，不知这两者之间有否关联？工业化的番薯脯与农家手工制作的番薯软条相比，最大的优点是它的真空独立包装——保障了食品卫生，方便了运输，也解决了裸袋的番薯软条易出现的变韧、变硬的问题；而最大的不足在于工业化生产使得番薯脯失去了日晒或炭烘形成的自然香，且真空包装又消除了只有裸袋与空气充分接触，半干的熟番薯制品才能产生的糖霜。所以，作为工业化制品的番薯脯没有作为农家传统手工制品的番薯软条的清香之气和清甜之味，也少了来自大自然的气息。

番薯枣在杭州的出现，大约是在二十一世纪初。它形如蜜枣，更方便人们食用，而肉质更细腻，原本浓郁的番薯香和醇厚的番薯甜变得雅致，嚼之更为软糯。就如一个乡下妹，进城后，逐渐消退了乡野之气，日益如城里女人般风雅。而这在我看来是番薯脯升级版的“风雅”的番薯枣，也正因为近十几年的日益“风雅”，而在好吃乡野之食不喜乡野之气的城里人中广受欢迎。只是，吃惯了原生态新鲜番薯及自制番薯制品的乡下人和怀旧的老人们，难免会皱着眉头发问：这是番薯吗？

蜂蜜柚子皮

蜂蜜柚子皮为蜜饯，它以柚子皮为原料，以蜂蜜腌渍而成。蜂蜜柚子皮一般如成年妇女中指指甲盖大小，正方形或长方形状；色为蜜黄色，上品苦有回甘。入口即有的蜂蜜甜与柚子皮特有的微苦（清苦）及苦后回甘，形成了这蜂蜜柚子皮特有的味道，令人回味无穷；嚼之软而有弹性，口感颇佳。蜂蜜柚子皮不仅形美、香佳、味好，更具有止咳化痰、润肺平喘、健脾养胃、通气止呕等功效，是养生保健之佳品。有一段时间，我经常要做田野调查，坐长途车时，会不时吃上一些蜂蜜柚子皮，大都能让我不发生或减少若不吃晕车药必定会多次出现的晕车呕吐现象。

在我所吃过的蜂蜜柚子皮中，福建漳州所产的为最佳。而蜂蜜柚子皮也是漳州特产，据说，更是源自漳州、创制于漳州的。漳州产的蜂蜜柚子皮以产自漳州本地的琯溪蜜柚（也是漳州特产）的内皮为原料，加以产自漳州的本地蜂蜜（也是漳州特产）制作，色如黄玉般莹润，香更醇厚、悠长、清新，甜和润；味更足且有一种春天田野的清新之感。嚼之，软弹感强，且有汁水沁出。相比较而言，漳州产的蜂蜜柚子皮形更美、香更佳、味更好，不愧为两大特产联结而成的一大新特优产品。

琯溪蜜柚产于漳州市平和县琯溪两岸。与其他蜜柚相比，汁水充足、食之无渣（据说，术语为渣化率高）、甜而微酸，柚子的清香更醇更悠长。尤其是柚子肉中无其他柚子肉中常见的白色丝络，柚子肉为妃红色，给人一种高贵的艳丽感，可以说是又好吃又好看。琯溪蜜柚是国内著名的特产果品，随着人们生活水平的提高，原产地所产的往往供不应求，市面上出现了不少假冒的琯溪蜜柚。我的同事高雪玉女士就无数次买过标着“琯溪蜜柚”的假冒品。我无数次吃过琯溪蜜柚，也去过琯溪镇参观蜜柚产地，听过果农的介绍。于是，我无数次跟小高说明琯溪蜜柚的特征，告诉她买的是假货，但她始终半信半疑。直到2007年左右，“反拐”项目组（我是项目总负责人，她是项目组成员）在福建项目点开会，她吃到了真正的琯溪蜜柚，才相信原先所买的“琯溪蜜柚”真的是假货。

琯溪蜜柚果皮的内皮（白色部分）较一般的柚子皮厚实，漳州民间素以这内皮做蜜饯，称“柚皮糖”。在计划经济时代，漳州建有蜜饯厂，其中的产品之一就是这“柚皮糖”（包括用蜂蜜腌渍和用白糖腌渍两种）。据我的朋友小林说，他妈妈那时在蜜饯厂做切片工，有时会在下班时乘人不备抓上一小把切好的柚皮糖，带回家给他们解馋。而在那个时候，对一般百姓来说，蜂蜜和糖也是最好的营养品。

我是在二十一世纪初与蜂蜜柚子皮相遇的。那年，我在漳州过春节，朋友送来的春节零食中，有这蜂蜜柚子皮：红底、黄底、绿底的两寸左右长一寸半左右宽的、下窄上宽的梯形包装盒上印着古代童戏图，古朴而又热闹，华丽丽地出现在我的面前，内装真空独立包装的蜂蜜柚子皮。我一吃，马上爱不释手，其即刻成为我的零食“新宠”。因此物只有漳州才能买到，于是，我每次去漳州，总要买上十几包，当时吃，也带回杭州吃。只是，几年后少去漳州了，这美味也难得一食了。

自2016年进入退休生活后，喝茶成为我日常生活的重要内容。我喝茶，以喝福建产的武夷岩茶为多，也有一群喝武夷岩茶的茶友。无数次，我在茶歇时想到同是福建产的漳州蜂蜜柚子皮，也与茶友们聊过这款零食的美味。可惜手中无实货，想只能是想，聊也只能是聊了。看来，需要抽空去趟漳州，吃一吃那蜂蜜柚子皮，以释思念了。

2020年底，时任漳州市台联党组书记的好友林百荣先生告诉我，他回老家诏安时，看到邻居在用传统方法手工制作蜂蜜柚子皮。因生活方式的变化，如今此物传统口味太甜，当地人已少食，作为商品出售的也少见了，当地人大多是在春节前自制一些，作为一种传统的零食。我听后甚高兴，说不久前刚完成《蜂蜜柚子皮》一文，并认为这蜂蜜柚子皮还是很好吃的，作为茶点，尤其是如今正在兴起的武夷岩茶和仍有大量爱好者的普洱茶的茶点，会受到欢迎。杭州少见这蜂蜜柚子皮，建议有兴趣的诏安人到杭州来经销。不久，林先生就给我寄来了他在老家买的蜂蜜柚子皮和蜂蜜柚子肉。与商品化生产相比，这蜂蜜柚子皮柚子清香和蜂蜜甜香更醇厚纯正，柚子的清鲜爽味夹着蜂蜜的醇甜味更饱满。当然，湿度也更高，如用水冲泡，两颗蜂蜜柚子皮即可泡出一杯浓浓的蜂蜜柚子茶。与蜂蜜柚子皮相比，蜂蜜柚子肉更软韧，更有清鲜爽味，柚子的清香也更厚，应该更适合老年人食用。这诏安产的蜂蜜柚子皮和蜂蜜柚子肉都可成为茶点中的佳品。期待能在杭州市面上出现。

本文在写作过程中，林百荣先生提供了相关信息，特此致谢！

凤　爪

凤爪就是鸡爪，而“凤爪”最早是广东人对鸡爪的称呼。在国人的认知中，广东人什么都敢吃。也许，正是基于他们对吃的认真和仔细态度，广东人对食材的分类也和其他地方的人不尽相同，至少具有以下两大特征：一是细致化。比如，杭州人对鸡翅膀的传统分类只有一个——鸡翅膀，而广东人则分成三部分“翅尖、翅中、大翅”；再比如，杭州人对猪爪统称为“猪脚爪”，而广东人有猪前爪和猪后爪之分，并分别命名为“猪手”和“猪脚”。二是文雅化。比如，对家禽的翅膀，广东人称为“翼”，故而，“鸡翅膀”在广东话中称“鸡翼”，上述翅类中的小翅、翅中、大翅是杭州话对广东话的翻译，在广东话中，称呼为翼尖、翼中、大翼；又如，猪脊椎骨被称为“龙骨”，而“鸡爪”被称为“凤爪”也是一例。

在二十世纪九十年代中期，随着市场经济的建立、扩展和深化，改革开放先行一步的广东成为全国经济发展的“领头羊”。借着经济发展的东风，曾被戏称为“鸟语”的广东话——粤语一路高歌北上（广东人将广东以北的地区统称为北方），在所到之地成为时髦语和流行语，并且植入了广东人新创（包括从香港流入）的词语，如“打工”——雇佣性薪酬制工作，并由此衍生出“打工仔”（打工者，多指男性）、“打工妹”（年轻的女打工者）、“炒鱿鱼”（被雇主辞退）等新词，同时在流入地，不少原有的名词，也被广东话名词替代，如“鸡爪”被称为“凤爪”。

当然，在流入地，人们对广东话名词的接受和运用也有一个过程。比如，我的一位朋友在餐馆的菜单中见到“凤爪”一名，不知为何物，叫上一盘，才知为“鸡爪”。在与店家“鸡爪怎么能叫凤爪”和“鸡爪就是凤爪”的争辩中，与朋友的欢宴也成了和店家的吵闹。再如，我的另一位朋友宴请贵客，见菜单上有“龙骨汤”，立即想到了中国传统名菜——龙虎斗（蛇煮猫肉），端上桌才知是猪脊椎骨汤，脸面尽失。而就在经历了无数的“搞不懂”后，广东话词汇也就融入了本地话中，成为当地人的习惯用词。比如，现在许多杭州人操着杭州腔，把“鸡脚爪”称为“凤爪”了。

在“凤爪”对“鸡爪”的替代中，在广东以北地区，如杭州，鸡爪也从整鸡中分离，成为独立的食材和菜品——在过去，无论是烧鸡、烤鸡，还是红烧鸡、白斩鸡，抑或鸡汤，鸡爪都是和整鸡在一起，是整道菜的组成部分，如今，则是“兵分两路”了。而这“凤爪”菜品也一跃摆脱了“鸡爪”的卑下地位，成为餐桌上的佳品。在“鸡爪”成为“凤爪”不久，作为零食的“凤爪”也上市了。

我是在2003年前后才注意到“凤爪”这一零食的。它在市面上出现的时间颇早。之前，我对鸡爪有一种恐惧感，总觉得它像白骨精的魔爪，故而，对它是不吃、不看、不留意。在2003年前后的某一天，我去超市买零食豆腐干，刚好放此类零食的食品档排序调整，或者是新进零食，我在拿豆腐干时，突然就发现旁边零食格中的商品换成了“小米椒凤爪”。我对具有偏正含义或可能产生偏正歧义的词汇，尤其是名词特别有兴趣，相关的发散性思维特别活跃。比如，小时候听大人讲，萧山大种鸡如何好吃，我就会想，这大种鸡是品种特别大的鸡，还是很大的、做种（杭州人把留存以生育下一代的称为种）用的鸡？见到“植物园”，就会想是植物

（整体名词）园，还是植（动词）物（名词）园？2005年，应台湾大学妇女/性别研究室之邀，我在台湾大学做访问学者时，曾去南投县进行“原住民”妇女发展考察，在镇上，见到一家食品店卖的一种酒名为“小米酒”，我马上就开始思考：是小（形容词）米酒，还是小米（名词）酒？因当时没问，一直到今天都纠结着。所以，一见那“小米椒凤爪”，我也马上思绪万千：是小的米椒，还是一种叫“小米”的辣椒的简称？米椒有多大？小的米椒比大的米椒小多少？小米椒是新品种吗？与小米有什么关系？是哪里研制的？凡此种种，不一而足。无边的乱想中，连抓了若干包小米椒凤爪入购物篮也未觉察，在结账时又不好意思说自己也不知道怎么会有这东西的，于是，第一次买了鸡爪——小米椒凤爪回家。

这小米椒凤爪为独立小包装，一包两只爪，那爪无筋骨相连，只余最下端的爪子，且已去掉了爪子的尖部（那最令我恐惧的部位），只剩下肉肉的一团。凤爪为白色，袋中有淡黄的汤汁。我心中挣扎了几天，终于被幼时大人们“不能浪费”的教导所征服，开袋食之。咬了一小口，那鸡爪是又辣又酸，闻之又辣乂酸，食之又辣又酸，而且那辣真是无比的辣。辣得我嘴里只有辣味，无一点鸡爪味；辣得我眼泪、鼻涕、口水都在流，至少当了半小时的“三流人员”。不过，话又说回来，那又酸又辣、辣得无比的味道真的够刺激，让我浑身上下都畅通。之后，有朋友告诉我，米椒是辣椒中最辣的，而小的米椒，又是米椒中最辣的。我上了一次通识课，解开了有关“小米椒”名词的纠结。在“小米椒凤爪”的导引下，后来，我又买了其他类的凤爪，如卤凤爪、五香凤爪，但都不如这“小米椒凤爪”够入味、够刺激。

从2005年开始，拐卖拐骗人口尤其是妇女儿童这一社会问题成为我主要的科研和社会行动关注领域之一。因对我而言，这一领域是一个完全陌生的领域，对这一社会问题的研究和行动出于一种社会责任感。所以，开始时，我和团队成员从原有的主流思维、文化人立场出发，难以把握这一社会问题的核心，难以探索这一社会问题产生和存在的真正原因及社会—文化基础。比如，当时我们难以理解为什么已有了自己生育的男孩（即可以传宗接代）后，有的家庭还要买女孩；为什么听到去浙江可以到工厂打工，就有年轻妇女愿意跟随人贩子外流，直至被拐卖成婚；为什么有被拐卖成婚妇女不愿被解救回家乡的理由是“至少这里的地是平的”（被拐卖妇女语）？在处于困顿和纠结时，我常常习惯性地以零食通思路。而在所有的零食中，小米椒凤爪的冲击力最大、刺激性最强，常令我在“三流”之时和之后茅塞顿开。通过不断的反思和自我批判，我和团队的成员们认识到自己的局限性，理解并融会了下属/底层群体意识、底层/底边社会思维、局内人立场，最后破茧而出，形成了一系列具有较高学术价值和社会效益的成果[1]。

在有关拐卖拐骗人口问题研究和社会行动的前期，小米椒凤爪可谓功不可没。只是，两三个月后，我那原本就脆弱的胃实在难以承受这强烈无比的辣味，而与凤爪的食品卫生、食品安全相关的负面消息也不断出现，加上我们也开始寻找到进入这一社会问题核心的入口，对强刺激零食的需求减少，所以，小米椒凤爪（包括其他类凤爪）在我的“零食伴侣”队伍中“退役”，成为我“记忆仓库”中的储存物之一。

注：

1. 有兴趣者可阅社会科学文献出版社出版的《中国拐卖拐骗人口问题研究》，独著，2014；《跨地域拐卖或拐骗：华东五省流入地个案研究》，主编，2008；《被拐卖婚迁妇女访谈实录》，主编，2018，以及相关论文。

茯苓饼

茯苓饼用上下两张面饼，夹着一坨蜜制茯苓膏制成。面饼如成年男子手掌般大小，薄如纹，色白如玉，上面有模子印出的花纹，松脆易嚼；蜜制茯苓膏甜润清香。茯苓又有健脾、去湿、安神的功效，是一味良药。故而，茯苓饼可谓一款老少皆宜的美味食疗佳品。据说，茯苓饼原为清朝皇宫内的御食，后因点心师流出宫廷，茯苓饼成为民间高档食品，再后来，成为北京特产食品。因茯苓饼色美、味美，易食，有保健养生功效，加上那清朝皇宫的传说，所以，在我所知的所有北京传统食品中，最喜欢吃的是茯苓饼。

最早知道“茯苓饼”，是从小学四五年级时不知哪里来的一本无封面、无结尾、页面陈旧有污损的书中[1]，因不知“茯苓”为何物，心存好奇，便将这名称记在了心里。直到二十世纪八十年代末，我第一次去北京，参加中国社科院社会学所的一个项目会议。会议结束后，我就到王府井大街的北京市百货大楼——就是当时著名的全国劳动模范张秉贵同志所工作的那家百货商店里去看何为“茯苓饼”，并买了许多盒，回家送母亲、送同事，以及与儿子、丈夫共食，这才知“茯苓饼”为何物、为何味。

从二十世纪八十年代末开始，我经常到北京开会或出差，最多时，一

年要去十来次。每次我都会买上少则三四盒，多则七八盒茯苓饼回家，送人和自食。当然，因工作任务加重、时间紧张，后来也极少专程坐车去王府井大街那家著名的食品商店购买茯苓饼，而是在住宿地附近的食品店，或火车站、机场候机厅的北京特产店中购买了。

在2000年前后，我从买回家的茯苓饼中吃出了大核桃肉的味道，后来，这大核桃肉的味道在茯苓饼中成了主味。我心存疑惑，不知这是何故，但又无处可得权威解释。刚好在2000年后，我更多地在京外，尤其是云南、贵州、广西、四川等地参与或主持项目活动，去北京的次数少了许多，于是，那茯苓饼就淡出了我家，乃至不再出现在我的零食单中。

2017年前后，我的学生胡淑玲到北京就职，回浙师大办理相关手续，特地在杭州停留来探望我，给我带来了几大盒由老字号的北京食品制造企业——稻香村制作的北京传统宫廷食品，其中就有茯苓饼。那茯苓饼又有了茯苓的清香，我忍不住呼出一声：那茯苓饼终于又回来了！由此，我想，至少稻香村产的茯苓饼，还是可以重新进入我的零食单中的呢！

注：

1. 那时正值“文革”初期的“破四旧”（旧思想、旧文化、旧传统、旧风俗）阶段，不少人将家中认为或有可能被认为是“四旧”的书撕破后扔掉。

姑嫂饼

姑嫂饼是浙江省嘉兴市桐乡市（县级市）的传统特产，其为圆形，直径一寸左右，上面有模具印出的花纹，以面粉为皮、芝麻末加白糖和盐为馅，经烘焙而成。我与姑嫂饼的相遇是在1992年在桐乡（那时还未撤县建市，称桐乡县）进行“中国百县调查之桐乡县调查”项目时。某日，我们项目组成员开完项目会议，步行从县府大院回住处——县府招待所[1]时，打算抄近路，便穿一条小巷而过。刚到小巷口，我就闻到一股芝麻香，闻香而行，在巷子中间，看到了一家小店。那是旧时江南小镇常见的前店后家型的手工作坊小店，从临街的木栅栏窗口望进去，可见木柜台上放着一板刚出炉的小圆饼，饼皮金黄，芝麻香扑鼻，闻之就觉得会很好吃。我们闻香进门，权且作为社会调查。临走时，我禁不住那饼香的诱惑，买了几个。走出店门，路上便大家食之，饼皮酥软，咬开饼皮，浓郁的芝麻香扑面而来；嚼之，芝麻香中飘拂着小麦粉（面粉）的熟香，芝麻的腴味中夹着白糖的清甜。也许是已临近晚餐时间，而一连几天的一日三餐吃的都是招待所食堂的饭菜吧，那小饼大家一致称赞好吃，而我更觉得非常好吃。于是，不仅后来近十天（项目组那次在桐乡县住了十几天），我不时会去买上一筒（一筒共10个）那小饼作零食，不仅在回杭州时，买了若干筒做伴手礼，而且在2000年前，凡去桐乡出差、旅游，我总会买上几筒带回家，自乐之，和众乐之。那小饼就是桐乡传统特产姑嫂饼。在那小店里买的姑嫂饼，店家用一层油纸外加一层棕色纸卷包成筒状，外用细麻线扎紧。后来，在大规模的城市现代化改建中，那小巷被拆了，那小店也不知去了何方。在食品商店买的姑嫂饼，用不渗油的专用包装纸卷封成筒状，也是一筒10个，包装纸上用红色印着“姑嫂饼”三个大字及厂家名（字体较小）。那时候，就是这样，人们更讲求的是内在之物，而不是包装。

那天，在那家小店中买姑嫂饼[2]时，我问店主此饼的名字，店主桐乡话的回答让我听上去为“故少饼”，便以为这名字也许又是当地文化人变而化之的行为，就像那“紫梗桥”的名称一样。某日，我们在桐乡城里调查时，路过一刻着“紫梗桥”桥名的小桥，我不解此桥名，问之。陪同我们调查的桐乡县群众艺术馆（简称：群艺馆）工作人员，也是当地的民俗专家徐家华先生告之，旧时，此桥桥洞下住着一群乞丐，乞丐们常抓了野狗在桥边河滩上宰杀、烹煮、食之，民间就称这桥为“煮狗桥”。后来，当地文人们知道了此事，认为乞丐的这一行为恶俗，这桥名不雅，就劝走了那些乞丐，并根据桐乡话的谐音，将桥名改为“紫梗桥”。在当地的民俗调查（该项目有专门的民俗调研内容）中，我才知晓，这饼名为“姑嫂饼”，而在这姑嫂饼背后，还有一个美好的传说。据传，在一百多年前，桐乡乌镇有一家夫妻店，开始因只卖别人家做的食品，获利少，家中贫穷。后来，他们自创了用做麻酥糖的方法做小酥饼，日子才一天天好起来。夫妻俩有一子一女，因女儿要外嫁，按传统习俗，这做饼的秘诀传子不传女。后儿子娶妻，其妻也习得了这秘诀，小姑（当地人将丈夫的妹妹称为小姑）妒意日生。一日，趁嫂子不备，小姑在嫂子调的芝麻馅中放了一把盐，谁知，这甜中微咸的味道更受欢迎。嫂子知道了原委后，劝服了公婆，将做饼的方法告诉了小姑。小姑认识到了自己的错误，大受感动之余，与嫂嫂一起，巧手齐做小酥饼，生意更兴隆，家中的生活也更和睦且红火。老父母将这小酥饼命名为“姑嫂饼”。“姑嫂一条心，巧做小酥饼”的民谣在桐乡乌镇流传开来，而嫂子的贤惠和小姑的知错就改也与这“姑嫂饼”一起，作为一种美德一代又一代地传承下来。

细想起来，美德传说相伴随之姑嫂饼又何尝不是一种物质化的道德教育？相较于其他国家，中国这一泱泱大国长达数千年社会的超稳定，专家各有研究成果。其中，儒家文化的不可或缺得到普遍认同。而儒家道德以及这一道德的建树和养育，就是儒家文化中的重要组成部分。与今日道德教育的宏大性、“填鸭式”、模式化、简单僵硬等倾向相比，在超稳定的中国传统社会中，儒家道德教育无疑更具生活化、启发式、多样化、因人因时因地而异、柔性地熏陶和渗透等特征，更细致入微，更春风化雨，更贯穿于日常生活中，且往往有物质性的符号和具象，前者如“孔融让梨”，后者如“姑嫂饼”。也正由于此，直至数千年后的今天，传统社会的道德，仍在人们的生活中发挥着作用，乃至重要作用。

我一直认为，在现代社会，法治是必须的，但德治也是必不可少的。中国数千年社会运行的经历提示我们，在许多时候，自律性的道德约束较之他律性的法律约束更能影响人们的思维和言行。因此，即使在现代社会，德治至少也应该是与法治并行的。而在现代社会的德治进程中，中国传统社会道德的生活化（道德落实为一种生活内容和生活方式）和生活的道德化（生活成为道德的一种践行）之经验虽不宜照抄照搬，但也当是值得学习和借鉴其精华的。

注：

1. 那时，党政机关、事业单位和大型企业都建有自己的招待所，是相关出差者的定点住宿处。而出差人员在县城公干时，也基本上以步行往返。
2. 姑嫂饼以糖和盐为调料。在我所吃过的姑嫂饼中，一种咸味不显，也许加盐不多，那盐的作用是民间所言："若要甜，加点盐"；一种是咸味较显，与糖一起，成江浙人所说的"椒盐味"。前者如我在小巷中的这家小店所买的，后者如我后来在食品商店所买的，就我自己来说，更喜欢前者。

怪味豆

怪味豆是一款混合口味的豆类零食，以蚕豆为原料，用多种调味品混合调制成的一种调味品制品，蚕豆有带皮和不带皮两种。怪味豆裹着金黄色的调味料，调味料裂开处，透着豆瓣的玉白色（带皮的蚕豆的皮被剪开，加工后，豆瓣也会露出豆皮）；闻之，混合调味料香气浓郁，尤其是其中花椒的麻辣香霸气十足；嚼之，松而脆，混合调味料中的盐、糖、花椒等既合又分，使每个味蕾和整个口腔都处在怪味豆的“怪味”中，而豆瓣的醇厚豆味，又使得这一“怪味”饱满而实在。若是带皮的蚕豆，那蚕豆皮的清香在这“怪味”的充实中穿行而过，让这怪味豆的味道有了一种灵动感。怪味豆余香悠长，余味悠长，食之难忘。

记忆中怪味豆是在二十世纪九十年代在杭州市面上出现的。出现后不久，另一带着“怪味”二字的零食——怪味花生也登场了。怪味花生与怪味豆同属混合口味的零食，其调味料相同。只是怪味花生以花生仁为原料，故而，怪味花生在外裹的金黄色的调味料中，露出的是花生仁的粉白色；嚼之，花生的醇香饱满而实在。而就外形而言，怪味花生也小于怪味豆。

不能不说的是用多种调味品——盐、糖、花椒，有时还有咖喱等混合调制而成的调料的味道——非自然存在的味道：怪味。盐、糖、花椒等组合而成的混合调料味十分凶猛地扫荡着每个味蕾，几近野蛮地侵占着口腔空间，而那花椒味虽直冲头顶，让人不由地精神一振，但未至让人涕泪横流。这让习惯于清淡口味而又喜爱跟风（杭州俗语称：杭儿风，即跟随流行）和创造流行的杭州人在猝不及防中被这非自然的猛味击中，但又不至于难以接受这猛烈。从而，从感到新鲜、奇特到品到其美味，包括怪味豆在内的怪味食品成为杭州人的流行零食。而我也从这吃怪味豆、怪味花生、怪味豆腐干等怪味零食中体会到了何谓“一食入口，难以停手”：在混合调味料强大的冲击力中，被全面打开的味蕾几乎不受大脑控制地难以停止需求，不把手中的那包怪味豆吃光，难以停口。

怪味豆、怪味花生之类零食的怪味都属川味，记得大约在川味零食流行了一两年后，川菜就大举进军杭州，并被杭州人追捧，一度成为流行中的流行之菜系。现在看来，这川味零食像先头部队，踩点、探路、宣传、扩大影响力、形成吸引力、培养追随者，时机成熟后，大部队就高歌猛进。于是，一座城池就沦陷了……

桂圆干

桂圆，在闽粤一带称“龙眼”，据说是因其圆而大如龙的眼睛而得名，在江浙一带，则习惯称为桂圆。桂圆干作为一种干果类零食，可分为两类：一是整颗带壳的，一是桂圆肉。其中，整颗带壳的，壳为淡褐色。旧时，以极细的黄粘土滚之，壳成金桂色。现无这道工序，壳呈本来的淡褐色；剥壳吃肉去核，肉褐色，甜糯，有着桂圆干特有的醇甜香。品质好的，核小肉厚味甜香醇厚；品质差者，核大肉薄甜与香均较淡。桂圆干肉为去壳、核后的桂圆肉，肉深褐色，糯甜醇香，虽有薄厚口感之分，但因均为桂圆肉，差异感也较整颗带壳桂圆小了。近年来，市面上出现了一种浅褐色、香与味均较淡的桂圆干肉，据说，是经前期处理，只保留了部分原有物质的，不知是否属实，但那色、香、味确实是淡了许多。

桂圆，尤其是桂圆干，被江浙人视为贵重的营养品，为老人、病愈者、体虚者、产妇等滋补和康复之用。但在福建，它更多地被认为是具有营养价值的普通食品。记得在2012年左右，我们去福建农村游玩，见到有农妇在家门口晒桂圆干，因我从未见过这场景，便停步询问。那老妇人答了两句后，便俯身捧起一捧已晒得半干的桂圆递到我面前，请我吃。我边说这东西很贵边推辞，不料，那老妇人哈哈大笑，连声说：这东西不值钱，这东西不值钱，你喜欢，等下再给你带些回去！望着那老妇人如菊花般绽放的灿烂笑容，我那原有的江浙人对福建人的富裕感，一下子土崩瓦解，再次感到了自己的浅薄。

也许正因为将它视为具有营养价值的普通食品，福建人常将桂圆干当作茶点和零食。我第一次知晓这桂圆干可以作为茶点和零食，是在张春华女士的玉女袍茶室。开设在杭州的玉女袍茶室，以品尝岩茶和售岩茶为主，张春华女士泡岩茶的功夫颇好，她所制的老枞水仙也令我陶醉。于是，有段时间，我常去她那里品岩茶。在茶歇时，她会端上来自福建的整颗带壳桂圆干或桂圆干肉作茶点，而这桂圆干不仅口感好，在平缓喝岩茶产生的饥饿感上也颇有功效；喝毕告别时，张春华有时也会给我一些桂圆干，让我当零食吃。于是，作为江浙人的我终于知道了，桂圆干也是一种茶点和零食，并不是只有需滋补者或病后康复者才能食之。

就这样，从2012年以后，包括整颗带壳桂圆和桂圆肉干在内的桂圆干进入了我的零食单中，成为我的零食。

果　冻

果冻为啫喱型零食，因其最初的添加物为果汁，其状如冰冻，故被称为“果冻”。在我所吃过的果冻中，可以添加物的不同，分为纯果汁果冻、奶类果冻和果肉加果汁果冻三种。因添加物不同（包括类别不同，如果类与奶类，以及品种不同，如桔子汁或水蜜桃汁），以及添加的色素不同，果冻呈现不同的颜色，但均晶莹、可爱。其中，果汁和果肉类果冻更是如水晶般透明。果冻的香可分为水果香和奶香两种。其中，水果香有的是甜香，有的是清香，有的浓郁，有的清新；奶香则大多为牛奶和椰奶两种，牛奶香醇厚，椰奶香清爽。果冻嚼之如软橡胶般柔软而有弹性，或果汁或牛奶或果肉慢慢弥漫整个口腔，给人一种柔、弹、香甜、饱满的口感。

果冻在杭州市内市面上的出现好像是在二十世纪八十年代，后来，在浙江的县城和乡村也大量出现了。果冻问世时曾因是新产品并给人一种前所未有的柔弹口感（过去没有啫喱类食品），被人们认为是“稀罕物”和“好东西”。二十世纪九十年代中期，我去温州某县城进行社会调查，看到两三个婚礼宴席上有一大盘果冻，可见，这果冻是被认为“上得了席面”的“好东西”。在杭州，直至二十一世纪初，果冻仍被不少家长作为奖励孩子学业好、听话等的物品，许多家长也用果冻来哄孩子。直到有孩子，尤其是幼儿因吸食果冻造成气管堵塞，影响生命安全，且这种事件不断发生，有医生发出“不要让孩子吸食果冻，要用小勺挖出小口食用”的呼吁，甚至倡导“不要给幼儿吃果冻”后，果冻在少儿，尤其幼儿中的销量才大幅度减少。

果冻在刚问世时，仅果汁类一种类型，大核桃般形状。后来，出现了奶类果冻，果汁味不断增加，形状也不断增多。直到现在，有了果汁、奶类、果汁加果肉三大类，而果汁的口味和果肉的种类也多种多样。果肉类的还有单品果肉（如单一的桔子）和混合型果肉（如桔子、桃子、荔枝混合）之分，而形状也有了小（大核桃般大小）、中（酒盏般大小）、大（饭碗般大小）之分。用学术话语讲，这果冻在近四十年来，无论是内在物质还是外形，都是从单一走向多样，日益丰富多彩。

果冻是我最爱吃的零食之一，因为它的柔弹、香甜、饱满总能给我一种满足感，而在冬天过热的空调房间中和炎炎夏日吃果冻，更有一种清凉、清爽、清新之感，让我沉浸于果冻的美好之中。在大众眼中，果冻更多地属于“儿童食品”。所以，在很长一段时间里，我是借儿子的名，得果冻之乐的——儿子不太喜欢吃果冻，所以，我买回的果冻大多是被我自己吃了。在儿子外出上大学乃至工作后，我再去买果冻，遇到熟人，尤其是同事问及所买之物，总不免有所尴尬——一个年逾五十的资深教授居然喜欢吃果冻，想来，确也不好意思。好在我的同事高雪玉女士不时会买果冻给我吃，她是我院（浙江省社科院）有名的零食爱好者，每隔三五天就会买上一大袋种种零食到办公室自乐与众乐。那袋里多一包果冻，别人不会太注意，或者见了，也以为是她爱吃。于是，在她的关照和掩护下，我周围的人基本上不知我爱吃果冻。我退休后，小高仍作为我的助手帮助我工作。前段时间，她到我家来拿我请她帮忙打字录入的文稿，还给我带了不少日用品和食品，其中也有如饭碗大小的大号果肉果冻。食之，不仅快乐，也深深感到友情之温馨。

果 脯

“果脯”，是北方人的一种命名，南方人则称之为“蜜饯”。其以大水果，如梨、苹果、桃等去核后的果肉为原料，经蜜渍或糖渍后半烘干而成，外形为长条块状；色为水果原色，如梨的玉白、苹果的嫩黄，并因蜜渍或糖渍后的半烘干而肉质呈半透明；清新的果香与醇甜的蜜香或糖香融合在一起，形成特有的果脯香，且因果肉的不同而各有特色，如梨脯的清雅、苹果脯香的清醇、桃脯香的醇而悠长；味甜而带有果肉特有的味道，且因果肉的不同而各有其味，嚼之软糯有略有弹性，随着咀嚼甜甜的果味融合着果香弥漫于口中，不知不觉，就有一种欢乐感油然而生。

我个人认为，果脯可以北京果脯为代表。而如今已成为北京特产之一的北京果脯，旧时只出现于宫廷、皇亲贵族和达官贵人中。在1949年中华人民共和国成立后，北京果脯才如“旧时王谢堂前燕，飞入寻常百姓家”，成为普通百姓的口中之物。在二十一世纪之前，在国内，凡从北京来的亲友或从北京返家者，所带的伴手礼中，多数为北京果脯。记得少儿时，同宿舍的隔壁家的陈叔叔凡去北京出差回来，总会给我家送上一盒北京果脯。那时，我父亲已去世，母亲已退休，无出公差的机会，自己也没钱去北京玩，于是，每次想到那北京果脯的美味，就期盼陈叔叔能出差去北京。而我工作后第一次去北京（开会），回家给母亲带的伴手礼中，果脯也是当然之物。

那时候，北京果脯也是一种高、大、上的标志物。北京是中国的首都，伟大领袖毛主席在那里，党中央在那里，中央人民政府在那里，省、市乃至县政府及相关部门每年无数次“跑部进京”争取项目、资金政策……何况，北京还曾是皇城，这果脯曾是宫廷御食，是皇亲贵族府中之物。故而，在2000年之前，至少在我的周围，凡能得人赠送北京果脯者均惊喜无比，食之，也幸福无比。

随着经济在国家层面和民众心目中地位的上升，直至占据首要位置；随着人们生活水平的提高和生活方式的多样化；随着新型健康观念和养生理念的建树，自2000年以后，北京果脯不仅日益普通化，成为普通零食，更因着其糖分含量高、块大等，在零食爱好者中被日益淡薄，让人总有一种皇后娘娘被打入冷宫的感觉。

尽管随着生活条件的好转、所得食品的多样化和健康观念的变化，我也认识到北京果脯太甜不利健康，感觉到北京果脯脯块太大，吃起来就减少了愉悦感，但不愿北京果脯这一具有深厚社会—文化底蕴的传统食品消失在现代化的浪潮中。前几年去北京时，我仍不时带一些果脯回家，切成小块泡水喝，无论冷饮还是热饮，那飘着蜜香、含着蜜甜的果香果味还是很宜人的。

黑　糖

黑糖是台湾的一种称呼，在浙江，则称为“红糖”，就如国人称之为红茶的茶品，在英语国家称之为“Black Tea”（英译为黑色的茶）。之所以用“黑糖”来命名本文，是因为在商场，黑糖被作为零食列于零食货架上，红糖则被作为调味品，与白糖、味精等摆于调味品货架上。就制作方法而言，黑糖也被制成块状，以利拿取零食，红糖则被制成小颗粒状的砂糖或更细微的绵糖，以便于烹饪和冲饮。

一般而言，黑糖呈常规麻将牌大小的长方形块状，色棕黑或深棕；甜香厚重。入口甜味醇厚，后味带着植物特有的鲜味，形成黑糖（红糖）特有的鲜甜味。

黑糖与红糖一样，都是以甘蔗为原料制成。在浙江，旧时红糖除了在富裕人家亦作为烹饪调味品及过年时做冻米糖等的辅料外，最主要为体虚者，尤其是产妇、长期患病者、康复者做滋补之用。因为民间一直认为，红糖有很高的补血效用。尤其是对产妇，红糖水氽蛋是坐月子时每天必吃之物。据说在农村，三伏天抢收抢种（俗称“双抢”）时节，农家还会给干活的牛喂红糖黄酒鸡蛋，尽快给牛补血补力，让其尽快消除疲劳。在今天，红糖仍被浙江人认为是补血佳品，特别是义乌所产的甘蔗红糖，更被认为有此成效。每到产糖季节，许多人就会开车去义乌农村，到农家买正宗的义乌红糖。除此之外，越来越多的家庭也习惯在做红烧菜肴时加上红糖调味，红糖也更多地具有了调味的功能。

2005年，我至台湾大学做访问学者。一日，在台湾大学校园中的一个便利店中，我看见了零食货架上的黑糖。那一块块如黑巧克力般的块状物装在灯光下如水晶般灿烂的玻璃瓶中，煞是诱人，而瓶贴上“黑糖”二字下还附有说明性文字：中国巧克力。我一下子被吸引住了，买了一瓶，回到妇女/性别研究室为我租的公寓套房中的自己房间里，立即开吃。黑糖入口，恍然大悟，这不就是红糖嘛！与著名的义乌红糖相比，甜味更醇厚，但后味中的植物鲜味淡了许多，给人更多的“糖”的甜味。也许是它的棕黑色如黑巧克力吧，故而商家有了“中国巧克力”的噱头。不过话说回来，吃惯了奶味、水果味、茶香味的硬糖、软糖，尝尝这单纯的糖味的黑糖，也别有风味。所以，在台大访学期间，黑糖列于我的常规零食中。

2016年，我去香港探亲时，因想给孙子烧一个我的拿手菜之一——蛋饺，便让儿媳去买红糖。谁知，儿媳去了几个大超市，均无红糖这一商品。无奈，她只得买了一瓶黑糖回家，我只得用开水化开黑糖糖块烹饪，而那菜肴显然就少了红糖，尤其是义乌红糖特有的鲜味。我跟儿媳讲了红糖，尤其是义乌红糖的功效，后来，她在工作之余又去了几家商场，也均无红糖这一商品。可见，至少在许多大商场（超市），是没有红糖出售的。香港被称为“购物天堂”，居然没有红糖！这东西在杭州家附近的小超市都不会缺货的，且有红砂糖、绵红糖之分！从此，义乌红糖成为我们带给孙子的常规营养品。近几年来，每到甘蔗开榨季，我们都会从义乌买10斤红糖，分一半给儿子家。儿子家舍不得作烹饪之用，而是隔几天冲泡成饮料给孩子们喝。而当有人再夸奖香港是“购物天堂”时，我也会揶揄一句：“若是有义乌红糖卖，那就更‘天堂’了！”

烘青豆

烘青豆是浙北传统零食和茶配料，其以新鲜毛豆豆粒为原料，加盐煮熟后烘焙而成。传统手工加工的烘青豆的烘焙以木炭为原料，且必须是无烟炭。因这一工艺所需的木炭难寻且价高，而用木炭手工烘焙耗时耗力，故而，如今，用木炭经手工烘焙传统工艺制作的烘青豆已罕见，商业化生产的烘青豆基本上是机器电烘而成。

烘青豆色青绿，表皮因盐煮和烘焙而成各异的皱纹；闻之，新鲜毛豆豆粒经盐煮、烘焙而成的鲜香味醇厚而清爽。若为木炭烘焙，更有炭香飘飘；嚼之，新鲜毛豆豆粒特有的清香和清鲜在盐的作用下，形成烘青豆特有的清爽的咸鲜味，若是木炭烘焙的，炭火香又为这清爽咸鲜增加了醇厚和悠长。豆粒有韧性（即俗话所说的：有嚼头），发皱的表皮脱落后，豆肉的甜味慢慢呈现，使原有的清爽咸鲜中，又增添了清甜的回味。

我是在喝防风茶时认识烘青豆的。防风茶是浙北地区德清县的特产，历史悠久，制作独特，以烘青豆、小芝麻、橘皮丝、茶叶等配制而成。相传，在几千年前的海侵（海水入侵的简称）时期，浙江洪涝灾害严重，部落首领防风氏[1]一直带领民众抗洪排涝。因抗洪排涝第一线常常食品供应不及时（被水灾阻断供应线），且人们易患风寒风湿，防风氏就发明了一种茶，为奋战在抗洪排涝第一线的人们提供充饥、防病治病之物。浙北的抗洪排涝也是大禹治水的重要组成部分，故而，大禹在会稽（今绍兴）会集诸部落首领时，也令防风氏前往。但恰逢浙北又遇洪涝灾害，防风氏不得不先带领民众抗洪排涝，告一段落后，才去会稽。大禹见到防风氏后，责怪他迟到，当场就杀了防风氏。浙北民众哀之，私下里为防风氏建祠堂作为纪念，而防风氏所发明的那种茶，被称呼为“防风茶”，一直流行至今。在德清县，至今仍有“防风洞”古址，据说是远古时期防风氏祠堂的遗址。而在德清县还有一种“斗烘青豆”的习俗。每年新的烘青豆制成后，妇女们会聚在一起，品鉴、评比，比较“谁的更好”。这一聚会不许男子参加，只向妇女开放，只是妇女们相聚一起，开怀畅聊。也可以说是在强大的男权/男性主流社会，为妇女开辟了一个自己专有的空间吧！而“防风茶”名称的出现和茶的流传，也以一种物质的、非常态的方式呈现和保存了一段被主流社会以为尊者讳之名遮蔽的历史——作为圣人的大禹犯错的历史。

在我所吃过的烘青豆中，最好吃的是德清县农技站站长楼黎静女士自己用传统方法手工制作的烘青豆。我在2008年被评为浙江省有突出贡献的中青年专家，之后，在省人事厅为我们专门组织的赴四川九寨沟疗休养中，我与同年被评为浙江省有突出贡献的中青年专家楼女士相识。在闲聊中，我们从德清的历史聊到了防风茶和烘青豆。我抱怨说，过去炭烘的烘青豆真好吃，现在不仅炭烘的找不到，连烘青豆都少见了。楼女士说，她也喜欢吃烘青豆，每年在毛豆收获季节，都要自己用传统方法制作一些，家中还有存货，她可以寄给我，明年也多做一些给我，并当场将她带着在路上当零食吃的烘青豆分了一半给我。却之不恭，且心中也实在想吃那炭烘烘青豆，于是，我应允了，但心中仍有怀疑，楼站长是蚕桑专家，在养蚕和桑叶开发上成就斐然，她能做烘青豆吗？一路吃着，那烘青豆确实有炭香，且软硬适中。而回到家后，吃到她寄来的烘青豆，更让我如同一下子扑进了传统的怀抱，惊喜不已，惊艳不已。真心佩服既是高层次蚕桑专家，又能做出传统手工烘青豆的楼站长！后来连续好几年，我都能吃到楼站长亲手制作的传统烘青豆，友情难忘，美味难忘！

注：

1. 因其个子较高，浙江方言称高个子为“长（cháng）子”，故当地人称他为“长子防风”。

花　生

花生是最常见，也是最典型的零食之一。作为零食的花生，可分为带壳花生和花生米（北方人称：花生仁）两种。其中，花生米又可分为带衣花生米（浙江将花生米外皮称为“衣”）、去衣花生米（整粒）、去衣花生米瓣（将每粒花生都分为两瓣）等不同种类。就带壳花生而言，其制作方法包括炒（盐炒、砂炒、沙炒等）、烘、烤、煮、晒（煮后再晒）等；其味包括原味、咸、椒盐、多味、蒜味等。与带壳花生相比，除了带壳花生已有的，花生米的制作方法还有油炒、浸泡（用酱油或醋）、盐焗等，其味还有咖喱、芥末、奶油等。此外，花生米外裹可食用炭粉烤制而成的炭花生和外裹加了调料的面粉的鱼皮花生，也是花生米独有的品种。不同的制作方法加上不同的调味料，相互交叉搭配，故而，花生是人们百吃不厌的零食。而水煮新鲜花生和油炒花生米尽管大多是大人们的下酒菜或餐前冷盘、早餐小菜，但对儿童来说，更多也是一种零食。

对我而言，在吃过的花生中，最具神秘感的是浙江嵊县（今称为嵊州市）的小红毛。小红毛是小花生，壳薄而紧致，粒饱满而香浓，嚼之有甜味，为嵊县特产。在嵊县白泥墩附近，有一突兀而起的梯形山，因形似倾覆的船底朝上的大船，当地人称“覆船山”。当地自古以来就有一则民间传说，说是谁在小红毛中找到一颗有七节的花生，就能打开覆船山的宝藏。故而，儿子小时候吃小红毛时，首先是找“七节花生”，但找来找去，最长的也只找到“四节花生”。小学四年级时，有一绘画的暑假作业，儿子便将这“覆船山”的故事画成了连环画，居然得到了老师的课堂表扬，这让从来未因绘画而得老师表扬的儿子兴奋了好几天。嵊县是古越国所在地，周边出土过若干春秋战国时期的越王墓。据说，在地下文物大省陕西独立而不连绵的梯形状的山，有可能就是古墓封土堆年积月累而形成的。所以，我一直固执地认为，嵊县的覆船山当是古墓封土堆在历史的长河中积沙累土、长草长树而成，而那“七节花生”当是一个尚未被解开的开墓的密码，就如已被证实的张献忠沉宝地的“石人对石马”的传说一样，待着考古学家解密的那一天！

事实上，小红毛的名气是近三十余年来不少嵊县人叫屈的一件大事。小红毛一直是嵊县人的骄傲。二十世纪五十年代，嵊县分成嵊县、新昌两县，小红毛由此也成为新昌的特产，后来，又被新昌人改名为“小京生”。二十世纪八十年代后，靠着奋力拼搏和努力经营，一直是绍兴地区（新昌属绍兴地区）最穷县的新昌县不仅摆脱了贫穷，进入富裕，经济—社会发展还一路直上，在全省名列前茅。随着经济—社会的发展，“小京生”也在省内外盛名远扬，乃至不少外地人只知小京生，不知小红毛。为此，许多嵊县人愤愤不平，更有一些嵊县人听人说到小京生时，就会挺身而出，为小红毛正名。从这一角度看，某种零食也可以成为所在地经济—社会发展的标志物呢！

花生中最让我产生红色假想的是蒜味花生。我最早是1999年在闽西的龙岩遇到这味花生的。而至今，我仍认为龙岩产的蒜味花生是最好吃的蒜味花生。龙岩产的蒜味花生是大花生，带壳，加盐煮后烤制而成，故吃多了不会上火；粒大饱满，蒜味纯正而醇厚，花生仁脆而香浓，咸鲜味悠长。有一段时间，我吃这蒜味花生上了瘾，每到文思枯竭，便以这蒜味花生开窍，常常吃到吃不下午饭或晚饭。吃龙岩的蒜味花生，就不免想到第一次国内革命战争时期的中央苏区——中央苏区处于赣南闽西，龙岩即在闽西，而当时，中央苏区的政治中心在赣南（以瑞金为核心），经济中心就在闽西（以长汀为中心）。在红军长征后，中共早期领导人瞿秋白同志就是牺牲在长汀的。吃着龙岩蒜味花生，我就会想，不知吃“红米饭、南瓜汤”的红军战士们是否也吃过这蒜味花生？是过年过节才能吃到，还是平时就可当零食吃？瞿秋白烈士在狱中吃到过这蒜味花生吗？瞿秋白烈士在慷慨就义时，环顾四周，见群山青翠，碧草漫野，说：此地甚好！然后他盘腿席地而坐，对行刑队下令：开枪吧！在当时这一事迹与明末清初的文学评论家金圣叹因抗清被杀时，对刽子手说“我告诉你一个秘密，花生米与豆腐干同嚼食之，有牛肉干的味道”时的坦然，同有一种仁人志士的浩然之气。想来，瞿秋白烈士即使在狱中没吃那蒜味花生，就义时的坦然令人想到金圣叹时，也多多少少与花生有了某种关联了。我所读过的史书上，有红军“红米饭、南瓜汤、吃野菜，也当粮”的记载，但无蒜味花生的痕迹。于是，红军是否吃过蒜味花生也就成为我心中一直在寻找答案的一个问题。

在我吃过的花生中，最能体现吃货冒险精神的是炭花生。我最早是2005年在台湾大学校内的一个便利店中见到炭花生的。一开始以为是炭做的花生，见了说明，才知道是炭裹花生米。见那东西黝黑，且是炭入腹，心中便疑团滚滚但又抵不住好奇心和尝试欲。内心挣扎十几分钟后，吃货的冒险精神占了上风，最后以“没吃过的终须尝尝”为由，买下一瓶（大约三十来颗）炭花生。炭花生以炭粉经烘烤而成的炭壳包裹着花生米，因外有炭壳，炭花生较花生米大1/3左右，呈花生米状；炭壳黝黑，松脆，闻之无味，嚼之亦无味；内裹的花生米微咸，也许是外裹的炭壳的较大的吸附力，花生米原有的香味较淡。在勇猛的吃货冒险精神与平淡无奇的炭花生滋味的比照下，分两次吃完了一瓶炭花生后，我难有“我真勇敢”的自我点赞。2008年前后，我在杭州的超市中也见到了炭花生，出于比较的心理，也买了一瓶（大约五十颗）。相较之下，两岸炭花生的品质差异不大，口感差异不大，用杭州人的形容词来说，就是“像一个师傅教出来的”。由此，这让我冒险一搏的炭花生以其平淡的滋味，走出了我的零食行列。

在我吃过的花生中，最具温情的是鱼皮花生。鱼皮花生以花生米为内核，外裹面粉加调料的外壳，经烘烤而成。其外壳为褐黄色，薄而松脆，带着面粉加调料在烘烤后形成的鲜香，微咸甜而鲜，与内裹的花生米一起嚼之，花生米特有的腴香与腴味和着外壳的鲜香和椒盐鲜，真是味道好极了。我第一次吃到鱼皮花生是10岁（1965年）那年的春节。小时候，每年春节，我家都要去上海外公外婆家，也会在新年期间到同在上海的舅舅家拜年、吃饭。那年，不知为何，父母亲让我独自一人在舅舅家小住几天。一天，表姐蒋金燕和表弟蒋金戈商量后，各拿出仅有的一角钱新年压岁钱中的一半——五分钱，凑成一角钱，到巷口的小店里买回一包鱼皮花生（共八粒）。打开袋子，平均分成两份，将其中的一份（四粒）送给了我，作为他俩招待我这小客人的新年礼物，另一份则表姐表弟平分（各两粒）。那是我第一次吃鱼皮花生，也是第一次收到来自兄弟姐妹自己的礼物。好吃的味道加上出乎意料的温暖的亲情表达，让我记住了鱼皮花生，念念不忘。鱼皮花生是厦门特产，杭州至今仍少有售卖。当工作后，每逢去厦门，我总要买上数包鱼皮花生，以慰思念。2020年，茶友冯君告诉我，她网购了一款网红零食，正在试吃，若好吃的话，送我一瓶。她的网购功夫十分了得，我能网购物品，她功不可没。而她网购的零食，也常常成为我的零食。那天，冯君将一大瓶她试吃后觉得确实好吃的零食送到我手中，我定睛一看，原来是鱼皮花生！心中大喜！那瓶网红鱼皮花生较传统的鱼皮花生，外壳色淡了一些但滋味依旧，仍是味道好极了。我十来天就吃完了一大瓶，然后，托冯君网购。吃着冯君送的、后来又帮助网购的鱼皮花生，想着冯君所说："要在网上买什么，就跟我说一声，你不要客气啦！"心中就会感到友情的温暖。美味加上温暖的亲情和友情，鱼皮花生就这样成为我最喜欢吃的花生零食。

话　梅

话梅是典型的杭州蜜饯之一，其以新鲜青梅为原料，加糖或再加上相关调味料（如盐、辣椒粉）或辅料（如甘草末）腌制而成，种类多样，口味丰富。以制作方法论，话梅可分为干、湿两种。其中，干话梅又被称为“话梅干”。话梅干外覆白色糖霜，入口即有水果糖霜特有的清甜、清凉味。然后，在唾液的濡化过程中，话梅的味道慢慢渗出，慢慢融化在口中，滋味悠长；湿话梅润泽、柔软，入口即显话梅的味道，弥散感迅速而强烈。

话梅一般都不是单独包装，而是以袋（食品袋）或瓶的形式出现，即使是近几年出现的话梅肉、话梅条也是如此，有包装传统一成不变之感。话梅大小不一，有的较两分钱人民币硬币略大，有的略小于人民币一分钱硬币，外形为因腌制而成的不规则的圆形；表皮缩皱，梅肉有厚有薄，内包硬硬的梅核。目前，常见的话梅种类有酸话梅、甜话梅、甘草话梅、盐津话梅、辣话梅、多味话梅等。因所加调料和辅料的不同，不同类的话梅往往呈现不同的颜色。如，酸话梅为褐棕色，甜话梅为浅棕色，盐津话梅为褐色，辣话梅棕中透红，多味话梅为深棕色，甘草话梅棕色上撒着点点金黄的甘草末。闻之，酸话梅浓郁的果酸香中，透着淡淡的果甜香；甜话梅飘荡着果酸加果甜的梅子甜香；盐津话梅是梅子香中穿行着盐的鲜香；辣话梅是梅子香中忽隐忽现辣椒香；甘草话梅是甘草的厚香在梅子的酸果香中忽隐忽现；多味话梅是梅子香与糖、盐等多种调料香混合而成的香味。在不同调料和辅料的作用下，话梅也有了不同的口味。如酸话梅的酸中微甜，甜话梅的又酸又甜，盐津话梅的酸、甜、咸齐备，辣话梅的酸辣强劲，甘草话梅的酸后回甘悠悠，多味话梅的五味俱全……如果再加上制作方法的干、湿分类，添加辅料的不同（如，现在出现一种新品种是添加了洛神花的话梅）、各种基本调料的搭配和比例变化（如辣话梅就有酸辣话梅、甜辣话梅等。而辣椒粉比例加大后，这酸辣等味也就成了辣酸、辣甜等味），话梅的味道可谓多滋多味，变化多端。

吃话梅以含食为宜。在含食的过程中，先是表层的滋味，再是梅肉的滋味，不尽相同。梅肉味尽后，食肉吮核，汁水从梅核中透出，带着梅粒仁的香和味，又与表皮和梅肉的滋味不同，吮尽后才吐出梅核。而会吃话梅者，吃时必吮梅核，因为梅核汁水是话梅滋味最精妙之处。

话梅曾是我做基线调查时的必备良品，或作为晕车药和防晕方法的辅助品以防晕治晕；或作应急性止渴充饥之用，或在工作空余时，用来解馋，可谓不可或缺。只是在云南做反贫困项目时，某日坐着越野吉普车，沿盘山公路上上下下两个多小时，一路靠不停地一颗接一颗嚼话梅止住晕车的呕吐感，没有“现场直播”（我们对当场呕吐的戏称）。但到了项目点后，满口牙齿酸得连米粒也难以咀嚼，之后酸度较低的盐金枣才替代了话梅的角色，伴我而行。

在我周围的朋友中，吃话梅的冠军当属我的同事高雪玉女士。小高每天话梅不离口，上班包里必定有一包或一罐话梅，上下班路上吃，办公桌上必定有一袋或一罐话梅，上班偷闲吃一颗，他人也可免费无限量拿取。我吃过她的许多零食，许多零食知识向她习得，话梅便是其中之一。在她提供的不断变化的话梅中，我吃到了话梅的发展史。据说，话梅最早是说书先生用来在说书过程中润喉生津的。旧时，说书先生所说之书称“话本”，话梅是说书先生在“话说……”中食用，故被称为“话梅”。在杭州，二十世纪八十年代之前，只有酸话梅。因话梅一直只有这酸中微甜的味道，故而至今许多老年人还习惯将酸话梅叫作“话梅”。二十世纪九十年代以后，甜话梅和甘草话梅出现，二十一世纪初，盐津话梅出现，随后，辣话梅和多味话梅出现；2010年后，话梅肉和话梅条出现。这话梅肉和话梅条更适宜咀嚼，所以，我认为是快餐思维和快餐经济的产物。事实上，我和小高一致认为，没有梅核只有梅肉的话梅肉和话梅条缺少了话梅原有的层次感和丰富性，失去了含食话梅、吮吸梅核汁的妙处。现在想来，话梅的变化无疑也是社会—经济变化的物质性反映，若以话梅为视角，考察中国经济的发展、社会的变迁、文化的转型，当是极有趣的。

茴香豆

茴香豆以蚕豆为原料，加茴香（浙江民间称八角茴香）、糖、盐、酱油烹煮而成。因其以茴香调香，茴香香味浓而厚，故被称为“茴香豆”。茴香豆的豆皮为褐黄或棕色（因添加酱油量的不同）；闻之，茴香浓郁而厚实，其间穿行着蚕豆香；入口，豆皮的甜鲜先在口中化开，嚼之，软糯鲜香微甜。酱油的鲜味合着蚕豆特有的豆甜和豆鲜味，伴着茴香浓而厚的香味，越嚼越鲜，越嚼越甜，越嚼越香。食后，口中余味悠悠，鼻中余香依依。

在浙江，旧时，茴香豆是酒馆中必备的下酒菜，酒馆无论大小，无论豪华或简陋，必备茴香豆供客人佐酒。不同的只是，穷人往往只一小碟茴香豆喝半天酒，一粒豆子要分三次吃，先吃皮，再吃半片豆瓣，再吃另一半豆瓣。而对有钱人来说，茴香豆是诸多佐酒菜中的一种。现在，茴香豆早已不是酒店的佐酒菜了，除了在绍兴的小酒馆，尤其是竖着鲁迅像的小酒馆里，茴香豆还列在冷菜单中。而在杭州，茴香豆则成为茶馆中几十或百余种冷热茶食、干果、水果中颇为畅销的一种茶食（杭州的大、中型茶馆不仅供应菜，也供应各种点心、干果、水果、蜜饯等茶点）。热热的茴香豆装在大大的保温锅中，茶客们吃完了一盘，再去装一盘。也有不少人

愿意自己动手，自煮的茴香豆略略风干，如今作为零食也是自食和送人的佳品，常获点赞无数。

与今天茴香豆常被成人们作为零食不同，过去，茴香豆更多是儿童们的零食。穷人在酒馆以茴香豆佐酒时，常会留下一些带回家，给孩子当零食。小时候听大人们闲聊，一开始听到这事时，感到这孩子真幸福，大人会省下茴香豆给他吃。后来，大人们又扯线般聊到常州人吃肉包子，一人吃半个，还把肉馅留下来带回家当晚饭的菜肴，第二天还到处吹牛，到城里吃了肉包子，晚上又有"肉圆子菜"。听着大人们鄙夷和嘲笑的口吻，回想起那大人们带回的茴香豆，忽然就觉得那大人真是小气，把自己吃剩的给孩子吃，他为什么不能自己不喝酒，把酒钱省下来给孩子买吃的？何谓阶级，何谓地域歧视，何谓代际资源配置，现在想来，那就是我最初接受的启蒙教育吧！

吃着茴香豆，乃至想到茴香豆，我就不免想起鲁迅先生著名的短篇小说《孔乙己》。孔乙己是一个穷困潦倒但仍残存着些许读书人的自尊和自得的书生。他常在酒馆赊酒喝，难得有了点钱，就会买上一碟茴香豆佐酒。这时，他就有了书生的自得，会问柜台里卖酒的小伙计："你知道'茴'有几种写法？"一向鄙视他的小伙计总不搭理他，他便自问自答："'茴'有十二种写法。"他会拿几颗茴香豆给围在身边馋他吃茴香豆的小孩们，让他们看他写这十二种"茴"字，但结果都是当他用手指头蘸着酒在柜台上写第一个"茴"字时，小孩们就口里嚼着他给的收买人心的茴香豆，一哄而散了。于是，他总是只能悻悻地、无奈地看着这写了一半的字，无语苦叹。孔乙己无疑是中国旧式知识分子悲剧人生的一个典型，而我自从在小时候（大约是小学三四年级）不知在哪里看了《孔乙己》后，则一直纠结于这"茴"字的十二种写法，直到今天，仍在求解中。

鸡蛋饼

鸡蛋饼以小麦粉（杭州人称“面粉”）或面粉与玉米粉的混合粉、鸡蛋为主要原料制成，有原味（不加调味料）和甜味（加糖）两种口味，一般为圆形，直径半尺左右。色深黄（纯面粉）或土黄（面粉与玉米粉的混合粉），浓郁麦子的醇香夹着鸡蛋的腴香飘散，有时带着玉米的清香（面粉与玉米粉的混合粉），而面粉熟后的甜香穿透而出，形成一种鸡蛋饼特有的香味，令人无法抗拒。鸡蛋饼薄而脆，嚼之香甜脆爽，十分可口。也有将鸡蛋饼软时卷成筒状的，称为“鸡蛋卷”或“蛋卷”，香味与滋味与鸡蛋饼无异，只是更易食和有另一种美感而已。鸡蛋饼曾均为手工制作的，近十几年来，机器生产的成为主流，传统手工制作的越来越难觅，价格也较机器生产的高，但相较而言，确实是纯手工制作的比机器制作的好吃许多。故而，在今天，不少有制作蛋饼传统的地方，手工自制的鸡蛋饼或蛋卷已成为送礼佳品。

在二十世纪八十年代中期至九十年代初，杭州的居民住宅区中常可见到有人推着自制的手推车，车上排放着煤球炉或煤饼炉、煤球或煤饼箱，箱子上堆放着制鸡蛋饼的工具、小凳子和装着面粉（大多是自家磨的）与若干个鸡蛋的篮子。找到一个合适的地方（八十年代大多在小巷角落，九十年代大多在菜场边），那人就停下车子，拿出凳子坐下，打开炉子，取出两个有柄圆形无边沿铁平板放在炉子上预热，用一个大搪瓷杯中的水调匀面粉，打入一个鸡蛋（大致一斤面粉配一个鸡蛋）搅匀后，用一个小勺子将一勺子面浆舀到平板上，再用一个T形竹托子将面浆刮匀整成略小于平板大小，盖上另一块同样的铁平板，连板带饼翻身再在火上烤出香味后，从炉子上取下铁平板，打开将鸡蛋饼轻倒在一块干净的布上，或趁热软时卷筒，或待冷却后，即成鸡蛋饼。

与爆米花的大多是杭州城里或近郊人，且一般为男子，惯以大声吆喝招徕生意不同，那时候，在杭州走街串巷做鸡蛋饼的大多为新昌人（属绍兴市），一般都是女性。她们从不高声招徕客人，而是坐着，默默地推着鸡蛋饼，让顾客寻着香气而来。一闻到那鸡蛋饼特别的甜香，人们就会说："哦，做鸡蛋饼的新昌人又来了哦！"孩子们就会硬拉着家中大人，要吃那鸡蛋饼。而她们做生意的方法也很灵活，可买她们做的（现成的，也可以让她们现做），也可以用自家的食材，付加工费（现金）；也可用适量的面粉替代现金作为加工费。因认为她们自磨的面粉太粗糙，配的鸡蛋也太少，我家常常自带面粉、鸡蛋、白糖请她们加工。这些新昌女人看上去都是农妇，大概平时要忙于农事吧，她们一般都是在冬天（也就是农闲时）才出现在杭州。故而有一段时间，许多杭州人家春节时吃的鸡蛋饼或鸡蛋卷就是她们做的。新昌曾是绍兴市最穷的县，在二十世纪八十年代以后逐步由贫转富，经济—社会发展和人民生活水平迈入全国先进行列，这些离乡外出摊鸡蛋饼出售的女人们想必也做了一份贡献吧！

自二十世纪九十年代下半叶开始，商品经济迅速发展，机器制作、现代配方的蛋卷也越来越丰富和多样，奶油蛋卷、巧克力蛋卷、草莓蛋卷、抹茶蛋卷、夹心蛋卷……各种蛋卷层出不穷，购买渠道也越来越多。于是，手推车上做的蛋饼及以这蛋饼卷成的蛋卷，几乎被我们遗忘了。直到2019年10月，茶友冯君拿来了一大包新昌玉米饼，有关做鸡蛋饼的新昌人和新昌人做的鸡蛋饼才重新被我们想起。冯君拿来作茶点的新昌玉米饼实为面粉玉米粉鸡蛋饼（配料说明上写着，我们吃着也觉得不是纯玉米饼），她说是她在新昌调研去一家农家乐饭店吃饭，店家自己专门用传统方法手工制作，作为本店特色，向食客提供的。她吃后觉得味道不错，就买了一大袋回来给大家做茶点。也许是已吃腻了机器制作、新式配方的蛋卷了吧，这传统手工制作的新昌玉米饼的纯味、清香让茶友们眼睛一亮，食欲大开，一大袋玉米饼迅速告罄。茶友陈川先生见状，马上网购，但货到后，大家一尝，均觉这机器制作的新昌玉米饼（同名同样包装）大大不如那农家手工制作的新昌玉米饼，便要求冯君再去那家农户代为购买。但因时值2020年1月下旬，新冠肺炎疫情“警铃大作”，后又一直处于疫情防控中，外出不便，对那户农家的手工制作玉米饼的购买，也就一直处于期盼中了。

尽管没有再次吃到新昌玉米饼，但在2020年中秋，我收到好友林百荣先生寄来的漳州诏安特产中，有农家手工制作的传统口味的蛋卷。那蛋卷是二十世纪八十年代到九十年代，我家用自家的面粉（精白粉）、鸡蛋（半斤面粉配3个鸡蛋）、白糖，请新昌做鸡蛋饼人加工的鸡蛋饼的味道，味醇香浓微甜松脆，真是美味！林先生在漳州市工作，为诏安人，知我爱吃零食，尤其是爱吃土特产零食、爱喝茶，常给我寄一些诏安本地产的食品，还有诏安的特产茶令我乐在其中。诏安县是传统农业县，也是传统闽南文化源远流长之地，更是食客的天堂。无论闽南茶、小吃，还是零食，均让人不忍释手，还有八仙茶、闽南柚子茶（亦称成功茶，因郑成功以此防控了瘟疫蔓延，恢复了军力、民力收复台湾而有其名）、纳桔茶（又名桔子茶）等特产名茶（该三款茶的简介可见“茶生活论坛”微信公众号上相关文章），故而，沼安县已被列入美食旅游线中，成为众多吃货的打卡点。这蛋卷是林先生家乡邻居以传统手工方法和配方制作，只为过节自食和送人，非商品化生产，当是佳品中的佳品。若用鲁迅先生那“有好茶喝，会喝好茶，是一种清福”的名句，我想，有好食物吃，会吃好食物，当也是一种口福！感谢林先生，让我成为有口福的人！

姜　糖

姜糖一般以和着姜汁或姜味的麦芽糖制成，因所用的姜为生的且较老的姜，故杭州人又将姜糖称为“生姜糖”或“老姜糖”。姜糖大多被切成成年男子食指指端大小的粽子形（四角长粽或三角粽），色为或深或浅的姜黄（因所加姜汁或姜末多寡不同），生姜的姜香和着麦芽糖的甜香，麦芽糖的甜味和着生姜的辛辣味。若是生长期较长的老姜，其辛辣味更盛。柔香和着辛辣香，淡甜和着辛辣味，使得姜糖有着一种柔中带刚、刚中带柔的特征。

麦芽糖在杭州土话中被称为：“糖饼儿”。在上小学时，离我家不远的一位同学家，就是做糖饼儿卖的。我和其他同学经常搭伴去他家门口，看他家大人小孩在堂屋里把切好的糖饼儿摊在竹簟里，端到门口晾晒。大约是在二年级（八周岁）的时候（二十世纪八十年代以前，儿童入学年龄为七周岁，我于1962年七周岁时成为光荣和幸福的小学生中一员——那里，文盲率较高，小学生被认为会断文识字而被称“小秀才”，而即使在城市，也有一些儿童因家中经济困难而延期入学乃至失学，故而，在入学典礼上，我们被校长称为“光荣和幸福的小学生”），我用一分钱在这位陈姓同学家买了两块糖饼儿（市场价）。糖饼儿入口，并无想象中的花香或果香，而是如白馒头一般的熟麦香，甜味也很淡，更恼人的是糖饼儿很粘，嚼了粘牙，抓在手上粘手，放进口袋粘口袋。一气之下，我在口中的糖还没吃完时，就把剩下的那块糖饼儿送给了同去的同学。而在看到有一位同学在吃糖饼儿时，把牙齿粘了下来后，我就远离了糖饼儿。直到长大成人，我对糖饼儿及糖饼儿制品也甚少有兴趣。

二十世纪九十年代，我去苏南一著名水乡旅游景区开会（那时，在景区办会是吸引参会者的常用办法），下午休会后在街上闲逛，看到了一家卖麦芽糖制品的小店，包括姜糖。小店门口横插一根木棍，一个汉子将一团麦芽糖插进木棍，然后像缠毛线般，不断将麦芽糖拉直、缠上棍子，缠上棍子、拉直。我没见过做麦芽糖，饶有兴趣地与七八个人一起围观了十几分钟，小店的营业员热情地介绍说，这是在做姜糖。我喜欢喝红糖生姜水，在尝了一小片（小小的片状）据说就是用这麦芽糖做的姜糖，觉得味道不错，更主要是不粘牙后，我买了一袋姜糖回宾馆。然而，回到房间打开包装，取出一颗四角粽子状的姜糖一尝，味道较在小店中尝的淡了许多，而那块状姜糖入口，也立即与牙齿相粘。在“不浪费”观念支撑下勉强吃完一颗后，我把那姜糖置于桌上，不再理睬。两天后，会议结束，想着那姜糖或许儿子会喜欢，打算带回杭州。然而，拿过袋子一看，那姜糖已完全粘成一块，且紧密地与包装塑料袋联结在一起，难以分离，我只得把这袋姜糖扔进垃圾桶。从此，我不再购买麦芽糖制品吃，朋友送我用麦芽糖做的姜糖时，也只敢含着，而不敢咀嚼了——那粘牙的感觉实在恼人！

直到2021年春节，我终于吃到了可以放开胆子嚼着吃，且香浓味浓、滋味纯正的，与我的想象完全一致的姜糖！这姜糖为杭州法喜寺念一法师所送。念一法师经历颇具传奇色彩，他与哥哥原为台州一家大企业的老总，后两人都有了入佛门的愿望，但企业又必须有人管理。商量之后，兄弟俩经抽签决定，他入佛门，而哥哥则为居士，在家修佛法。近几年来，念一法师一直在外奔波，忙于浦江和义乌两地新寺庙的修建。那姜糖就是义乌一家食品厂生产。除了姜糖，两大袋春节佳品中还有芝麻糖、花生糖、小麻花，都是义乌传统土特产，也是我家喜欢吃的零食。

念一法师所送的姜糖共两种：一为硬质姜糖，以白砂糖、红糖、麦芽糖浆、姜粒等为原料，为成年男子食指指端大小的四方粽形，微甜，甜中有着义乌红糖（甘蔗榨制）特有的鲜味，姜味辛辣。也许是加了白砂糖的缘故，嚼之硬脆而无任何粘连。一为淀粉凝胶型软姜糖。这软姜糖我是第一次见到和吃到，其以白砂糖、淀粉、糖浆、姜汁等为原料，形为成年妇女食指指端大小的柱形长方形。色棕黑，闻之生姜的辛辣味十分明显，入口微甜，姜味浓郁，嚼之软而有弹性，白糖的清甜和着生姜的辛辣给人一种清新而威猛的冲击力。由此，若说那硬姜糖如佛门干脆利落的棒喝的话，那么，这软姜糖就如金刚菩萨心——以威猛的外力包含着的慈悲心怀。

酱　瓜

酱瓜以新鲜菜瓜在紧压中经酱油腌渍而成，可直接食用（生吃），也可经烹饪后食用（熟吃）。酱瓜色酱黑，酱香中夹着菜瓜的清香，嚼之脆爽，味咸鲜。酱瓜出缸时为长条状（菜瓜的原长），加上酱黑色，故而杭州人形容眼睛花的民谚有“眼花落花，猫拖酱瓜”（眼睛昏花的猫把酱瓜当成了老鼠）之说。将酱瓜切成片或小丁后，江浙人常将它作为早餐小菜（生吃），用它来炒毛豆、炒豆腐干，也是夏天颇受欢迎的下饭菜。而清粥（白粥）加酱瓜，更是病后初愈者最适用的餐食。酱瓜中品质最佳的为“双插瓜”，是将两根菜瓜紧插于一个罐中，然后用酱油腌渍而成。因所用菜瓜质量较好，非大缸腌渍，腌得更透压得更紧，故味道更佳。双插瓜是杭州名产，也是杭州老字号酱菜店“景阳观”最著名的产品。杭州话“插”与“菜”发音相近，近年来，也有人将“双插瓜”称为“双菜瓜”的，实为讹传。

与别人家把酱瓜买来后仅切开即生吃或熟吃不同，我家在将买来的酱瓜切开后，还要进行再加工——以两层酱瓜一层白糖的比例，放入玻璃瓶中腌制半个月后再食用。经这样加工后的我家的酱瓜，其香中增添了白糖的清甜香，其味在咸鲜中增添了清甜味，成了咸咸的鲜甜和甜甜的咸鲜，后味长长。所以，小时候，当家中无零食时，尤其是感冒发烧病愈、口中寡淡无味时，我总会不时从碗橱中拿出酱瓜瓶，倒出几颗，当零食吃。父母见了，也不会责怪我，总是善意地笑我一番："又嘴馋了吧？"而当母亲听说邻近宿舍中的一位女儿，因高烧后口淡拿吃了佐餐酱瓜而遭母亲暴打后，还当面批评了那母亲。她大声地说："小孩子拿吃点酱瓜有什么大不了的，她还刚刚病好，你买也应该特地给她买的啊！"当时，我恰巧在场，那家女儿的名字与我的小名同名，所以，我当时的想法就是："幸亏我这个玲玲不是那个玲玲！"

对酱瓜加白糖的再加工，已成我家的传统。我做的再加工酱瓜，也如母亲做的那样余味长长。加上我现在用的原料基本上都是双插瓜（杭州"景阳观"所生产），故而味道更佳。除了佐餐外，我也习惯性地以这再加工酱瓜作为病后初愈口淡的口味零食，以及文思不畅时通思路的开窍零食。我的孙子们也喜欢吃我做的再加工酱瓜。好几次，他们吃了其他酱菜后，说："还是奶奶的酱瓜好吃"，"要吃奶奶做的酱瓜"。我心中甚是高兴!

桔红糕

桔红糕是糯米粉蒸制的零食，它在用白糖薄荷水调制的糯米粉条中，裹入夹着桔皮细丝的红色糯米粉条芯；蒸熟后，将长条切成一颗颗的小丁，裹上糯米粉以防粘连后，即可食用。因其内芯桔味浓郁而呈红色，故被称为“桔红糕”。桔红糕为正方形立柱体，成年妇女食指指尖大小；外裹的一层粉白中现出红色的内芯，给人一种清丽的喜庆感；闻之，蒸熟后糯米粉的清香中夹着清新的桔皮香，还有清爽的白糖加薄荷的清甜香飘拂而过；嚼之糯软柔和，糯米粉特有的植物甜伴着白糖的清甜和桔皮丝的回甘，与糯米粉的清香、白糖加薄荷的清甜香、桔子皮的清新一起，在口中回旋，颊齿香甜，余味袅袅。

儿时，杭州人逢年过节、办喜庆之时，有分发桔红糕的习俗。所以，在那时，我不时地能吃到不知是谁分给我家的桔红糕。我很喜欢桔红糕的糯香软甜柔清，它让我如入四月温暖的春风中被一种关爱的柔情包围。在二十世纪八十年代后，杭州的这一习俗不复存在，而桔红糕也越来越缺少糯米的软甜柔清，最后在市面上也难以寻觅了。

自桔红糕变味后，即使喜欢吃，即使商场有售，我也不吃了，因为那已不是正宗桔红糕了。直到2018年，大学同学徐明送来一小包桔红糕与我分享。徐明也是零食爱好者，凡吃到新奇的或她认为我会喜欢吃的零食，都会与我分享。若我认为好吃，就请她帮助购买。故而，她也是我网购的得力帮助者，以及线下特色零食采购的主要代劳者。不过，这次她分享的桔红糕未得我的点赞（她分享的零食基本上我都会觉得好吃，我戏称这是“心有灵犀一点通”——吃货的同感，这次不点赞属小概率事件），而是将其评为：这不是纯糯米粉做的，而是掺了晚粳米，柔软度不够。

2020年，我丈夫去外地开会，我忘了是宁波还是绍兴。回家后，他拿出一小包桔红糕，说是会务组放在参会者房中的、免费提供的小食品，很好吃。我半信半疑，打开包装，拿起一颗送入口中，居然真的是小时候的味道，又糯又香又清甜。我问，那里有卖的吗？丈夫说，开会忙，不上街。而那简易包装袋上无任何厂商信息。我只得长叹一声，望着那包装袋幽幽地说：“我只能说，我终于又吃到记忆中的桔红糕了！”

开口笑

开口笑是一种油炸零食，它以加糖的面团裹以芝麻，经油炸而成。开口笑为圆球形，包裹着芝麻，露着的面球经油炸呈金黄色；油香浓郁（一般为菜油），芝麻香腴厚，熟面粉香飘扬在其中；味微甜，松脆，食后满口余香。因为圆球形，而面团在油炸后在包裹着的芝麻层中裂开了一条宽缝，给人一种张嘴微笑或大笑之感，故被命名为“开口笑”。

开口笑有大、小两种规格。大者如婴儿的拳头，小者比小时候玩的玻璃弹子略大。在杭州，大开口笑一般作为早餐点心，在烧饼油条铺或餐店点心部出售；小开口笑大多作为零食点心，在食品店出售。作为长期在杭州居住的、由山东人（我父亲）和江苏人（我母亲）组成的家庭，我家的早餐除了杭州人常吃、爱吃的泡饭外，还常有粥（山东人爱吃的白粥和苏南人爱吃的菜粥），更是必备点心（我家称“干货”），常见的是我父亲做的馒头、烙饼，我母亲做的鸡蛋软饼（杭州人称“麦糊烧”），有时也有买来的烧饼油条、包子，以及大开口笑。小时候，我不喜欢吃大开口笑，因为它太大，我只能一点一点用门牙咬。尽管香脆，但吃起来实在累人。有时候啃得嘴都酸了，才吃下一小块。相比之下，我喜欢吃小开口笑，它不仅易食，更是正餐外的零食。所以，每当母亲买了大开口笑做早餐点心时（我父母爱吃），我总会小声嘀咕：还是小开口笑好吃。家中买了小开口笑后，有时我也会偷拿两三颗（避免被母亲发现少多了），在外面边玩边吃，其乐无穷，因为我家规矩之一是不能在家外吃东西，吃要有吃相，所以，我要在外面边吃边玩，只能偷拿。

因外裹的芝麻易落，所以，吃开口笑时需用另一只手在嘴下接着掉下的芝麻。小时候手小，又贪吃吃得快，按规矩坐在桌旁、手在桌上吃开口笑时，难免有芝麻粒掉在桌面上。那芝麻真香，但实在难捡。小时候父母亦给我讲过一个故事，说是一个穷人买了一个烧饼在茶馆里吃，吃后发现烧饼上的芝麻不少掉在了桌面上，要捡起来吃是很丢脸的。他看到邻桌的读书人，灵机一动，便假装认识字，用食指沾着唾液，一边口中说着“这一横这样写”“这一撇这样写”，一边在桌面上有芝麻粒处涂抹，然后再沾一下唾液，顺便把芝麻粒送入口中。待桌面上的芝麻粒全吃完了，他又发现桌缝中还有几粒，想了一会儿，突然用手一拍桌子，大叫一声“我想出来怎么写了！”，然后，把蹦出桌缝的芝麻粒也用食指沾唾液粘起送入口中。母亲讲这故事是对我进行淑女教育，但我听了以后，更入心的是故事里那穷人的聪明。故而，在吃了开口笑又舍不得那喷香的芝麻粒时，我也学他用食指沾唾液在桌面上写字了。当然，我这写的字是真的字——我在幼儿园就学会了写1—100的数字和自己的名字，所以，我会很淑女又很理直气壮地告诉父母：“我在写字！”父母也只能如开口笑般，宠溺且心知肚明地呵呵笑了。

开心果

开心果为炒货类零食，呈一头大、一头小的椭圆形，较成年妇女小指指端略大；壳为白色或淡米黄色，果仁为绿色，上覆一层淡粉红色的薄衣（杭州人将果仁上覆盖的薄层皮称“衣”），壳的小头端有着或大或小的裂口，剥壳去衣，果仁即可食。绿色的果仁如初春新生的嫩叶，清雅娇丽；嚼之，透着开心果特有的清甜，散发着开心果特有的清香。

我是在二十世纪九十年代上半叶，在一个高档茶话会上，第一次吃到开心果的。问邻座此为何物，邻座亦不知，也不好意思问服务员，觉得这东西好吃，会后按图索骥般地凭记忆在商场、超市、商店四下搜寻，最后在一家进口食品专营店（该店只出售进口食品）中看到了它。它的包装袋上醒目地印着“美国开心果”五个大字，字旁还印着一面星条旗——美国国旗，以证明它的“洋出身”，且价钱较国内产的零食贵很多。禁不住诱惑，我咬牙买了一袋回家，与儿子同乐，也给儿子长知识——为花大价钱买零食找两个自我说服的理由。当时，开心果是高档进口食品，不仅名称前必标“美国”国名，价格较贵，只有在进口商品店（有时会断货），尤其是进口食品专营店（确保能买到）才能买到，且坊间传说，那开心果的果仁中含有能促进人心情快乐的微量元素，所以才会被命名为“开心果”。

故而，当时吃过美国开心果也是一些人用以显扬（杭州话，意即炫耀，与北方话的“显摆”同义）之事。不过，两三年后，开心果的包装袋上就逐渐少了“美国”两字和星条旗图案了，出售开心果的商场、超市日渐增多，价格也逐步下滑。听说，这是因为我们中国自己也能生产开心果了。而有关“开心果”名称的“拨乱反正”也终于到来，我们知道了生的开心果在炒制过程中，小头部会爆裂开口，如人开口欢笑，故它的名称叫开心果。如今，开心果已成为普通的休闲食品，超市、网店到处可买到，价格也不贵。在杭州自助式茶室中，向茶客无限量免费提供的数十种乃至一百多种茶食中，开心果也是必备品。

在开心果大众化近十年后，二十一世纪最初十年期间，网上爆出新闻：白色外壳开心果的白色外壳是不良厂家用某种化学物品漂白的，有损人的身体健康。进而，不断有网文呼吁消费者要提高警惕，不要上当受骗。但相比较之下，那淡黄色壳的开心果实在较白壳的开心果小且果仁松脆度低，美味度差许多。不久，又有消息传来，说那是假新闻。而至今，超市和网店出售的开心果中，白壳的或浅米黄色的都有。被“信息大爆炸”搞得一头雾水的我，索性就不买这开心果了（当然，别人送的还是好吃的），反正，好吃的零食还有许多，即便是本省产的那同属于果仁类的零食，比如嵊州小花生（又称嵊州小红毛）、新昌小花生（又称新昌小京生）、诸暨枫桥香榧，美味度也要较开心果高出好几个档次！又好吃又安全，何不多吃乎？

拷扁橄榄

拷扁橄榄属蜜饯，它以新鲜橄榄为原料，经敲击成扁形、蜜渍等工序制成。因其被敲击成扁形，杭州话中的“敲”为“拷”(发音：kāo，杭州本地话中无“敲”字，现在所说的“敲”字为外来字的杭州话发音)，故该款橄榄被称为“拷扁橄榄”。拷扁橄榄形扁，遍布被拷出的裂缝；色黑润，橄榄特有的果香和着蜂蜜特有的甜香浓而饱满；嚼之软润，甜而清爽，从被拷裂的橄榄中吸吮出来的汁水，更是鲜甜甘润，回味无穷。由此，拷扁橄榄在众多的作为零食的橄榄制品中也颇负盛名，成为佳品中的妙品。

作为零食的橄榄制品有许多，如九制橄榄、甘草橄榄、多味橄榄、盐津橄榄、甜橄榄、辣橄榄等，不一一枚举。在这诸多的橄榄制品中，我曾颇喜拷扁橄榄，因为它的香，因为它的味。在怀孕期间，我更是独喜拷扁橄榄，往往口啖十几颗。奇怪的是，在生了孩子后，也不知为何，我突然就讨厌拷扁橄榄的香味了，闻到这气味就反感，直至三十多年后的今天，虽可以偶吃一颗，但仍不喜欢。之前，常听妇人们说，怀孕是件很不可思议的事，有时候，怀孕的人在生育前后会发生很大的变化，包括口味的变化。当时听了很不以为然，认为只是少见多怪的老年家庭妇女们的“妇人之见”。经历这“拷扁橄榄”之事后，我才终于认识到，虽“不听老人言”不一定就是吃苦在眼前，但包括老年家庭妇女们在内的老人们的“老人言”也是多年生活经验的积累，也是数千年人类文明知识的组成部分，因此，对于后来者，对于今日社会，也是具有借鉴、启发乃至指导价值的，不可轻视，不可忽视。

杭州话中有不少用食物形容或直接用食物比喻人、事、物的俚语俗词。如，形容大同小异的——“黄鱼水鲞，半斤八两”[1]；要求女孩行容端庄的——“冬瓜皮，西瓜皮，姑娘儿赤膊嫑脸皮”[2]；丢脸称“滴卤儿”[3]；用拳曲的中指指尖节猛击他人头顶叫“吃笃栗子”[4]；而把人打击几下就叫作“吃拷扁橄榄”[5]。那时，这些俚语俗词都是杭州人的日常生活用语，我们这些小孩子耳熟能详，虽有时并不懂词的本义，如半斤是五两，为什么就与八两是一样的？但仍能运用自如。而现在，说杭州话的杭州人越来越少，许多二十世纪八十年代及以后在杭州出生、杭州长大的年轻人都不会说杭州话了。与其他乡土语言一样，具有杭州特色的俚语俗词也正在被逐渐遗忘。从保存和发扬文化的多样性而言，这无疑是让人扼腕长叹之事！

注：

1. 黄鱼水鲞，半斤八两：水鲞即暴腌（杭州人称十几分钟的用盐腌制品为“暴腌”）的黄鱼，其味较黄鱼具咸鲜味，但本质上无差异；此语中的“半斤八两”是旧秤制——一市斤的十六两，半斤即为八两。中华人民共和国成立后，改秤制为一市斤十两，半斤为五两。
2. 冬瓜皮，西瓜皮，姑娘儿赤膊嫑脸皮：嫑（杭州话发音biáo），意为不要，杭州话中的“不要”均说成“嫑”。冬瓜皮和西瓜皮在日常饮食中都是被丢弃的，该民谚告知女孩子（杭州话称女孩子为“姑娘儿”），若赤膊，自己的脸面也会像冬瓜皮和西瓜皮一样，遭丢弃，即丢脸。
3. 滴卤儿：卤儿即卤汁。在杭州人待客、自食的菜肴中，卤鸭、卤牛肉等卤菜是常见菜。做得好的卤菜卤汁会挂浆在被卤之物上，反之，卤汁就会滴答而下，夹卤菜时会掉入其他菜中或滴在桌上，让夹者和享食者都尴尬甚至丢脸。以此延伸，“滴卤儿”成为“丢脸”的代名词。

4. 笃栗子：栗子打在人或物上会有“笃”的一声，用拳曲的中指指尖节击打人头顶亦有“笃”的一声，且如栗子掉在头上般疼痛，故用拳曲的中指指尖节击打人头顶的行为被称为“吃笃栗子”。

5. 吃拷扁橄榄：意为像敲扁橄榄后做拷扁橄榄一样，狠揍对方。

口香糖

口香糖实际上是以洁齿、健齿为主，兼有提神醒脑功能的粘胶，在中国之所以称其为“糖”，大概是因为其有甜味吧！而其“香”字的来源，想来是与其具有植物香——草香、花香、果香等相关。就我所见而言，传统的口香糖为长扁平形（成人型）和细长条形（儿童形），色白，有着薄荷的清香和清甜。如今，各种现代口香糖层出不穷，除传统的外，就形状而言，有圆球形的，长方块形的，扁圆如围棋子的、五角星形的……不一而足；就色泽而言，除了单色的，如红、黄、蓝、绿、棕等外，更有混合色、水晶色、彩虹变色……美不胜收；就香味而言，除了多样的草香、花香、果香的单味植物香外，还有奶油、巧克力等食品香，奶油草莓、香草薄荷等合成香等，数不胜数；就口味而言，不仅单味的甜味更加多样化，还有果汁味的（多种果汁味）、酸味的、加工食品（如奶油、巧克力）味的、混合味的，还出现了有馅口香糖（多为果粉、巧克力酱），不胜枚举。夸张一点的，如今的口香糖也是一个体系，已自立于食品之林了。

在我的记忆中，小时候大人们是不吃口香糖的，而有可自行支配压岁钱（那时，小孩子的压岁钱大多归了父母，或由父母掌管）或零花钱的少儿们，反倒有时会买口香糖（当然是儿童型的）嚼嚼。尽管口香糖三分钱一根，比一分钱两颗的桂花硬糖贵不少，但两颗桂花硬糖一下子就嚼完了，而口香糖可一直嚼啊嚼啊，嚼半天。不嚼了，还可保存起来（爱干净的用纸包一下，不爱干净的直接放在口袋中——要随身携带，以便随时可再嚼，以免别人偷走），要吃时再拿出来吃。我的同学和邻居小伙伴中，有不少人一根口香糖可嚼三四天，还有若干人是口香糖嚼成灰色的了，才吐掉。所以，用三分钱买一根口香糖还是很合算的。更何况，能花三分钱买一根口香糖的小孩子还是少数。故而，嚼着口香糖的孩子总是一边随着咀嚼，口中故意“吧嗒、吧嗒”尽量发出大的声音，一边在吃不上口香糖的小伙伴面前得意地走来走去，尽情地显扬。其中，也有一些人会将刚开封未嚼或已嚼过的口香糖分给好友，小气一点的会要求好友在品尝过后，将嚼过的口香糖归还，以让自己有大块可嚼。而大人们只要一看到小孩子在吃口香糖，就会不时嘱咐：小心哦，口香糖不能咽到肚子里的，咽到肚子里，肚肠要粘牢的，要开刀才治得好的。于是，嚼口香糖的孩子们在得意中总带着几分小心，因为再狂野、任性的孩子也会害怕肚子上开刀。

我小时候只买过和吃过一根口香糖。记得那是在小学三年级，看着别人显扬，我实在忍不住，用仅有的五分钱中的三分钱去买了一根口香糖。之前之所以没买过口香糖（当然，因不愿吃别人的东西，包括口水，也没吃过别人的口香糖），不仅是因为我可自行支配的钱（包括压岁钱和零花钱）极少——在我母亲为我设立的银行账户上，我有35元压岁钱，这在当时可谓大钱，但那存折由母亲保管，我甚至不知它在哪里，而我上小学时，一年可自行支配的零花钱大概有五分钱；更由于我母亲一直谆谆教导我：女孩子口中一直嚼吃东西是粗野和粗俗行为。我不想也不愿粗野和粗俗。当我忍无可忍买了一根口香糖在家中嚼吃时（经母亲的教导，我自觉须在大庭广众前保持淑女形象，但又很想尝尝那口香糖的味道），被母亲发现了，她不仅批评了我的“不像女孩子”，还因担心口香糖会粘肠子，口中念叨着“不要咽下去！不要咽下去！”监督我把还有着薄荷的清香和清甜的口香糖吐到了装垃圾的畚箕里，并严令我以后不准再买口香糖吃。此后，直到大学毕业进入职场之前，我没买过，也没再吃过口香糖。

我第一次入职（那时称参加工作，由国家分配）是在1975年，20周岁的我成为一名公办学校小学教师；两年半后（1978年），作为“文革”恢复高考录取的第一批大学生进入杭州大学（今浙江大学）历史系就读，1982年（27周岁）毕业后被分配至浙江省妇联工作，四年后（1986年）出于个人兴趣和志向，调入浙江省社会科学院从事社会学研究工作。第二次入职后，基层和基线调研增多，有时难免洗漱不便，尤其是早期农村住宿和交通条件很差（1983年到江山县进行妇女工作调研时，入住的乡旅店的床上，还有跳蚤，这是我第一次见到跳蚤），口香糖成为我出差的必备品，以供旅途或住宿洗漱不便时洁齿所用，而出差后所剩的口香糖，也就成了我和儿子的零食——吃着玩的零食。每当吃口香糖时，我耳边总会响起包括母亲在内的大人们的提醒：“不能咽下去，咽下去要粘肚肠的。”故而，总是带着几分小心，并且，不仅不断提醒儿子，也在估计儿子已差不多嚼尽口香糖的甜味后，监督他吐出嚼过的口香糖——我至今仍不清楚口香糖粘胶是否真的会粘肠子，但这粘胶下肚肯定难消化，从而给身体带来不利影响，所以，吐出嚼过的口香糖是正确的，也是必须做到的。

事实上，这“口香糖粘肚肠”的知识不仅在杭州也在其他地区，如上海，广为传播和被接受。我的儿媳是上海人，她就告诉我，她妈妈也曾告诉过她，不能咽下嚼过的口香糖，就像我告诉我儿子一样。而现在，尽管我的孙子们还小，没吃过口香糖，但已知晓这一知识——妈妈说的！想来，知识，无论真伪，无论正误，就是这样以家庭为路径，在家庭的场域中，进行代际传播、代际传递、代际传承的。此为一例。

葵花籽

本文所说的葵花籽指的是作为零食的葵花籽，它以向日葵（又称葵花）的种子为原料，经炒、煮后烘干、煮后晒干等方法加工而成。有原味、咸味、奶油、椒盐、五香、多味等传统口味，近年来，又新增了山核桃味、辣味、怪味等新口味。葵花籽的吃法是去壳吃籽肉，其籽肉清新松脆，带着葵花籽油的润滑和腴香，嚼之有植物的微甜。与相关的调味料相伴，加上不同的加工方法，形成了葵花籽丰富的味道，令人食之不忘，久食不厌。

最常见的葵花籽的食用方法是手持葵花籽放入上下门齿之间，门齿上下用力轻嗑，葵花籽壳开裂，用舌头卷出籽肉，吐壳，食籽肉。对这一食用，北方人取食用过程的前半段，称："嗑葵花籽"；杭州人取其最后结果，称："吃葵花籽"。无论"嗑"，还是"吃"，在中国，大江南北、长城内外，葵花籽都广受欢迎，是一大经典零食。各种茶话会有之，朋友聚会有之，茶馆茶点有之，独自休闲亦有之。在某种程度上，葵花籽可以说是中国零食的一大"国食"，以至据说有外国人借用外星人的口吻，总结中国人的特点时，将"爱吃鸟儿喜欢吃的一种植物的种子"列入其中。

坊间传闻，中国人中最喜欢吃葵花籽的是四川成都人。他们一杯清茶，几包葵花籽，可以几个人摆一上午的“龙门阵”（成都人将朋友一起闲聊俗称为“摆龙门阵”）；最会吃葵花籽的也是四川成都人。二十世纪九十年代，据说，有人曾见，成都公交车上不少女售票员在空余时，会抓一把葵花籽入口，然后，片片葵花籽壳飞出车窗外，只余葵花籽肉于口中咀嚼。这吃葵花籽的功夫真令人叫绝！而在十几年之前，大街上到处可见的包括葵花籽在内的瓜子壳，也是令人头痛的公共卫生问题，环卫工人也常因规劝行人不要乱扔瓜子壳而与之发生争执。为此，从政府到民间都想方设法，还有小学生发明了在葵花籽包装袋中隔出一个空间放葵花籽壳而获少儿发明奖的。近几年，街面上包括葵花籽壳在内的各种垃圾少了许多，街道的清洁度大幅度提高，但在节假日游人如织的公园中，有时仍会在草坪上看见包括葵花籽壳在内的瓜子壳。

山核桃葵花籽大约是2013年在杭州市面上出现的，随着它的问世，网络上还出现过一场热议。记得那天所里的副研究员高雪玉兴高采烈地带来一大包葵花籽，说是很好吃的新品——山核桃口味葵花籽。我们两人在午休时正在大快朵颐，交口称好，所里的年轻人姜佳将[1]进来，见之说：“网上说山核桃葵花籽的辅料含化学成分，吃了有损健康，我前天买了一斤想带来，结果昨天都倒掉了！”我和小高对望一眼，又都看看手中的葵花籽，然后，一个说，我又不当饭吃，一年吃个一两斤，会怎么损健康？要不，一天多喝几杯水，也就排掉了。一个说，网上的信息能全部相信吗？你不知道有新民谚说“相信群众相信党，相信网络要上当”吗？这说不定又是一场商战！小姜看看照吃不误的我俩，想了想说：对噢！又不当饭吃，怕啥！于是，伸手抓一把，和我们一起畅吃起来。现在，山核桃味葵花籽已成为一大畅销葵花籽，大批出现在超市、商场和网店中。看来，当时的网争当是一场硝烟滚滚的商战了！

进入二十一世纪后，不仅带壳葵花籽品种多多，还出现了去壳葵花籽仁和用葵花籽仁做的葵花籽仁糖。其中，葵花籽仁较葵花籽品种更多样，除了葵花籽传统的原味、咸味、奶油味等，以及新增的山核桃味等，还有裹上调料的蟹黄味葵花籽仁、牛肉味葵花籽仁等新口味，令人吃不胜吃。其中，沾了糖醋姜汁的蟹黄味的和五香卤牛肉味的我最喜欢，不过，吃过以后，总要再抓一把原味的入口，让口腔重新回到清爽的原生态。相比较之下，我不太喜欢用麦芽糖加葵花籽仁做的葵花籽仁糖。因为我吃过的葵花籽仁糖中的葵花籽仁都不太新鲜，加上麦芽糖或多或少会粘牙，所以，吃过几次就不再吃了。葵花籽仁和葵花籽仁糖吃起来方便且爽利，但也少了嗑的休闲心和乐趣。故而，相比较而言，我仍更喜欢吃带壳的葵花籽。

注：

1. 我们叫她小姜，那时她还是助理研究员，现在已是副研究员，并新任院智库与舆情研究中心副主任了。

菱　角

有一种水生植物名为菱，其果实因大多有角，便被称为“菱角”。菱有许多品种，因而菱角也有许多品种。一般而言，菱角大多呈上下短宽、左右窄状，俗称“菱形”，而长窄的左右两端的尾部又呈钩状，似牛角。因品种和成熟度的不同，菱角不仅外壳的色彩不同，并且有的宜生吃，有的宜熟吃，有的宜做菱粉。当然，无论生吃、熟吃，还是做菱粉，都需去壳取肉。杭州人喜欢吃菱角，生吃时算是水果；煮熟吃时算是点心；泡一碗菱粉吃，是甜点，就像藕粉一样（菱粉较藕粉更白、更细腻、更滑润）。还有用菱角做菜的，爽脆清甜，十分可口。杭州近年来推出的一款新特色菜品——西湖小炒，更是将菱角片、新鲜莲子、藕片、荸荠片炒成一盘菜，集各种鲜爽甜于一体，成就苏东坡所说的“清欢”之味——“人间有味是清欢”。

当然，除了做菜肴外，无论是作为水果、点心还是甜品，菱角都非餐食而属零食——餐食之外所食之物。而我听说过的作为零食的菱角，大约有以下四种。

一是绿菱（因最常见，故杭州人将其称为“菱角”）。绿菱外壳为绿色，除了左右两个如牛角般的大角外，上下还各长有一个短角，呈四角状，菱肉粉白，脆爽微甜。宜吃嫩菱，甜润脆爽度更高。随着成熟度的提升，菱肉硬度和渣质感也不断加大，就不及嫩菱鲜美可口了。绿菱也宜生吃，且不论嫩菱，还是老菱，绿菱煮后水分较多，粉质感较差。

二是水红菱（又称红菱）。水红菱的壳为略带紫色的红色，因刚采摘的水红菱外壳的红色带着水润的光泽，故杭州人称之为“水红菱”，而这水红菱特有的红色，也被称为“水红色”。水红菱如绿菱一样，也是四角菱且因为上下宽短、左右短窄，左右各伸出牛角般的角。其菱肉色粉白，与水润的外壳红色相辉映，有一种艺术般的美感。水红菱菱肉的质地较绿菱更嫩，更具清香，嚼之更爽脆甜润，也更宜生吃。若煮熟了，菱肉就化成一泡水，即使是成熟度很高的水红菱——外壳难以用手剥，只能用牙咬开。菱肉生吃时嚼之多渣，煮熟后的菱肉也是较沓沓地瘫在一汪水中。

三是圆角绿菱。圆角绿菱也是四角菱，但其角为钝角，呈圆形，有点像馄饨，所以，又被称为“馄饨菱”。因其特产于嘉兴南湖，又被杭州人称为“南湖菱”。南湖菱肉色白而鲜嫩，外壳呈带有水润光的绿色。南湖菱是我吃过的菱角中最嫩的，脆爽甜润度最高，嚼之甘醇无渣，且较绿菱和水红菱更具清香（菱角作为水生植物特有的清香），是我最喜欢吃的，也是最受杭州人欢迎的菱角。在2000年之前，每到菱角上市季节（7月份左右），杭州的菜场里总会出现南湖菱，并往往会迅速售完。我母亲，后来是我，总要早点到菜场，隔几天就买两三斤回来，当水果吃。2000年以后，杭州菜场中南湖菱越来越少出现了。到了现在，即使偶有号称是南湖菱的菱角售卖，不仅味道差异颇大，其角多数也变长变尖，甚至有如牛角般尖角的杂于其中了。

自古以来，嘉兴的南湖就是风景名胜地（如今，作为中共“一大”召开地之一，也是著名的红色旅游点）。旧时，采菱人多为年轻嫂子。在采菱季节，这些被称为“采菱女”的年轻嫂子，独坐在木脚盆中，用手划水，穿行在菱丛中，采摘菱角。然后，她们或到湖中的画舫旁，或到岸边的烟雨楼中，或到码头上，出售菱角。而看采菱女采菱，听采菱女采菱时的欢歌笑语也是余兴节目。如今，这一景象也不复存在了。

四是爬老菱（又称老菱）。爬老菱为熟菱，壳深褐，较绿菱红菱大一倍左右，是两角菱，左右窄长，尾端呈钩状，甚尖利；放在餐桌上，如一只趴着伺机而动的大虫子，不知这是否为杭州人将其称为“爬老菱”的缘由。爬老菱嫩时壳为绿色，随着成熟度的加深而变得越来越黑，最后成为深褐色。事实上，我吃过的菱角都是如此，完全成熟或存放时间过长，外壳都会变成或深或浅的褐色。爬老菱宜完全成熟后煮熟了食用。杭州人将植物的完全成熟称为“老”，所以，爬老菱也被叫作“老菱”。生的爬老菱，即使是嫩黄，也不好吃。儿时，有一次母亲从买来打算煮熟吃的爬老菱中挑出较嫩的（用手指可掐开外壳的菱角就是嫩菱角），想当水果生吃。结果，肉质不仅较硬，满口是渣，且一层难剥的菱衣（杭州人将果仁或果肉外紧贴的一层薄皮称为“衣”）紧贴菱肉，更是涩味难忍。从此，我家就只吃熟的爬老菱了。

熟的爬老菱肉为粉白或淡灰白色，一股爬老菱特有的糯香飘拂（这也是菱粉的香气，因菱粉大多以粉度高的爬老菱为原料）。嚼之微硬，粉质感强，一种水生植物特有的甜味在口中游动。爬老菱趁热吃更为香而粉甜。杭州城里旧俗，爬老菱上市时（一般在深秋或初冬），家中常将其与芋艿、花生、栗子等共煮，作为佐餐之菜肴（如同现在饭店里名为“五谷杂粮”或“大丰收”的菜品），或孩子们的零食。在那时节，常有老妇人在菜场旁边或临街的家门口，支一只方凳，放上用棉垫紧紧包裹住的、内装热烘烘的爬老菱的锅子，一角钱五个地卖爬老菱。下班路过的人们常会买上一两角钱的，回家自食或给孩子当零食。现在，这一习俗和景象都不复存在了。甚至爬老菱也极少见了。听说，水质坏了，这些水生植物难以生长，即使有，人们也不敢吃或卖给别人吃了。

再多说几句，爬老菱其实也可以作为文玩中的手把件的。去掉壳上的软皮，爬老菱有一种檀木雕件感，质地硬而光滑，可用手把玩。而摇晃爬老菱，干燥后的菱肉在壳内会发出“咔啷咔啷”的响声，更添把玩的乐趣。记得小时候，母亲有两只这样的爬老菱，已摩挲得通体光亮，我有时候也会拿来当响铃玩。“文革”中，随着家中一些被父母认为可能属于“封、资、修”的书籍经他们之手被卖、被扔，那两只文玩爬老菱也不见了，想来也是被扔了吧！

榴莲干

榴莲干以新鲜榴莲切片脱水烘干而成，保留着榴莲果肉瓣的半月形，因榴莲果肉瓣的大小不一和切片部位的不同而略有大小之别。色淡黄，带着奶味的榴莲果肉香浓郁，味脆而甜。榴莲干和波罗蜜干是我喜欢的两种水果干零食。

杭州的商场究竟是在什么时候出现榴莲干，我不清楚；以前，杭州市面上也极少能见到新鲜榴莲，我只知道榴莲是一种像我爱吃的臭豆腐那样，闻着臭、吃着香的水果。2003年，我去香港中文大学做访问学者。一日，同为内地访问学者的中山大学中文系艾晓明教授与我分享了她买的新鲜榴莲。那带着奶香的果香和软绵醇厚、清爽的果甜味一下子吸引了我，让我爱不释手。之后，我隔三岔五就会去买上一袋（五六片）。然后，我吃榴莲就上瘾了，每天必吃，弄得房间里都是浓郁的榴莲味。幸好香港中文大学给访问学者配备的房间虽小，却是单人间。

访问学习结束，从香港回到杭州后，我仍想着那榴莲味，但那时杭州的水果店里还没有榴莲卖。我在逛超市时，发现了榴莲干，马上买了一袋。榴莲干与新鲜榴莲相比，香、甜淡了许多，口感完全不同，但聊胜于无。而在吃了几大包榴莲干后，我的榴莲瘾也慢慢消失了。我发现，其实我喜欢，或者说让我上钩的是那榴莲的果肉香——那被人们说成臭，而我认为香的，带着奶味的、榴莲特有的果肉香，以及榴莲果肉特有的既醇厚又清爽的果甜味。

近七八年来，榴莲在杭州大量出现。每到新品上市季节，水果店也会将加工后的榴莲瓣装在一次性餐盒中售卖，爱吃榴莲者再也不用为“榴莲好吃果难开”而发愁，而我也终于有了可大快朵颐的资源。

只是，无论是装在餐盒里的榴莲瓣，还是切开整个榴莲果当场挖出的榴莲瓣，都会遇到有的香浓甜醇口感软绵、核小肉厚，有的香淡甜寡口感软糊、核大肉薄的情况，买榴莲吃就有了赌博的感觉。加上不知为何，在杭州吃榴莲，稍多些就会上火，于是，我对新鲜榴莲的爱好转向了对榴莲制品的爱好——毕竟我很喜欢那榴莲的香与甜。

这榴莲制品中，当然有榴莲干，还有近两年来流行的榴莲糕点，如无馅的榴莲糕，有馅的榴莲酥，以及榴莲糖。前两年，福州的朋友、摄影家杨勇先生知我爱吃零食，与他夫人一起，每年在他夫人开的淘宝店中挑选一大箱零食寄给我，其中就有标明产地的泰国榴莲糖。这泰国榴莲糖属果味奶糖，色淡黄，带着奶味的榴莲果香浓郁、纯正，与我在香港吃到的新鲜榴莲香味无异。只是太甜，每次最多只能吃两颗，多吃了就会感到甜腻。好在如前所述，我喜欢的是榴莲的果味和果甜，每次吃一颗，口有余香和余味，也就够了。

2003年去香港中文大学访学，是我第一次去香港；在香港吃的榴莲，是我第一次吃榴莲。于是，香港就以一种榴莲的味道留在了我的记忆中。而再次吃到新鲜榴莲，以及榴莲制品，我也会想到2003年的香港、香港中文大学、香港中文大学的中国研究中心。访学期间，我在那里有专门的单间办公室，时任中心主任的熊景明老师和同期访学的学者好友，以及在我访学期间给了我许多帮助的朋友，借此文问候一声：各位现在都好吗?

龙虾片

龙虾片为膨化食品，以淀粉为原料，加调味品制成干片，将干片油炸膨化后即可食用。龙虾片的干片色蓝白半透明，直径半寸至一寸，无味。油炸后，膨化至成年妇女半个手掌大小，半拳曲或卷曲，色转虾肉白，上有点点红色；淀粉的香气中飘扬着鲜虾烧熟后的鲜香，入口松脆，带着微咸的鲜味。小时候，不明为何此物称“龙虾片”——它并不是虾，有大人们告知，那做龙虾片的淀粉里加了龙虾汁，所以叫“龙虾片”；也有大人说，那龙虾片上点点红色就是整个龙虾碾碎后加到淀粉里，烧熟后，变红的龙虾碎壳。作为证明，他们说，那鲜虾片（与龙虾片同为油炸膨化食品）放的虾是不带壳的虾肉，所以，没有红点。直到二十世纪九十年代，我买到了包装盒上有配料说明的龙虾片，才知道这龙虾片里既无虾汁（龙虾汁），也无虾肉虾壳，与龙虾本身毫无关系。那点点红色也只是添加的食用色素，那鲜虾片也是如此。直到之后又吃到了大龙虾，看到了烧熟后的虾仁肉，才知道这膨化后的龙虾片的色（虾肉白）、形（半拳曲或卷曲）如龙虾肉，想来，这是吃过大龙虾者的命名吧！

龙虾片松脆味鲜，老少咸宜，老少也都爱吃，虽然吃时口中发出“咔啦咔嚓”的“不雅”之声，但正洋溢着世俗的欢快。故而，那时在杭州城

里，亲友间聚餐时常有此物佐酒，而作为一种高档食品，也常是婚宴上的一道人人欢迎的菜肴。到了1990年前后，杭州城里的儿童，乃至一些大人开始将龙虾片作为一种零食。当然龙虾片经历了属于上档次的零食到日常一般零食。从在节假日经济状况较好的人家（如我家）才会炸出一盘，到平日里经济条件一般的人家也不时会炸出一盘的转变。而在农村，包括杭州邻近的农村，亲友间的宴请和婚宴上则常常出现龙虾片这一菜肴了。过了十来年，进入2000年以后，由于菜品和零食的多样化，由于油炸食品被认为对身体健康有较多不利影响，在杭州，龙虾片被城里人认为是低档食品，并逐渐在市面上难以寻见。而在农村，家中最受疼爱的孩子不时可以吃到大人们特地为他们油炸的龙虾片。当时在农村孩子中，能吃到龙虾片是一种“高级生活”的标志。记得那时候，爱吃龙虾片但苦于在杭州城里买不到龙虾片的我，常在下乡调查时，逛县城、镇里的商店，在那里买龙虾片带回家。近几年，龙虾片作为“怀旧食品”重新又在杭州城里渐渐流行起来，在一些私人聚宴中已成为一道必上且被客人们要求“再上一盘”的热门菜。在一片“咔嚓”声中，客人们（一般是三十五岁以上的中老年人，尤其是六十多岁的老年人）便会聊起：“那时候……”据说，在“80后”们热议的最怀念的儿时零食中，龙虾片也名列前茅。不过，如今在农村是难觅龙虾片，也难见儿童食用了。

这不由得令人想起多年前借农村人之口，对城里人流行的生活方式加以嘲讽的一个段子：我们好不容易穿呢大衣了，你们爱穿棉布了；我们好不容易吃上猪肉了，你们爱吃青菜了；我们好不容易穿皮鞋了，你们又爱穿布鞋了；我们好不容易开上汽车了，你们爱步行走路了；我们好不容易进城了，你们又爱上乡村生活，搬到农村去住了。若加上龙虾片，则更是：我们好不容易吃上龙虾片了，你们说这不利健康，不吃了；我们终于不吃龙虾片了，你们又“怀旧”“怀念”地吃上了。白云苍狗，万物变迁。三十年河东，三十年河西，世事如此，零食亦如此。

萝卜干

萝卜干以新鲜萝卜（白皮长条萝卜）为原料，经切条或切丝，加盐腌制后晒干，或不腌制直接晒干而成。新制的萝卜干为土黄色，嚼之结合软韧松脆于一体，腌制萝卜干有着特有的咸香和咸鲜，未经腌制的萝卜干也有其特有的清香和清鲜，且略带萝卜特有的萝卜甜。

南方许多省份都产萝卜干，如福建闽西的“八大干”中就有萝卜干，而杭州人，最喜欢吃的还是萧山萝卜干。萧山邻近杭州，与杭州隔着钱塘江相望，曾为县。自撤县改区，近年，其中的一些乡镇又划属杭州市区，成为杭州市的下属县、市，部分成为杭州市区的组成部分。萝卜干是萧山的特产，较其他萝卜干咸度低，香更醇，软韧爽脆的配比更适度，略带萝卜的甜味，口感更佳。如今，萝卜干已成为萧山的一大品牌产品。在杭州人家中，油炒萝卜干是受欢迎的一大早餐佐菜，而萝卜干炒毛豆、萝卜干炒蛋则是夏天常被一扫而光的美味菜肴。当然，在过去，萝卜干常被作为“下饭”（杭州人称使米饭易吃的俗语）的主菜，广为食用，而今天，则更多地以其清鲜、清口、脆爽而广受欢迎。

相对来说，杭州人更喜欢在菜场里买萝卜干。菜农打开装萝卜干的甏，一把一把抓出萝卜干放在秤上，一股萝卜干的香气便散开来。有经验的买者还会抓过两三条，尝了味道后才购买。也有操萧山话的菜农，一见有人想买萝卜干，就用萧山话大声宣称自己卖的萝卜干是自己做的，正宗的萧山萝卜干。若有人尝后加以确认，这摊位上的一甏萝卜干（通常一个菜场内只有一两个摊位卖此类萝卜干，且每个摊位大多时间只有一甏）往往很快就会卖完，且卖完后当天就无货了。

小时候，母亲买回来放在桌子上准备清洗的萝卜干，常被家中孩子偷拿，作为零食吃，我家亦如此。当然，怕被母亲发觉，我不敢多拿，每次只拿两三根。加上我家仅我一个小孩，所以，我家没发生过母亲发现萝卜干被孩子偷吃了许多而打骂孩子的情况，而我也始终是一个听话、乖巧、行为端庄的好孩子。而从二十世纪八十年代下半叶开始，随着科研任务的加重，在文思阻滞时，萝卜干也常成为我的通文思之物——只要家中有萝卜干菜肴，打开碗橱，它总是我的首选。在糖果零食（如巧克力）、干果零食（如瓜子、山核桃）难以打通思路时，我会转向吃咸食，而所吃咸食又以烧好的菜肴为主。我不时会炒些萝卜干做早餐佐菜，于是，这作为菜肴的萝卜干也就成为我通文思的零食。

从二十世纪九十年代开始，国内航班上提供的航空餐中有了名叫“航空小菜”的佐饭菜，小袋装的“航空小菜”有的是榨菜，有的是泡菜，有的是萝卜干。而浙江的航空公司或从杭州出发备餐的航班所提供的“航空小菜”中，就会有标明“萧山萝卜干”的萝卜干。遇到此，我便会藏于背包中，以作为出差调研或开会期间的零食。食之，味道真好！回家后，我也会到超市买上一箱（大约二十几小袋）标明“萧山萝卜干”的航空小菜，以佐早餐，以作零食。只是那味道总比不上出差期间航班上发的“萧山萝卜干”，想来，也许是出差期间无其他零食可吃的原因吧！

绿豆糕

绿豆糕以绿豆粉为主料，经蒸或烘焙而成。传统的制法是以带皮绿豆为外皮主料，以红豆沙（杭州人称：豆沙）或芝麻末加糖为馅，在边长大约一寸半见方的方形印花模子中压制成型后，蒸制而成。所以，传统的绿豆糕为墨绿色，带着绿豆特有的豆腥味的绿豆香绵长，豆沙馅醇香，芝麻馅腴香，嚼之软柔，香甜浓软。相较于传统制法，绿豆糕的现代制法是以去皮的绿豆粉为主料，微加糖，无馅，或纯绿豆粉，或添加其他辅料，如牛奶/奶粉、薄荷汁、椰子汁等，在大约一寸半见方的方形印花模子或圆形、椭圆形印花模子中压制成型后，蒸或烘焙而成。所以，现代绿豆糕色浅绿带黄、微甜的主味伴着多样的辅味，形状多样，嚼之软柔，有绿豆的清香，口感柔和，淡雅清甜。而在今天，传统的制法也有了改良，重糖改为少糖，较过去相比，口感清淡了许多。无论是传统制法、改良型的传统制法、现代制法，绿豆糕都是包括我在内的杭州人的喜爱之物。一些年纪较大的杭州本地人还特别喜欢重糖的传统绿豆糕，认为那才是真正的、有味道的绿豆糕。

在儿时的杭州，绿豆糕是高档食品，不仅价格较贵，如果我没记错的话，买时还要粮票——半两粮票能买两块。所以，那时大人们总是在看望有一定身份的病人，或年迈的长辈时，才会买上一两盒作为礼物（每盒六块）。而孩子们大多是在收到绿豆糕礼物的家中老人或病人的大人的分享中，才能吃到绿豆糕。印象中，我10周岁之前也很少吃到绿豆糕，而在之后，吃的次数则增加了许多。6周岁，我就读全托制幼儿园大班（我父亲所在的林业厅为本单位干部职工自办的机关幼儿园），有一次得了麻疹，高烧昏迷，被送进传染病医院，医院发了病危通知单。据母亲说，我三天三夜昏迷不醒，急得走投无路的她买了许多好吃的，放在病床前的桌子上，一样一样地拿着，叫着我的小名，说姆妈给你买了好吃的某某东西（该食品的名称，如桃酥、大白兔奶糖……），你睁开眼看看，就睁开眼看看，喜不喜欢。在一天又一天、一遍又一遍的呼唤中，第四天中午，当母亲说到绿豆糕时，我终于睁开眼睛看了一眼她手中的绿豆糕，然后，又昏睡过去。但就是这睁开的一眼，给了父母和医生极大的信心，最终将我抢救过来。昏迷中的我不知道当时发生的情况，但清醒后的我至今仍记得医院走廊墙壁的淡黄色，记得两面有围栏的白色儿童病床和床边白色的床头桌，有欢送我出院时，穿着白大褂、戴着白帽子、大半个脸被口罩遮住的医生叔叔、护士阿姨眼中闪耀的欣慰和高兴的笑意。而从那时起，父母会不时给我买两块绿豆糕当零食——我家只有我一个孩子，不用与兄弟姐妹们分享，而出于孝心奉给父母的那一份，父母总是怜爱地让我自己吃。所以，在儿时，我对绿豆糕就熟悉了。

如今，绿豆糕已是价廉物美的杭州特产之一，我也经常将之作为伴手礼送人，或推介给外地乃至外国来杭州的友人作为伴手礼带回家。每当听到他们对杭州特产绿豆糕的称赞，尤其是听到或看到他们成为杭州绿豆糕的回头客时，我心中总是很高兴地，或呼曰：英雄所见略同，或说：古有慧眼识珠，今有“慧”口识糕！

麻　糍

麻糍（má cí）是汉字对古越语发音的拟音词。在古越语中，“麻糍”是对所有种类年糕的指称。现如今，在一些地区，所有的年糕种类仍被通称为“麻糍”，而在另一些地区，“麻糍”专指用搡捣成糊后的糯米饭或糯米粉（均为熟品）制作的食品，尤其是年糕。在一些地方语言中，“糍”与“薯”发音相近，故“麻糍”在当地也被写成和称作“麻薯”。本文所谓的“麻糍”指的是用糯米饭或熟糯米粉经加工制成的一种糕点类零食。

在浙江（春秋战国时期越国的核心区域）的民间传说中，麻糍的起源可追溯到两千年前的春秋战国时期，是越王勾践复国大计的组成部分。据传说，越王勾践在被吴王夫差击败进而灭国后，须向吴国进贡粮食。勾践每年都少报稻谷产量，并将大米煮熟搡捣成糊，制成城墙砖样的块状体，晒干后刷上泥土，垒在城墙上，年复一年。十年后，这伪装成城墙砖的麻糍成为勾践复仇之师供应充足、食用方便的军粮。越复国后，民间逐渐形成每年在秋收后的冬天（此时制成的麻糍不易霉变）制作麻糍的习惯。并随着越人的迁移，百越的形成，制作麻糍成为古代民族特有的传统，与麻糍相关的风俗习惯也成为越文化的组成部分。麻糍年年要做，麻糍的形状越来越适宜日常食用——从城墙砖大小逐渐缩小成长条形糕状。慢慢地，“年糕”这一新名词出现了，并渐渐替代了“麻糍”，成为主流用词。而“糕”与“高”同音，“年糕”被谐音化为“年高”——“年年高”。于是，在原越国核心地的浙江，年糕成为新年必食之物，以祝愿新的一年“高”中——学业运、事业运、财运、官运、子女运，皆集于一糕之中。就这样，那满含复仇、复国之心的麻糍被悠悠岁月转化成为蕴涵幸福期待的吉祥物。

小时候，可在糕团店（类似北方的馒头店）中买到麻糍。白白的、软软的、椭圆形如鸡蛋大小的麻糍无馅，可原味吃，也可蘸糖，蘸芝麻末吃，既可当主食，又可当零食，且不贵。所以，那时候大人们会将它作为假日之食或节日添食，不时给孩子们买上几块。而当糯米年糕新出笼时，大人们也会买这口感与麻糍相似但价格更便宜的热糯米年糕替代麻糍，给孩子们吃。那一条热乎乎的糯米年糕（一段有三个麻糍的量）拿在手中，用手指掐一段放入口中，也有麻糍的糯米香、糯米甜，也可蘸糖、蘸芝麻吃。麻糍只有一个可吃，糯米年糕可有整整一条，所以，后者是更受孩子们欢迎的。

1990年左右，杭州市面上出现了单个独立包装的麻糍。其包装袋上醒目地写着“麻糍”二 字，内中的麻糍为半径二寸左右的扁圆形。有的无馅，外蘸芝麻末或椰丝末；有的有馅，馅为红豆沙或芝麻末，软糯、郁香、浓甜。而有馅的更是新品，颇受欢迎。我和儿子都喜欢吃（我丈夫当时在外地工作）。加上这麻糍既可作零食，又可作早餐的餐点（沿袭了娘家习惯，我自家早餐也有被娘家称为“干货”的糕点、馒头等），故而，我不时买上几大袋，以供需求。2000年左右，我去台湾进行学术访问，返程前，去购买伴手礼，在商店中看到了“麻糬”，尝了下营业员递过来的免费品尝物，觉得与麻糍无大异，只是馅的品种较麻糍多，更柔软一些。当下，各种馅的都挑了一些，买了两大包回杭州，与家人和朋友、同事共享。2000年前后，我常去台湾进行学术交流和访问，也不断有台湾同行来到杭州参会、讲学，作为当时颇受我们大陆朋友欢迎的台湾一大特产麻糬，是常有的伴手礼。所以，有很长一段时间，麻糬是我家常见的零食和早餐。后来，杭州市场上也有了标着“麻糬”的麻糍，而麻糍的质量有了很大的提升，品种有了较多增加。当有人再问我麻糍与麻糬的差别时，我只要简单地说明读音的区别，而不再需要详谈口感与内馅上的差别了。如今，标着“麻糍”的麻糍与标着“麻糬”的麻糍同存在市面上，人们已知道只是字面上的不同。而浙江山区农民以“手工打麻糍”为民宿揽客一大招数（如龙泉市青井村），以及以“雪媚娘”之美名现身的花红柳绿的麻糍，麻糍与棒冰、冰淇淋相结合成为“冰糕”“雪糕”的热销，更为传统的麻糍增添了一抹后现代主义的色彩。

在我的吃麻糍经历中，最难忘的是2003年左右在贵州西江苗寨的那次。那时我们入西江山区苗寨进行少数民族妇女发展项目基线调查。在隆重的每人一口土酒、一口腊肉肥膘的贵客入寨礼过后，村妇告诉我们，她们还准备了过年时才吃的麻糍（她们亦称麻糍）。一大锅热乎乎的糯米饭倒入清洗过的大石臼中，以当地风俗，她们拿来洗干净的木槌，邀我们一起捶打。但我们同行的八九人大多只打了十来下，就手酸背痛，打不动了。最后，她们两三人打成了麻糍。一大团热麻糍放在桌上，洗了手后，她们给我们每人发了一点鸡蛋黄搓手，说这样麻糍就不会粘手（这是我第一次听说）。然后，每人自行按需求在麻糍团上揪下一块，搓成团或条食用，那麻糍果真不粘手。而闻声、闻香而来的寨中孩子吃着麻糍的笑脸和“过年了”的欢呼声，传递着村妇们对我们这些原本是来为她们服务，却被她们贵客般对待的项目组成员的一片热心。那原始的制作工艺、原始的吃法、来自田野的原味糯香和糯甜、妇女和儿童纯真的笑颜，深深印刻在我心中，至今难忘。我们在长达六七米的长条板旁摆着的小凳上相对而坐，吃完了苗寨风味的晚饭后，欢送仪式进入最后一个节目：对歌。我们惭愧地说不会现编现唱，村妇们说，她们现编现唱，我们可以唱现成的。于是，这些山区苗寨最高文化程度为初中毕业的村妇们，根据当时的场景（人、物、事、景）现编现唱，歌词押韵通顺，曲调悠扬，而我们这些不是大学教授就是社科院研究员的知识分子却搜肠刮肚、苦思冥想，从“我爱北京天安门”唱到“大海航行靠舵手”，从“解放区的天是明朗的天”唱到“敖包相会”，从毛主席语录唱到当时的一些流行歌曲，如“大约在冬季”，最后，连国际歌、国歌，甚至“我家小弟弟，半夜笑嘻嘻。问他笑什么，梦见毛主席”这样的儿歌都唱上了，最后是歌尽曲穷，举手“投降”了。从此，我开始反思：何为知识？何为文化？何为有知识者？何为文化人？

麻　花

麻花有许多种类，各种麻花又各有自己的色、香、味、形，然而万变不离其宗的特征是：用面粉为原料或主料，以两股或两股以上的条形相绞，经油炸而成。迄今为止，我吃过这五种麻花：早点麻花、糖麻花、小麻花、蜜炙麻花、天津大麻花。不同的麻花各有其美，也在我的生命历程中留下了不同的故事。

早点麻花是我最早知晓的，也是儿时能较多次吃到的麻花。早点麻花大约三寸长，以两股粗面条形状绞合而成，色呈油炸后的金黄色，松脆，油面香浓厚。在杭城，早点麻花与烧饼、油条一起，在烧饼油条店作为早点出售。与三分钱一根的油条的耐饥性、三分钱（咸味）或五分钱（甜味）一个的烧饼的易饱性相比，五分钱一根的麻花既不易饱，也不耐饥，只以松脆喷香见长。所以，在我儿时，麻花更多地被认为是早点中的奢侈品，只在待客、节假日或给小儿奖励时，才时有食之。不过，麻花毕竟是烧饼油条店中三大主打商品之一，故而，杭州人将它与烧饼、油条联名，并称为：烧饼油条脆麻花。而当麻花与烧饼、油条联袂后，有着丰富性联想者也就有了新的想象空间：烧饼（女性生殖器）、油条（男性生殖器）、麻花（性交）被与性联结起来。在不少时候，在某些场合，“烧饼油条脆麻花”成为一些杭州男子（包括成人和少儿）调戏、辱骂女子（包括成人和少儿）的特定词。儿时，常见有妇女因有男子对她无端吐言“烧饼油条脆麻花”而大骂男子“畜牲”的，而当有男孩对我们大叫“烧饼油条脆麻花”时，我们也会回骂：“下作坯！”

早点麻花是我如今的命名，在儿时，它被称为“麻花”。而二十世纪七十年代开始，随着烧饼油条店的逐渐减少，烧饼油条脆麻花也逐渐离开早点行列。而二十世纪九十年代开始在杭州逐渐增加的油条店（以卖油条为主，兼卖烧饼）大多为外地人所开，不售麻花。由此，在二十世纪八十年代及以后出生的杭城年轻人，极少将麻花与烧饼、油条并称，而“烧饼油条脆麻花”曾被赋予的性的含义，也极少有人知晓了。

糖麻花以早点麻花制成，上覆一层熔化的白糖冷凝而成的白色糖霜。与早点麻花不同，糖麻花作为点心，在食品商店出售。因其较早点麻花更贵，且以斤论价，不单根零卖，所以，在我印象中，儿时只吃过两三次，是作为获学校“三好学生”的奖励——母亲每次买两根，我自己一根，还有一根或归父亲（他喜欢吃油炸面食），或父母一人半根。每次得之我总是小心翼翼地先舔糖霜（以免糖霜落下），舔完糖霜后，再吃麻花。那糖霜凉凉的，那麻花香香的，那获奖励的心甜甜的，儿时的快乐就是如此简单。

小麻花大约半寸长，以两股筷子粗细的圆形面条绞结而成，有原味、甜味、椒盐味、苔菜味、芝麻味等多种口味。儿时，它也是在食品商店论斤出售的。因具有较高的易分食性，所以，邻居中即使因子女众多而经济拮据的家庭，大人们有时也会在过年时买上半斤小麻花给孩子们作为零食分食。彼时，拿着小麻花显扬、分享或交换，就成为孩童中不时出现的场景。作为一种零食，小麻花没有如早点麻花、糖麻花一样如今难以寻觅，而是或多或少市面一直有售。在近几年，小麻花还曾因其香、脆及特有的怀旧意涵，一度成为老老少少都爱吃的热销零食。当然，与过去相比，它已不是“赤膊食品”（杭州人对无包装食品的俗称），而是有了两三根一小包的小包装。论斤出售的小麻花中，我最喜欢的是苔菜味的。苔菜是浙江宁波一带特有的海产品，以长在礁石上的海中苔藓制成，微咸而鲜，带着海水特有的气味。我喜欢苔菜，但苔菜贵而难得，所以，苔菜味的小麻花就成了替代品，从儿时一直喜欢吃到现在。

蜜炙麻花又称蜜汁麻花、蜜麻花，它以发酵面为原料，成人两指宽的两股面条只绞结一次成长方形，外层有化了的蜜汁凝固后形成的脆壳，外脆而内松酥。有的在酥软的、因油炸而裸露的麻花中心，淋上一层蜂蜜，其味更为香甜。儿时，蜜炙麻花只在酒家外卖窗口有售，是所有麻花中最贵的，儿时只吃过三四次，且是与父母一起分食一个。印象中，湖滨一家大酒店的蜜炙麻花比家附近的会宾酒家（位于葵巷，一家中型饭店，“文革”中关闭）的好吃，但更贵。如今，蜜炙麻花也是杭州著名的大型小吃店——新丰小吃出售的早点之一，买者多多。我家附近有一家新丰小吃的连锁店，常有人因在其他店家买不到蜜炙麻花而特地来此购买。我也买过几次，但不知为何，总觉得比不上记忆中儿时的味道。也许，这儿时的味道在回忆中被不断美化了吧！

天津大麻花有尺许长、两三寸粗细，如今虽因“雅化”而缩小了尺寸，但仍可说是麻花中的“巨人”。对天津大麻花虽早闻其名，但真正见之，是在1987年参加中国社科院社会学所婚姻家庭室刘英、马有才两位研究员主导的“中国十四省市农村婚姻家庭调查”项目后，出席在天津举办的项目培训会时。见之，不由得对其大为惊叹——这么大，“怎么吃啊？！”当然，再惊叹怎么吃，返程时也买了一大根回家，让家人开开眼界并惊叹一下。天津大麻花虽粗壮，但不失精美。我见过的最精美的天津大麻花是以宽挂面粗细的面条夹上红豆沙先裹成细条，再将这细条一股一股地绞成麻花，在麻花的每个绞结处，再添上红红绿绿的细面条并结成同心结。整个麻花如同一件艺术品，令人不忍开吃。天津大麻花是天津的特产，也是常见的天津伴手礼，我每次去天津返家时，总会买上一些，自食加送人。好在如今改良后的天津大麻花易食了许多，装在铁盒中也好带了许多，虽不流行，但带着民国的遗风，还是令人喜欢并勾起回忆的。

芒果干

芒果干以带核的芒果或去核肉切片的芒果加糖或盐腌制，加以干化（如烘干、焙干）后制成。其色深黄或土黄；长短或如芒果原形，或为芒果肉切成半寸至一寸左右，但无论是保持原形长度的或切短的，均带有芒果原有的果形弧状；味甜中带微酸，有的略带咸味（用盐腌渍的），果味厚而爽；芒果香浓郁而悠长，食后口中余香可达数小时。带核切片的芒果干核上有丝丝缕缕的果络，食果肉时难免会带上果络，果络嵌入牙缝，略有不便，故前几年出现了去核的。去核的芒果干肉，销量据说已超过传统的带核芒果干。但带核芒果干的核较软，肉尽后可嚼之，较芒果干肉又别有一种口味和口感。有时一片芒果干核可嚼上半小时，尽显零食之“口中永远有物可吃，但永远吃不饱”的精髓，这是去核的芒果干肉难以比拟的。可见，吃零食也富含“有得必有失、有失必有得”的中国传统人生哲理。

我第一次见到新鲜芒果是在“文化大革命”中，第一次吃到芒果干是在二十世纪八十年代末。当时应蒸蒸日上的《家庭》杂志社（由广东省妇联主办）之邀，我参加了该杂志社组织的笔会。作为当时广东会议主办方给予会议参与者的最高档福利，会议为我们这些参会者申办了赴深圳特区考察的特别通行证（当时内地人进入深圳须办理“特区特别通行证”），派人带领我们去深圳考察、游览及购物。当时，在许多内地人的心中，香港是“有钱人住的地方”，也是“购物天堂”。与香港相邻并共有一条“中英街”的深圳，也由此似乎有了“天堂门口”的神秘感，令人有一探之欲望，以及购物的期待。

进入深圳，参观、游览后，便是购物。中英街上，货物琳琅满目，正宗香港货、正宗国外进口货、假冒香港或外国货令我们这些刚走出物质匮乏时代的人眼界大开。加上当时内地少见的售货员乃至老板（诸多小店铺的老板）的巧舌如簧、热情如火，在这改革开放之地，没人不买一些改革开放之物。我当时所购之物，印象较深的有一打（12条）内裤（因为便宜，15元人民币12条）、一件男夹克衫（为丈夫买的，后来才知道是假冒名牌，且因袖子太短，最后只得穿到了我身上）、一套女装（三SPRIT，真品，但买时就穿着太紧，在老板口中售价只有内地的一半、锻炼锻炼瘦一些就可穿的喋喋不休中买下，在家中搁置了八九年后，仍穿着太紧，最后送人了），还有零食——当时很时髦的美国开心果，还有杭州当时没见过，因此给我巨大想象空间的无花果干丝、九制陈皮。回到车上，大家展示成果，坐在我对面的一位大学教授（女）见我买的无花果干丝和九制陈皮（都是一大袋，内装24小包）便说：你没买芒果干？到了这里，你不买芒果干，就错了！在我的惊愕和后悔中，她拿出一包（共两片）芒果干给我和邻座品尝，那芒果干保留着鲜果的浓香，入口柔韧，甜味悠长。在品尝过程中，我们聊起了“文革”中见到的芒果，谈到了今日在深圳的所见所闻。于是，那芒果干也就作为一种实体，成为我对改革开放的“深圳记忆”。

梅 片

梅片是再制果品类零食，属蜜饯。它以青梅制作的带核乌梅为主料，辅以桔皮或陈皮（大多为一般的陈年桔皮），碾碎后压制成较人民币五分钱硬币略大的圆形，然后在表面撒上甘草末而成。梅片底色乌黑，上面遍布甘草末金黄的丝丝点点，有一种“泥香扇”（杭州传统扇厂王星记扇厂生产的，以特制黑纸为扇面，扇面上用金粉以蝇头小楷书写着古诗词的传统名扇）的典雅；香为乌梅特有的醇香，夹着桔皮的清香或陈皮的陈香；味为酸中有甜、甜中有酸，夹着桔皮的清新或陈皮的酸味，甘草的回甘穿行于其间。压碎的梅核遍布于梅片中，使得食者只得一小口、一小口地细咬慢吃，且需边吃边吐碎核。这使得梅片更具有零食所具有的“嘴巴不停但吃不饱”的特征。而一块梅片可吃很长时间，也给儿时的我们平添了一份富足感。

吃一分钱两片的梅片是杭州城里二十世纪五十至六十年代出生者儿时一大普遍的爱好，几乎没人没吃过梅片——自己买或经他人分享而得。在我读小学的时候，与学校大门隔街（清泰街）相望的那家临街住户在家门口摆设的小摊上，一分钱两片的梅片和一分钱一撮的盐金枣是同学们最喜爱的食品。用今天的话来说，就是“热销食品”或“当红食品”！而梅片和盐金枣易分食和价廉物美、吃的时间长的特性，也使得它们成为小朋友们常用的社交工具：给关系好的或想与之交朋友的同学分食；而分食量的大小也视亲疏远近或交友迫切度而不同，或只给四分之一，或给半片（一般最多给半片）。对关系不好者或生了气的朋友不分食，即使讨要也摇头以对，以表明疏远或正在生气，是那个时候同学间不时出现的社交行为。那时候，我所在的小学每个班级有近五十名学生，一个年级有四个班级，除了本班本年级的同学，还有相识相熟的其他班级、其他年级的同学，所以，“梅片社交”几乎天天可见。相对于“梅片社交”的是“盐金枣社交”。一小粒、一小粒被同学们戏称为“鼻头圬”（杭州话，即鼻屎，因其外形小而黑、硬，如鼻屎，故有此戏称）的盐金枣更易分食——少则一粒，多则三粒（最多为三粒，一分钱一撮十多粒），故而可用来与更多的人交往。日复一日，年复一年，就这样，在大人们的不知不觉中，儿时的我们用梅片和盐金枣进行社交，学习社交，逐渐学会社交。

我儿时的杭州，梅片、盐金枣之类的零食属“小摊小店之货”。“文革”开始后，随着“割资本主义尾巴”的广泛深入，小摊越来越少，最后不复存在；许多小店也因店主“黑五类分子”身份的被揭发或指认而关闭。由此，梅片、盐金枣之类的零食渐渐退出了杭城少儿们的生活，成为二十世纪五六十年代出生者特有的儿时记忆。2000年以后，随着生活方式的多样化和个性化，以及二十世纪五六十年代出生者对梅片、盐金枣的回忆之声的出现、扩展和日益显化，盐金枣先行，梅片随后在杭城超市中出现，也在相关零食店中摆列在了醒目位置。与过去相比，今日的梅片其形、色、香、味变化不大，只是那散落于梅片中的碎梅核毕竟食之不便，可替代的美味又是如此之多，所以在热闹了一阵子后，那梅片还是被冷落了，超市中虽有，但据说买者稀稀。

我对孙子们讲我的儿时经历时，讲过梅片。怀着对梅片的向往，这两个孩子来到杭州，就说要吃梅片。我欣然买回一瓶（现在的包装是一片片裸装在玻璃瓶或塑料瓶中，一瓶十来片），一孩一片分之。来不及被告之一次最多只能半片，将整片梅片放入口中大嚼的两个孩子已经将嚼开了的梅片吐出，大叫："都是骨头！都是骨头！"我那想传承杭城少儿热爱梅片传统的希望就此破灭。看来，传统的工艺若不进行改良，那梅片最后就只能退隐入二十世纪五六十年代出生的杭城人的儿时记忆，成为一种精神性和文化性的存在了。

霉干菜

霉干菜为浙江特产，其中，又以产自绍兴的为最佳。故而，在浙江民间，绍兴霉干菜被认为是正宗霉干菜的代表，而霉干菜也是绍兴的一大特色产品，广受欢迎。

绍兴霉干菜以新鲜芥菜为原料，经用盐腌制后，切成细丝，晒干而成。绍兴霉干菜为条索状，条索细而脆燥；色乌黑，表面有盐腌菜经太阳暴晒后析出的盐粉末，白而细腻。佳品霉干菜特有的咸香味浓郁，被绍兴俚语称为“日头香”（绍兴俚语称“太阳”为“日头”）的太阳特有的暖香飘荡在其间；味咸鲜，醇厚而悠长。

“霉干菜”并非发霉的干菜，也不是用发霉的菜制作的干菜。只因其表面有析出的白色盐粉末（传统的较多，在提倡“少盐”的今天，则较少），而绍兴人又善于酿制和喜食霉豆腐、霉百页（百页又称千张，属豆腐的再制品）、霉苋菜梗之类的，在制作过程中，内含的益生菌群会形成白色层乃至长出白毛的食品，所以，这霉干菜并不“霉”，但也因表层盐粉末的白色而被冠以“霉”字，被称作了“霉干菜”。在二十世纪九十年代，一些不知“霉干菜”所蕴含的本义和绍兴物质文化意义的商家认为“霉”字不妥，以“梅”代之。带着古老传统底蕴的“霉干菜”成了不知所云的“梅干菜”，且谬种流传至今，真可谓是不伦不类的典型之作了！

浙江人家有自家做霉干菜的传统。至今，在绍兴、宁波、杭州的农村，许多农户仍自做霉干菜。能吃到农家自己做的霉干菜，尤其是给自己吃的霉干菜，已成为今天浙江城里人的快乐之事。在儿时的杭城，许多人家也自做霉干菜，我家就是其中之一。我母亲虽非浙江人，但学做的霉干菜也非常好吃。要做出正宗的霉干菜，必须做到以下几点：一是必须以新鲜芥菜为原料，否则，就少了霉干菜特有的蔬菜的鲜味。故而，凡不以芥菜做的霉干菜，浙江人都会加上所用菜的名称，以示区别。如，包心菜霉干菜。二是用盐腌制，否则，就少了特有的咸鲜味，而未经腌制而晒制的干菜，浙江人称为菜干或干菜。三是必须将腌菜切成丝后再晒，否则，脆燥的长条菜是难以切开的，不易储存，也不易食用。四是必须晒透成脆丝，在常温下避光储存即可。否则，在湿润的江南气候中，难免真的发霉而不能食用了。五是为单品，无其他添加物。若有其他添加物，则有其他的名称。如，属于绍兴市的嵊州（旧称嵊县）有一种名为“笋干菜”的特产，就是腌制的芥菜切丝后与笋干丝（或笋干薄片）一起晒制而成的。凡缺少以上几点者，即使只是缺一，浙江人就不会认为是正宗的霉干菜，甚至不是霉干菜。

在许多成年人心目中，霉干菜就是做菜肴的食材。比如，至今受欢迎的霉干菜焐肉；再如，前几年新创的绍兴菜——霉干菜烧河虾。而在计划经济时代，杭城工厂的车间、食堂角落边放置的饮用水桶中所盛放的夏天免费向职工提供的解暑汤——霉干菜番茄汤，更是被经济困难的职工当作佐饭的菜肴，以节省下在工厂食堂就餐时买菜肴的开支。但在儿时的我们看来，霉干菜更是一种好吃的零食。记得小时候，母亲晒霉干菜时，我定要以不被母亲发现为前提，一日几次偷吃霉干菜。邻居们总把霉干菜晒在自己可见的地方，以防小儿偷吃。但每到傍晚收霉干菜回家时，大人们仍会发现霉干菜或多或少被人偷吃了。1963年，因被划归为省机械厅，我家从挂着省林业厅牌子、集机关办公区和机关工作人员生活区于一院的高官弄18号，搬到了相隔几百米的、由原林业厅幼儿园改建的下马坡巷林业厅宿舍7幢，分得了一楼走廊后门处的一个单间，以及为弥补新居面积的不足而在后门走廊处用木板隔出的一个空间——我家把这个空间用作了吃饭间（现在的流行语叫作“餐厅”）。搬入新居不久，到了做霉干菜的季节，母亲把霉干菜放在竹匾里，早上拿出去晒，傍晚收回，放在吃饭间的八仙桌上。一连几天，她发现邻居的几个男孩晚上宁愿多走路，也不走前门，而是走后门，穿过我家的吃饭间回家，而在第二天，竹匾里的霉干菜总会少了许多。经暗中观察，母亲发现原来是这几个男孩进出后门时，走进来抓一把霉干菜、走出去也抓一把霉干菜，塞进嘴巴，当零食吃。母亲无奈，只得把竹匾搬进房间里。从此，每到做霉干菜的时节，我家这个集书房、客厅、卧室于一体的房间中，总是飘扬着霉干菜的气味。这场景、这气味（母亲做的霉干菜的气味）令我至今难忘。而直到今天，霉干菜，尤其是绍兴农家自制自食的绍兴霉干菜，仍是我喜爱的一种零食，一种与众不同的零食。

棉花糖

我所吃过的棉花糖有两种，一种是膨化类的，一种是明胶类的。其中，膨化类的棉花糖以白糖为原料，经膨化机膨化加工而成。从膨化机下部飘逸而出的缕缕白色糖絮，经捕捉，被粘连在一起，洁白而蓬松，如去籽后刚轧出的棉花絮。舔一口，丝丝甜味在舌尖上化开，清爽而明快。明胶类棉花糖早先以明胶和白糖为原料，现明胶和白糖仅为主料，添加了各种辅料而成，有多种造型、多种颜色（白色为主，加色素后，包括单色和混合色）、多种口味（包括单味和混合味），其共同的特征为如棉花胎般软柔绵厚。

膨化棉花糖的制作方法较简单。取一小勺白糖放入四周如脸盆般围着一圈铁皮（以防糖絮飘出）的圆柱状膨化机上方的进料口中，打开开关，在机器的轰鸣声中，缕缕白色糖絮如弹棉花时飞扬的棉花絮般，从膨化机下方的口子中飘出。制作者手拿细棒迅速捕捉飞扬的糖絮，将其粘连在一起。几秒钟后，一大蓬如棉花球般的棉花糖就制成了。我喜欢看这棉花糖的制作，它总能带给我一种儿童般的快乐，简单而纯粹。

与现爆爆米花一样，在杭城，膨化棉花糖的制作也是一种流动小贩行为，且较少见。即使在我少儿时期，能见到膨化棉花糖制作的机会也不

多。近年来，随着大力整顿市容市貌行动的广泛和深入，与其他需侵占人行道进行交易的流动小贩一样，膨化棉花糖摊贩在市面上也几近绝迹——据说，在某些公园有时会出现，且待有时间去确认吧！在二十世纪九十年代中后期，膨化棉花糖曾在杭城不时出现，尤其在少年宫、儿童公园、小学之类少儿聚集地周边，林林总总从书籍到零食、从文具到玩具的各式小摊小店中，总会有一两个膨化棉花糖摊。每周六儿子结束在市少年宫航模班的学习后，陪学的我带着他穿行在各种叫卖声中，有时也会答应他的要求，买上一件物品。其中，买得最多的是小汽车模型、膨化棉花糖、糖人儿。给儿子买膨化棉花糖时，我也会给自己买上一个。舔上一口，然后举起，透过缕缕的糖絮遥望蓝蓝的天，口中是丝丝清爽而明快的甜味，脸上有微微的清风吹拂，灵魂就放飞到了天空中，如白云般轻舞舒卷。

与明胶棉花糖的首次相遇大约是在小学三年级（1965年）。那天，我与一位邻居女同学一起，到同班女生董平家玩；恰好他父亲（我们称他董伯伯）作为浙江省林业系统推选的全国劳动模范，从北京参加全国劳模表彰大会后刚回到家中。在我们玩了一阵子后，他手上拿着一袋东西走出来对我们说："这是我从北京带回来的棉花糖，你们可以一人吃半颗。"并要求董平别忘了分给我们吃。那塑料袋中装着分别为白、粉红、淡黄色的三块圆形物，边缘是莲花瓣般的花纹，上面印着花形。在我们告别回家前，董平用铅笔刀给我们切分了一块白色的棉花糖，一人半块。在很淑女地假客气推辞和真心感谢后，我吃了这半块棉花糖。与平时吃惯的桂花硬糖和大白兔奶糖不同，这白色的棉花糖不太香，微甜，甜是白糖单纯的甜。手感和口感都觉软柔、绵厚，嚼之略有弹性，有一种棉花胎的感觉。从此，棉花糖这新奇的名称和感觉，连同它的来源地——伟大祖国的首都北京一起，深深印刻在我的心中。

之后，我一直在杭州找寻这棉花糖，但不知为何，一直没找到。直到二十世纪八十年代末九十年代初，我才在家附近的一家商场中发现了它。

我激动得一下子买了两袋（每袋大约12颗），带回家后，与儿子一起，一口气吃完（大半都是我吃的）。我买的这明胶棉花糖形状是较五分钱硬币略大的圆形，无任何装饰性条纹，有白、淡绿、粉红、桔黄、淡黄五种颜色，并相对应五种香气和口味：白色——无味和原味；淡绿——苹果香和苹果味；粉红——水蜜桃香和水蜜桃味；桔黄——桔子香和桔子味；淡黄——柠檬香和柠檬味，仍为微甜，甜味里单纯的白糖甜，手感和口感都软柔、绵厚，略有弹性，如棉花胎一般。吃着这棉花糖，那种老友久别重逢的快乐和美梦成真的幸福不由地涌上心头。

在这之后，棉花糖成为我常吃的零食，借着儿子爱吃的名义，常去购买。与膨化棉花糖那种偶遇式流动小贩制作和出售的零食不同，明胶棉花糖作为正规厂家生产的正宗糖果，摆放在商场与超市的糖果类货架上，在商场和超市出售，如今，也是畅销的网购糖果类零食。并且，我还言传身教，培养了孙子们对这棉花糖的爱好。也许是儿媳妇不让他们多吃零食，如今我与他们相见时，应他们的要求，棉花糖已成为必买必带的一种食品。

奶酪干

奶酪干以新鲜牛奶加工制成，为内蒙古自治区特产。其本色白或淡黄，有加色素成彩色的；其外形大多为长方形或正方形，长短在半寸至一寸左右，也有波纹形、三角形、菱形、麻花形等异形的，大小也在一寸左右；其味有单味和多味之分，单味的有原味、甜味、微咸味、酸奶味、果味（包括橙子味、草莓味、蓝莓味等）、巧克力味等，多味的多是夹水果干或巧克力的，所夹水果干有葡萄干、蓝莓干等；嚼之或软绵或软弹或软韧；因添加或不添加其他配料及所添加配料的不同，而各有其香，呈现多样性。然而，无论有多大的变化，奶酪干的基本特征是奶味浓郁，奶香醇厚。我喜欢一切奶味浓郁、奶香醇厚的食品，故而，奶酪干也在我的日常零食购物单中。

奶，在中文中又称为“乳”，所以，奶酪干也被称为乳酪干。只是在杭州话中，“奶”比“乳”的发音更简单清晰易懂，于是，杭州人更多地使用“奶酪干”一词。最早，我是在欧美小说中知道“奶酪”这一食品的。从小说中得知，它可配面包，可佐红酒，可做菜肴，也是高档冷餐酒宴中必备的零食。二十世纪九十年代，随着西方食品与西方生活方式的相伴涌入，先是薄片状的奶酪片，后来又加上由小三角形立体奶酪块组成的三角形包装的奶酪块在杭州出现，一杯咖啡或牛奶加上三片面包夹两片奶酪片和两片西式火腿片成为我的常用主食（因为方便）。而这与汉字化的“白脱”（英文Butter的汉字译名，意为黄油）一起置于货架上的、被汉字化命名为“起司”（英文Cheese的中文意译名，意为奶酪）的食品，当时也是我经常向身边的询问者解释此为何物的两种食品。自二十世纪九十年代开始，我常去北京参加国际性学术会议或项目会议，在所住的国际性宾馆（可接待外宾）附近，有一些大型超市售卖杭州少见的奶酪，如烟熏味奶酪，我不时也会买上一些带回家自食（当时的家人和周围的同事、朋友都不喜欢吃这“怪味”奶制品），沉浸在奶酪特有的香与味中，自得其乐。

2000年左右，我的老邻居郭立新从内蒙古旅游回来，送我不少内蒙古特产，如牛肉干、奶片、奶酪干等。而我印象最深的就是奶酪干。这奶酪干为原味，奶香浓郁，奶味醇绵，嚼之软弹，是我最喜欢的口味和口感，我一下子就喜欢上了这种味道。从此，奶酪干就常伴我左右了。而相比之下，这内蒙古奶酪干更香醇的奶味，令我更有愉悦感。因此，许多时候，这奶酪干也会代替奶酪，出现在我的主食中——原本夹在面包中共食的奶酪片变成边吃面包边嚼的奶酪干，其奶味更香、更绵长。

吃奶酪干，就不再想到奶酪，尤其在收到对中国妇女/性别研究和学科发展及行动实践做出过重要贡献的、原美国福特基金会北京办事处项目官员何进先生所送的来自欧洲的正宗奶酪后，产生出疑问。那奶酪一为原味，一为烟熏味，原味的奶味颇足，烟熏味的嚼之如奶酪般软而有弹性，且两者都很干，若切成条与奶酪干置于一处，没太大的区别。在百思不得其解后，某一天，终于忍不住将那疑问提出来，求教曾在英国留学的儿子：“为什么欧美的干奶酪不叫奶酪干？”儿子答：“那些奶酪就是干的，所以不用叫作奶酪干。”又问：“那内蒙古的奶酪干做出来时是湿的吗？”答：“不知道。”无解中，只得再次自己思忖。将儿子的话在心中过了几遍后，突然有了一种逻辑推理式的结论：欧美的奶酪未经过干化（包括风干或烘干等）工序，所以，即使再干，也是奶酪；内蒙古的奶酪干经过了干化（包括风干或烘干等工序），所以，即使再润软，也是奶酪干。干奶酪与奶酪干之间由此各有风味，在分界线的两端各美其美。

当然，这只是一个食者的逻辑推理，是否正确，难以定论，且在此求教于诸位名家。

南瓜子

南瓜子以南瓜的种子为原料，大多经炒制而成，也有将生南瓜子煮熟后，经干化工序（如烘干）而成的，为典型的零食之一。因品种不同和大小不一，南瓜子也各有大小。一般而言，大的较成年妇女小指指甲盖略大，小的较大米米粒略大。基于炒制时间由短到长，炒南瓜子外壳的颜色呈现由米白到黄色的变化，香味也会出现从南瓜的清甜香经南瓜子特有的脆香到熟南瓜子特有的微焦香的转变，且香气的弥散性也不断增强。炒南瓜子口感香而脆，香气在口中的弥留时间较长，往往吃后两三个小时，仍余香悠悠。传统口味为原味和咸味，近年来也出现了其他味的南瓜子，如椒盐味和话梅味。作为一大传统零食，南瓜子老少咸宜，广受欢迎。而近年来，因传统其有预防和治疗心血管病、前列腺病等疾病之功效，南瓜子更成为许多人常食的保健食品。

小时候，凡家中买了老南瓜（种子已成熟），从南瓜中挖出南瓜瓤，取出其中的南瓜子，洗净、晒干、装入瓶中备用，都是我的工作。而当瓶中有了一定存量后，母亲就会炒来做零食吃。到了十一二岁，我学会了炒南瓜子，炒制这任务就落到了我的身上。有时，父亲也会来帮忙，他的做法是油炸而不是炒。那油炸后的南瓜子加点盐拌一下，趁热而吃，其味无比美妙。我总是舀一大勺，连壳带肉一起大嚼大咽，连母亲也总是一边埋怨父亲浪费油，一边连连称赞这油炸南瓜子确实比炒南瓜子好吃。

从二十世纪八十年代末开始至九十年代，杭城市面上很难找到真正的南瓜子。在被号称是大南瓜子实际是白瓜子的商家欺骗数次后，我只得将南瓜子的香和味留存为回忆。直到2003年左右，我和所里的同事高雪玉一起到院工会主席王保民的办公室喝茶。王保民先生是老茶客，会泡茶，办公室中设有茶海，茶具一应俱全，也常有好茶。院里的爱茶人在午休时，常去他的办公室中茶聚。其间，吃到了同事朱旭红带到他办公室分享的南瓜子。那南瓜子是传统南瓜子，小而焦香扑鼻，且松而脆，微咸，吃起来颇费时间，但十分好吃，是久违了的真正的南瓜子，且是手工炒南瓜子的味道。于是，为了吃到那好吃的南瓜子，我提高了去王保民办公室的频率[1]。当然，每次去时，必拉上高雪玉，以表明我们是去喝茶。后来，在我的要求下，朱旭红也帮我买了数次，让我可以在家中畅吃。只是，两年左右，那家开在原本属于杭城郊区、现已成为杭州市区的古荡的炒货店歇业了，那茶聚中的南瓜子的货源也就断了。好在不久，我的大学同学徐明也在古荡发现了一家炒货店。这家炒货店是一位山东人所开，有多种炒货出售。我吃了徐明在这家店买的炒南瓜子后，就成了这家店的常客，当然，是由徐明帮助购买：每到新瓜子上市时，徐明就会去那家店购买不同的炒货，我要的炒南瓜子是她必代购之物。这家店的炒南瓜子选用新产的南瓜子为原料，这新产的南瓜子卖完即止，不用陈货。所以，炒南瓜子的新鲜度很高，南瓜的清香较明显。炒制工艺也很到位，南瓜子脆而略有开口，脆香弥漫，较成年妇女小指指甲盖略小，微咸，十分好吃也易食。南瓜特有的清香穿行在手工炒南瓜子特有的脆香中，微咸的瓜子仁经牙齿上下一磕即出，松脆易嚼，脆香盈鼻，真是吃后难忘。这是一款与我记忆中小时候吃过的炒南瓜子最像的炒南瓜子，希望这家炒货店能长长久久地开下去。

听说我喜欢吃南瓜子，前段时间，茶友赵先生给我送来了他的夫人赵女士炒的南瓜子。赵先生夫妇都是绍兴本地的农民企业家，不仅事业成功，家庭幸福，也是“吃货”。赵女士不仅经营企业有方，还有一手制作传统吃食的好手艺。她制作的酱鸭、酱鳊鱼，亲手腌制的土猪肉、鳗鱼干更是在朋友群里获得一致好评。2022年春节我有幸得之，这味道真的比著名的杭州酱鸭及一些老字号所产的腌制品更美味。她的家人也爱吃南瓜子，从剖南瓜、挖出南瓜子到洗净、晒干，再到炒制，都是她亲力亲为。朋友们吃了她制的南瓜子，也赞不绝口。这次，赵先生专程送到杭州的南瓜子，是赵女士专门为我炒制的（她也是我的茶友）。每粒大小为成年妇女的小手指指甲盖般，均匀齐整；色米白；闻之有南瓜的清香；嚼之松脆有甜香。原味南瓜的清香和甜香萦绕在口中，清丽而悠长，较购买的商品化南瓜子，别有风味和趣味。借用那句俗语，真可谓高手在民间啊！

注：

1. 院里每周二、五集中，我原先最多集中时，两周去一次，为了吃南瓜子，改为在集中时间，每周去一次。

年糕胖

年糕胖是杭州人对膨化年糕片的称呼，以干化的年糕切片经膨化而成。在浙江，年糕以稻米为原料制成，所用稻米有糯米、晚稻米（杭州人称之为“晚米”）、早稻米（杭州人称之为“籼米”）三种。以其中一种单制成单品年糕，如糯米年糕、晚米年糕、籼米年糕，或三种或两种按比例混合后，制成混合品种年糕。最常见的是晚稻米与早稻米混合（按不同的比例）制成的、杭州人俗称为“杭州年糕”的那种年糕。因所用稻米的品种不同，不同种类的年糕也具有不同的色、香、味。一般而言，纯糯米年糕为玉白色，有糯米特有的糯香，口感糯软、糯甜。纯晚米年糕为本色，有晚稻米特有的清香，口感柔软绵甜。纯籼米年糕色为淡米黄，有籼米特有的燥香，口感软韧清甜。而用混合稻米制成的年糕，也会因所用不同品种稻米比例的不同，而呈现不同的色、香、味。

年糕胖的原料为年糕，其形基于年糕的形。与不同的年糕品种有不同的色、香、味相对应，不同品种的年糕胖也有不同的色与香（经膨化后，香会变得浓郁），并出现膨化加工后形成的口感：一般而言，纯糯米年糕胖入口即化，满口糯米沫；纯晚米年糕胖嚼之软脆；纯籼米年糕胖嚼之松脆。在杭州，平时年糕胖多用爆米花者的爆米花机（现在被科学地称为：粮食膨化机）加工；过年时，街头巷尾支起炒货摊的炒锅时，不少人也会请炒货师傅在大炒锅中用粗砂炒成膨化。爆年糕胖与炒年糕胖相比，前者更具松脆清香，后者更具硬脆焦香。

儿时，与邻居家都是直接从米缸中挖一小罐米去爆爆米花不同，我家更喜欢买来年糕（绝大多数是晚稻米混合早稻米的年糕，难得一年一两次会是纯糯米年糕），切成薄片晒干备用，等需要时爆年糕胖。所以，每当我家爆了年糕胖，母亲一手拎着装了年糕胖的竹篮，一手拿着一个菜碗，在居住的宿舍楼每家一碗地分年糕胖时，孩子们总是欢呼雀跃。母亲则在大人们不断的“王师母”[1]“你介客气”“蒋同志”[2]“真当谢谢你”的感谢声中，绽开满足的笑容。

二十世纪九十年代以后，在杭城，穿街走巷的爆米花几乎销声匿迹了。对二十世纪九十年代后出生的人来说，年糕胖、爆米花、六谷（杭州对玉米的俗称）胖等膨化粮食，更多只是一种传说。2010年左右，在浙江省内的一些高速公路休息区的商店中，出现了小包装的年糕胖。十元钱一包，内装二十来片如两张麻将牌大小的年糕胖。虽觉得价格不菲，但实在忍不住，我亦曾在几处买过，但均较硬且米香浅淡，食之无味，有上当受骗感后就不买了。而也许是销路不好吧，后来，这些年糕胖也不见了。

近几年，浙江不少旅游景点的高档宾馆套房中常有为住宿者免费提供零食，其中时有年糕胖在列。而这小小一包年糕胖往往成为入住者的喜食之物，无论老小，无论男女。年糕胖是一种众爱之零食，期待它重振辉煌。

注：

1. 我父亲姓王。“师母”当时更多的是对作为体力劳动者的工人之妻的称呼，并演化为加上夫姓，对已婚妇女的尊称。我母亲不喜欢这一带着市井色彩的、从夫式的称呼，常向我抱怨，但世俗如此，她也只得屈从。
2. 我母亲姓蒋。“同志”最早是革命队伍中对志同道合者的一种通称，中华人民共和国成立后，成为人与人之间一种流行、通行的称呼。作为职业妇女和独立感很强的母亲，她更喜欢被称为“蒋同志”。

牛肉干

牛肉干是一种熟肉类食品，以新鲜熟牛肉为原料经干化而成，在零食领域具有较高的典型性。牛肉干形状多样，呈现丁、块、丝、片、长条、棒等形态；味多样，有多味（添加物）和单味之分。在牛肉的基础味上，多味的有豆腐干味（豆腐干夹牛肉干）、鱼味（牛肉干夹鱼干）等，单味的有原味、五香、卤味、咖喱味、孜然味、麻辣味等。而牛肉的基础味，又往往被添加物之味、调味品之味所遮蔽，熟牛肉之香成为辅香乃至隐香，成为一种需细品才能获得的“原味”。因添加物和调味品的多样，牛肉干的香亦是多样的，并与添加物和调味品呈现对应性。添加了豆腐干的，有豆腐干香；添加了鱼干的，有鱼干香；调味品为五香的，为五香（其商品名即为：五香牛肉干）；调味品为咖喱的，为咖喱香（商品名即为：咖喱牛肉干），如此等等。而原味的则为单纯的牛肉香。与形、味、香的多样性不同，牛肉干的色较单调，除了调味品为咖喱的牛肉干的表面呈现咖喱的黄色外，余者均为或深或浅的褐色。牛肉干香浓味鲜有嚼头，余香余味悠长，众多国人喜食，我亦不例外。

儿时，有一位邻居在民国时期曾在军阀部队中当过兵。有一天，他与母亲闲聊，说起他当兵时，经常要长途急行军。若运气好的话，行军前，长官会发给每个士兵一小包牛肉干磨成的粉，在歇脚吃饭时，他们就拿一个铜板（民国时期政府发行的一种硬币），掐上半个铜板的牛肉干粉入口，喝上两大口背着的水壶中的凉水，肚子就饱了。牛肉干粉只能吃半个铜板，多了就撑得难受了。从此，在我的少儿时代，只要一吃牛肉干，眼前就会浮现出一队穿着草鞋、背着洋枪、暗夜中在崎岖山路上疾走的士兵们。

小时候，牛肉干大多为正方形的小丁状，五香味，散装在食品商店的广口玻璃瓶中。母亲每次会买二三两，售货员用铁制大勺子舀了装在纸口袋中，用台秤称了，包好，交到母亲手上。自二十世纪八十年代以来，牛肉干的形、味、香越来越多样，包装也越来越多样——从颗粒状独立包装到长条形棒状包装，从整片真空包装到豪华铁盒包装，应有尽有。记得1986年前后见到颗粒形独立包装的丁状牛肉干时，朋友中有人还以为是颗粒硬糖，吃到口里才发现是牛肉干，惊叹说：牛肉干也这么包装得像颗粒糖一样！如今，这种颗粒状独立包装已被年轻人认为是传统包装了。

近三十余年来，在我吃过的牛肉干中，印象最深的有以下几款：一是赤峰的风干牛肉干。2008年，我应邀至赤峰参加社会性别与发展在中国网络（Gender and Development In China Network，简称GAD网络）举办的年会。会后，听说我们这些参会者中有不少人喜欢内蒙古特产（赤峰市属内蒙古自治区），赤峰市妇联权益部（赤峰市妇联为该年会的主办方之一）的周学军部长不仅请我们吃了蒙古族特有的一款食品“嚼咕”（用炒米拌酸奶酪，很合我的口味），还带我们去了一家被当地人公认为性价比高、口感好的内蒙古特产商店，我在那里买了风干牛肉干和奶酪干。这风干牛肉十是该店自产，长条棒状，牛肉香浓而醇，为新鲜牛肉制品风干而成，软硬适宜，微咸，纯正的牛肉鲜味，厚而悠长。这是我至今吃过的最纯正、最鲜美的牛肉干，可惜忘了那家店的名称，只能作为怀念了！

二是被命名为“农夫与海”的牛肉干夹鱼片干。这款牛肉干出现于二十一世纪。那时，网吧在国内如雨后春笋般出现，乃至成为青少年新的娱乐圣地，许多青少年甚至天天都泡在网吧。于是，作为一款“网吧食品”，“农夫与海”（据说，厂家以牛肉干代表陆地上的农夫，鱼片干代表大海而命名这款零食）新产品应运而生，广受网吧中人的喜欢。好奇之中，我也去买过这款牛肉干。牛肉干与鱼片干同吃，牛肉干的香与味和鱼片干的香与味融合在一起，别有一种口感，但鱼的腥味也冲淡了牛肉干的鲜香味。故而，我更喜欢将牛肉干与鱼片干分而食之，得各自鲜香。

三是高坑原味牛肉干。高坑原味牛肉干是我大学同学徐明所赠，她与我同为零食爱好者，经常分享自己认为好吃且认为对方也会爱吃的零食，并且常帮我购零食，包括网购和在实体店购买。这牛肉干就是她女儿买给她吃，她吃了认为好吃而分享给我一包的。高坑原味牛肉干为大小不一的片状，醇厚的牛肉香中飘拂着调味品的香味，肉酥软易嚼，牛肉味纯正鲜美，回味鲜香清爽，令人有一种在兰州吃清真牛肉拉面上的牛肉浇头的口感。这是我迄今为止吃到的最类似菜肴中冷盘牛肉的牛肉干，口感颇佳。而吃着那大小不一片状中如幼儿手掌般大小的大片时，又让我心中升腾起儿时读罢《水浒传》所生出的水泊梁山绿林好汉般的豪气。儿时，熟食店或饭店熟食柜台里卖的卤牛肉都是四五斤重的大块，顾客要买多少，就从上面切下多少，往往极薄的一片也有三四两重。“文革”期间曾开展过批宋江投降派的运动。宋江是《水浒传》中水泊梁山绿林好汉们的首领，在对抗官府数年后，投降了官府。批宋江运动开始后，父母不知从何处搞到了供批判用的《水浒全传》（书店无售，只能通过关系，从出版社内部购买），苦于闲书少（母亲对课本以外书籍的称呼），有了这可看的我就看了数遍，每次看到好汉们在酒店大叫“小二，切五斤牛肉，上三斤好酒”时，就会想到熟食店或饭店熟食柜台中的大块牛肉，心中涌上如好汉般大块吃肉、大口喝酒的豪气。只是母亲即使去买那熟牛肉，也只是买薄薄的一片，尽管至少有三四两，也要再切成小片装盘，分两餐食用（当时大多数家庭经济条件较差，孩子多，很少买包括熟牛肉在内的熟食吃，我家因经济条件相对尚可，且又只有我一个孩子，才能不时买一些熟食）。故而，那好汉的豪气也只生于少年、存于少年了。而这高坑原味牛肉干又勾起了我少年时的豪气，尽管仍成不了“好汉”，但一大片牛肉干入口，只觉得自己离那“好汉”又近了一些。高坑原味牛肉干带给我的上佳的口感和心感，让我在吃后就致电徐明：下次你女儿买时，给我也买上两袋！

近十几年，随着牦牛不断被人们熟知，牛肉干中也出现了一个新品种——牦牛牛肉干。吃后我个人认为，相比较而言，牦牛牛肉干肉质较粗，鲜度较低，也许是加工不到位，牛膻味也较明显，远不如新鲜牦牛肉好吃。所以，尽管牦牛牛肉干原料来自生态良好的高原地区，也有人说牦牛肉营养价值很高，但我至今仍更喜欢吃非牦牛牛肉干。

牛轧糖

牛轧糖是一种掺了坚果果仁的糖果，以糖基分，可分为软糖类（以软麦芽糖、明胶为糖基）、硬糖类（以硬麦芽糖为糖基）、砂质糖类（以加了可可粉的麦芽糖为糖基）等三大类，而所添加的坚果果仁碎粒，主要为烤或烘炒制等工艺制作的花生、杏仁、大核桃仁、松子仁、榛子仁等。因掺了果仁，牛轧糖的糖度一般较低，糖香融合着果仁香，并因果仁的不同和糖基的不同，形成多样化的香味和口感。关于牛轧糖的起源，至少有三个版本。

一是中国说。十五世纪三十年代中期至四十年代的明正统年间，有一位士子因连中三元，根据掌管人间文人事的神仙文昌帝君的托梦，用花生仁碎粒和着麦芽糖制成一头头牛状糖果，供奉于文昌帝君神像前。在古汉语中，类似、相似等称作“介”（gā），如像马一样，就称马介样。这一用词至今在杭州话、绍兴话中仍存在，而这像牛一样的糖就被称作“牛介糖”。后这一糖果的制作方法流传开来。因牛形制作复杂，人们改用刀切成长方形块状，而制作工艺也不断改良，糖的品质不断提高。牛轧糖不仅在当地广受欢迎，被西方传教士看中后，也被带到国外，成为受到西方人喜爱的一种糖果。牛轧糖的制作方式/工艺也不断西化，在近代重新回归中国时，以英文名nougat、中文书面译名写作牛轧（gā）糖之面貌，作为一种时髦的西式糖果，进入中国人的生活，直至今天。

一是意大利说。在十五世纪中期，一位意大利贵族在举办的宴会上，推出了一种由杏仁、蜂蜜、蛋白制成的糖果，受到众人的喜爱。后在当地直至周边国家流传开来，成为人们喜食的一种糖果，其高档品甚至成为珍贵的礼品。

一是十字军东征时从东方带回之说。在中古世纪，十字军东征带回的战利品中有这一款糖果及制作工艺（包括配方）。这一款糖果先是在上流社会，后在整个社会广受欢迎，成为法国、西班牙、奥地利等国具有代表性的一大糖果。

我不清楚英文词nougat的词根和词源，若这“nougat”也如同“tea”是英文对中国话“茶”一字的音译（在近代，中国的茶叶多以广东为出海口，转运至欧洲），那么，这牛轧糖的发源地也当是在中国吧！期待有识之士的考证。

在牛轧糖中，我印象最深，也最喜欢吃的是花生牛轧糖。记得小时候七八岁，一次吃花生牛轧糖，吃着吃着，就想到为什么这糖叫“牛轧糖”？奶糖是因为糖里加了奶，所以叫“奶糖”，牛皮糖因为它像牛皮一样又软又韧，所以叫“牛皮糖”，那么，这牛轧糖是不是因为是牛用力轧出来的，所以叫“牛轧糖”？问了大人，大人说不是牛轧出来的，是工人叔叔用机器制造出来的，但大人也不知它为什么叫“牛轧糖”。经过几天嚼牛轧糖过程中的苦想，我得出一个结论：因为加了牛奶和轧碎的花生米（杭州人称花生仁为“花生米”），所以，这糖叫作“牛轧糖”。现在看来，从食材角度讲，这一解释还是对路的。之所以喜欢花生牛轧糖，是因为熟花生米的腴香与牛奶糖的甜香构成了花生牛轧糖特有的香气。熟花生米的味道与牛奶加糖的味道构成了花生牛轧糖特有的口味，这香气和味道都是我喜欢的；而混合着花生米的牛奶糖不仅不粘牙，而且有嚼头，且是越嚼越香，越嚼越有味。故而，从小我就喜欢吃花生牛轧糖。长大后，我也吃过其他的牛轧糖，如大核桃牛轧糖、杏仁牛轧糖等，但吃来吃去，还是觉得这花生牛轧糖最好吃。人有人缘，情有情缘，这零食也是有零食缘的呢!

小时候，牛轧糖基本产自上海。在国人眼中，上海曾是中国最洋化和洋派的城市。在二十世纪八九十年代流行的一个有关各地区市民看待外地人心态的顺口溜中说：上海人是“除了上海人，其他都是乡下人”。顺口溜难免言过其实，但也可看出当时上海远高于其他城市的现代化和都市化程度。牛轧糖来自上海，加上让人不知所云的名称和较高的售价，使得儿时的我们嚼着牛轧糖时，不知不觉就会有一种沾了洋气、有了洋派的洋洋得意，就像拐杖被称作“文明杖”一般。而那白底蓝字蓝格边的包糖纸（我们称为糖纸儿）也会被我们当作宝贝，捋平后夹在书本中珍藏着。若有了多余的，与他人交换时，它往往也有更高的交换价值，能较其他杭州产的糖果的糖纸儿和一般的上海产的糖果的糖纸儿交换到更多更好的糖纸儿或其他东西，如牛皮筋。如今，那花生牛轧糖的包装依旧，但却难让人有洋气之感了，且已成为许多地方都生产的、价格适中的普通糖果。但那香味依旧，口感依旧，所以，它仍是我的爱食之物。

泡泡糖

泡泡糖是一种胶基糖，因嚼后可吹气成泡，故被称为“泡泡糖”。泡泡糖形状多样，色彩多样，多为带着薄荷香的水果香，味甜而带着薄荷的清凉。泡泡糖的商标名曾有许多，但以“大大泡泡糖”为最有名。大大泡泡糖为白色，两寸左右长、半寸左右宽呈扁平状，薄荷香，甜而清凉。独立包装的红色包装纸上印着大大泡泡糖的名称，旁边是一男一女两个小童鼓着腮帮子吹出一个大大的泡泡。大大泡泡糖的衍生产品是“大大泡泡卷”，红白相间带着薄荷草莓味的带状糖体卷成一卷，有五六片大大泡泡糖的量，可长短随意截取。不过，如今在杭州的许多超市中，也仅有大大泡泡糖在出售了。

在二十世纪九十年代，泡泡糖在杭城的小学生中风靡一时（五六岁以下的小童不会用泡泡糖吹泡泡，不喜欢泡泡糖；十三四岁以上的少年视用泡泡糖吹泡泡幼稚，不屑吃泡泡糖）。在那时杭州的街头，常常可以看到背着书包，有的脖子上还挂着钥匙的小学生或边走边嚼着泡泡糖，或边走边吹着泡泡糖，还不时以眼神或肢体语言（因口被吹出的泡泡封住，不能说话）示意身边的小伙伴，显扬或比试谁吹的泡泡更大；或“啪”的一声，吹破的大泡泡的胶膜糊了满脸，赶紧咀嚼口中的残留，拉扯下口外的胶膜，以再次吹泡泡。那年代，小学生基本上是自己走路上学，顶多是父母骑自行车上班时，顺道用自行车带孩子[1]，放学后，也自己走回家。脖子上挂着门钥匙，双职工（父母都在业）家庭的孩子，回家后也会自己管理自己，自己照料自己。有的还会煮饭，等父母下班后，炒完菜即可吃饭。故而，那时背着书包，边走路边嚼泡泡糖、吹着泡泡糖的儿童，是杭城街上一道有趣的风景。

与同为胶基糖的口香糖的功能不同，口香糖用于洁齿爽口，泡泡糖用于吹泡泡玩耍。所以，虽外表相似，味更相似，但糖体有所不同。开始我不知这一差异，儿子要吃泡泡糖，我就给了他几包口香糖——那时，乘坐飞机时，航空公司向乘客免费赠送口香糖，让乘客在飞机起飞和降落时咀嚼，以减轻耳压，我的丈夫会将这口香糖留下带回家，给儿子嚼着玩。在儿子用口香糖无论如何吹不出泡泡，开始怀疑自己的能力，而我也试了几次，发现并非儿子无能后，我买了几条泡泡糖给儿子。儿子在吃了第二条泡泡糖后就吹出了泡泡，我亦试之，才发现这泡泡糖的糖体的不同，用那口香糖是吹不出泡泡的。而儿子在吃了多款泡泡糖后，进一步总结云：大大泡泡糖吹出的泡泡最大，持续的时间最长。于是，在与小伙伴们比赛时，大大泡泡糖成为他的首选。

在二十世纪九十年代，对儿童心理的社会学研究是我的主要研究方向，故而，儿童中泡泡糖的流行引起了我的关注，力图对此进行相关的研究。研究的第一步是知晓。如欲知之，必先进之。于是，我也嚼上了泡泡糖。在嚼了七八条/块泡泡糖，学会了吹泡泡并能吹得有手掌般大时，我开始以“泡泡友”的身份与小学生们，尤其是儿子的同学们（儿子1990年进入小学，1996年小学毕业）交流吹泡泡的方法和经验，甚至与他们比赛谁吹的泡泡更大。虽然往往在他们吹得如脸般大的泡泡中败下阵来，但以此为途径，我也成为他们的朋友，得以知晓、了解、理解他们的心理。在此基础上，我主持的浙江省哲学社会科学规划课题——“社会转型与少儿健康心理塑造”取得较大突破，相关研究成果在学界获得权威性认可，在社会上产生广泛影响。

而在为科研学习嚼泡泡糖、吹泡泡的同时，我也发现了这嚼泡泡糖吹泡泡糖具有的减压舒缓功效。二十世纪九十年代是我事业上的爬坡期，科研压力颇重。而这一时期，我丈夫不时被外派外调至外地工作，直至调至外省工作；儿子的入小学、小升初、中考都在这一时期，且处在从儿童经少年向青年的心理转型期；我八十多岁的母亲，体弱多病，最后生活不能自理。我是独生子女，而我与丈夫在杭州都没有亲戚，一切都要我独自承担。那时，事业、家庭、对在外地工作的丈夫的担心挂虑，如大山般压在我身上，难免有时会有心力交瘁之感。极度疲惫时，我就会羡慕那些疯子，觉得疯子真幸福，可以不承担任何责任，感叹：“为什么别人可以发疯而我却不能？”古人有以酒解忧的（“何以解忧，唯有杜康”），有以围棋解忧的，前者我不喜（一喝就醉，醉了就睡，什么事也干不了），后者我不会。我有时会以抽烟解忧，但知晓烟有害健康，不敢多抽常抽（一般一包烟抽一个月）。在嚼泡泡糖吹泡泡时，我发现自己会进入一种儿童般单纯的游戏心态，忘记责任、不再紧绷，泡泡的大小成为关注的重点，身心充满了游戏的欢愉。于是，泡泡糖成为我的常吃零食，不时嚼之，不时吹之，不时以此减压解忧消烦恼，自己创造出一个快乐的时空。直到2002年，儿子考上了厦门大学，母亲离去，身上的压力减轻了许多，泡泡糖才慢慢走出了我的生活。

泡泡糖被中国二十世纪八十年代的出生者们喻为“不可磨灭的童年回忆”之一，对我而言，尽管不是童年，又何尝不是人生不可磨灭的一大记忆？它在我身心负重艰难前行时，引我进入一个简单纯真的空间，让我舒缓，令我愉悦，从而能继续努力前行。让我衷心地说一声，感谢你，泡泡糖！

注：

1. 孩子坐在自行车后座上。因自行车后座常作为孩子的座位，所以，那时可搁在自行车后座上的特别儿童座椅是畅销品。

枇杷梗

枇杷梗是一种油炸面食点心，以面粉为原料，经油炸后，撒上白糖，凝成厚厚的白色糖霜而成。枇杷梗色为面粉高温油炸后形成的褐黄色，上覆一层白色糖霜；形如枇杷果的梗，如竹筷般粗细，一寸左右长短；面粉油炸后的腴香常有；嚼之松脆，香气盈口，糖霜的清甜夹在油炸面食的腴味中，形成枇杷梗特有的口感。

枇杷梗因其形如枇杷果的梗之长短粗细，色褐黄，上覆的白色糖霜如枇杷果之梗上的白色茸毛，故被称为“枇杷梗”。在杭城，小时候与枇杷梗置于食品同一柜台上出售的另一相类似的点心，叫作油枣。油枣也是油炸面食点心，以面粉为原料，经油炸而成，上面没有糖霜。油枣形如红枣，色褐黄，也有油炸面食浓郁的腴香；嚼之松脆，腴味厚重，有面粉的微甜。因其形、色如山东大红枣，故被命名为油枣。不知为何，在小时候，不少杭州人认为油枣更具北方人的粗犷，不似枇杷梗有江南食品的精致，加之它较枇杷梗便宜许多，故而，枇杷梗是作为高档食品，常被用做拜访尊贵长者的伴手礼，也是女婿看望岳父岳母时的常见食品。而日常若能作为零食食之，则是会引起他人的羡慕与嫉妒的。

前几年，浙江丽水市召开世界丽水人大会，大会赠送的一盒伴手礼，以“家乡的味道”为名。其中，除了金奖惠明茶、松阳银猴（各两泡）这两款名茶外，还有兰花根、桔饼（金桔饼）、蜜枣、雪梨糖（梨膏糖）、年糕胖、番薯干等零食（各两小包）。见到“兰花根”之名，我甚不解，赶紧拆包，观之，尝之，原来就是杭州人口中的“枇杷梗”。只是那“兰花根”较“枇杷梗”略粗，上覆糖霜较薄而已。为此名，我特地在别人给兰花分盆栽种时观兰花根，与洗净（分盆前须将要分盆的兰花根洗净）的兰花根确有七八分像。顺着地理、历史之经再认真思之，丽水为山区，山中兰花多，种植者也多，人们对兰花根更熟悉，故而，该食品以“兰花根”命名之。枇杷是杭州人常食的普通时令水果，杭州邻近的余杭塘栖为枇杷之乡，所产枇杷为当地名产和特产，也是杭州人在五月至六月时常见、常食的水果。杭州人熟知枇杷，故而，那食品被命名为“枇杷梗”。在南宋时，许多北方人南迁至杭州，后清兵南下，又有许多清兵及家眷留驻杭州。杭州今湖滨一带，在我小时候（二十世纪五十至七十年代）仍被杭州本地人称为“旗下”，乃因这里曾是某旗清兵的驻扎营地。北人南下带来许多北方食品，油枣类似北方所产的红枣，故而有此命名。而也正因为与北方的联系，或许与入侵的“挞子”的联系，它被作为南方人且素以居“鱼米之乡、丝绸之乡、文脉久远、人才辈出、诗意生活”的杭州自诩，具有抗金、抗清勇猛精神的杭州人所鄙视。不知道自忖与臆测是否与事实有某种程度的相符？敬请读者指正，期待对这一食品的名称有深入的学术性考证。

枇杷梗是父亲最爱吃的两大糕点点心之一（另为小桃酥），所以，我曾把枇杷梗作为零食。当然，按母亲的要求，我是在家中吃完后（每次三四根）再外出，以免引起别人的嫉妒而遭非议，如被讥讽为“戳富老板”[1]，或被批为“资产阶级生活”。母亲是家中的主要购买者，这枇杷梗之类的点心或零食由她购买。而作为出身于位于素以“江南鱼米之乡”著称的苏南（江苏南部的简称）地区的溧阳县的县城中有名望的乡绅大家庭，二十余岁独自一人赴上海求学、求职，一直以职业女性自居，习得了某种民国时期上海十里洋场洋派生活方式的母亲来说，买的当然是枇杷梗而非油枣。一开始，父亲偶尔也会去买同类点心，但作为出身于山东汶上县一个地方家庭，1937年参加八路军，一直在枪林弹雨中冲杀，直到1949年南下，在解放了浙江的遂昌县后，转业到省城的浙江省林业厅工作的父亲来说，他买的是油枣。在遭母亲有关油枣“粗俗”之物的解释后，父亲不再亲自去购买，而是心安理得地吃起了母亲购买的更好吃，但较贵的枇杷梗了。

1970年前后，在伟大领袖毛主席发表“备战、备荒为人民”最高指示不久，一天，父亲说去街道办事处参加党员干部会议（林业厅撤销后，父亲因退休，党员关系转到了居住地的杭州市上城区横河街道办事处），回家时，两手分别抱着两大包，大约各一斤的点心，一是枇杷梗一是小桃酥。进了家门，父亲就对母亲和我连声说：“吃吧，吃吧，多吃点，吃了再去买。”母亲讲究饮食，但也十分节约，平时买糖果、点心（包括枇杷梗）都只一样一次、二三两地买，见父亲一下子买了两样点心，且都有一斤左右一大包，十分气愤，愤怒地质问父亲为何这样浪费。父亲一开始只是要我们快吃，后来被母亲逼得实在无法回避，只得据实回答：要打仗了！父亲说刚参加的党员干部会议传达了中央精神，美帝（当时对美帝国主义的简称）、苏修[2]要侵略中国，我们要准备打仗。所以，父亲认为，应该趁开战前，把家中的存款都吃完，免得如抗日战争期间一样，家产都毁于战火，许多人战死他乡。母亲听之大惊，但在父亲有关还是党的机密，不得外传的叮嘱和警告下，也不敢在外多说一个字，而我更唯有噤声。不久，居委会发动大家用泥土制砖，按人头计算，每人交十块砖。在邻居的帮助下，年过六十的父亲和年近六十的母亲精疲力尽地完成了上交三十块砖的任务，而我也终于知道了制砖（晒制砖而非烧制砖）的流程，以及制砖是一件如何吃力的劳动。在上交据说是做防空洞用的砖后不久，居委会下达了挖防空洞的任务，在我家所在的宿舍前的空地上，附近林业厅宿舍、浙建三公司宿舍散居户（我们称为“三组”——下马坡巷居民区第二小组的住户）居住人员，齐心协力，在空地上挖出了一个圆形的、按标准的三米深、两米宽的防空壕，以备躲避敌机突袭之需。后来，为了贡献中学生应有的一份力量，学校（杭州市第七中学，简称杭七中）还组织我们这些初中生参加了修建杭州市市中心大型防空洞的劳动。我们在已被抽干了河水的浣纱河（位于西湖附近）的河底中，赤足或挑或抬沉重的淤泥。干了整整一天，我被同学送回了家，躺在床上不能动弹。经医院诊治，我得了肾出血（急性肾炎），需在家治疗，休息了两个多月，才得以康复重回课堂。那条被抽干河水的浣纱河，在河床被修建成防空洞，上面又修建成道路后，改名为浣纱路，如今也是杭州交通的一条主干道。防空洞建成了，在这紧张的备战气氛中，枇杷梗、小桃酥、大白兔奶糖、动物造型饼干、苏打饼干等父亲和我喜食之物成为我家的常见零食，过去唯有在春节或作为特殊奖品奖给我的巧克力，也时有出现了。而我家日常餐食中的荤菜，更是由原来的每餐一种增添到每餐两种。这真是一段让人难忘的大饱口福的日子！在近一年后，准备打仗的动员慢慢弱了下来，不久，宿舍前的防空壕沟被填平了，人们的生活又回到和平状态，人心不再紧张，而我家的零食和日常餐食也重归从前。

只是，尽管已过去半个世纪左右，只要一吃到枇杷梗，甚至只要一想到枇杷梗，我就会想到父亲抱着两大包点心急匆匆回来的形象，当然，耳边还会响起他急切的“快吃，快吃，要打仗了”的声音。历史总是这样经常在日常生活的缝隙中冒出，曾经的过去和曾经的存在。

注：

1. 杭州人对有钱的资本家的俗称。中华人民共和国成立后，尤其是“文革”期间，该称呼成为一种带有讥讽含义的鄙视或蔑称。
2. 当时苏联尚未分裂，其所主张的政治路线被中共称为修正主义路线，故当时百姓俗称苏联为苏修——苏联修正主义的简称。

葡萄干

葡萄干是水果再制品类零食，以整粒新鲜葡萄经干化处理而成。葡萄品种颇多，故葡萄干也有不少品类。在我所吃过的葡萄干中，就表层色而言，有紫色、褐色、绿色、琥珀色、玫瑰色，以及因糖霜（糖分含量高）或盐霜（盐津葡萄）的析出而可见莹白色和莹白色中隐露的葡萄的原色。当然，其颜色又以深浅不一的紫色、褐色、绿色占绝大多数。就形而言，依新鲜葡萄大小形状不一而呈现不同，加上不同的表色，有的如小小的紫珠，有的如未加工的绿玉小条石，有的如小黑石，有的如褐紫色水滴状玛瑙。就香而言，基于新鲜葡萄的品种和加工工艺，有的玫瑰香浓郁，有的奶香盈口，有的果香飘荡，有的酒香忽隐忽现。而添加了调味品的葡萄干，也会夹着所添加的调味品的气味，如盐津葡萄干的果香加盐的咸香，辣味葡萄干常有的辣香。就味而言，葡萄干的基础味是新鲜葡萄干化后特有的水果干的甜味和鲜味，而因品种的不同，有的也夹带有酸味、咸甜酸味，而甜味、甜酸味加鲜味的单味也是葡萄干的唯一味道。至二十世纪九十年代，以盐津葡萄干、辣味葡萄干、多味葡萄干等为主打商品的多重味道葡萄干在杭州市面上出现，虽未成葡萄干主流，但也颇受欢迎。尤其是盐津葡萄干，那种甜咸相交的口感给吃惯或吃腻了葡萄干甜味和酸甜味

的吃货们一种全新的感觉，在老吃货中有较大市场。

我的记忆中，儿时从未吃过整包葡萄干，所吃的葡萄干，都来自蒸蛋糕上的点缀物。儿时，在食品店中，有两种蛋糕出售，一是烘焙的，有长度均为二寸左右的正方形（俗称：大蛋糕）和如两张麻将牌大小（俗称：小蛋糕）两款；一是蒸制的，为圆碗形，有上盖一花形红印章和上缀七八粒葡萄干两种。较之烘焙的菜油的生油味太重和油腻感，我更喜欢蒸蛋糕的牛奶清甜香，更为松软和清爽感。更何况，有时还能吃到美味的葡萄干——蒸蛋糕较烘焙蛋糕贵不少，但母亲一年之中也会买上五六次，其中，两三次会是点缀着葡萄干的。每当母亲买回点缀着葡萄干的蒸蛋糕，上面的葡萄干我可得一半——父母虽只有我一个孩子，但从不娇惯，在吃食上，不会允许我独占。

而那分得的三四粒葡萄干，我总会慢慢地、慢慢地品味，吃上半天。然后把那美好的感受藏进心中，独自享受。那时，蛋糕是奢侈品，有葡萄干的蛋糕更是买者寥寥，能吃上葡萄干或吃过葡萄干的孩子很少，对他们羡慕嫉妒恨和向我讨要的担忧，令我只能把这快乐藏在心中，不敢与之分享。那时，点缀在蒸蛋糕之上的基本是玫瑰葡萄干，那干化后的玫瑰香加幽幽的酒香；那甜甜的、有时会略带酸味的、鲜鲜的葡萄干味；那点缀于淡黄色的蛋糕面上，总让我想到神秘宝石的紫褐色小圆珠，至今仍是我对碟形蒸蛋糕最美好的回忆。而我也正是在对葡萄干的一直关注中，从广播（我家有一台当时家庭中极少见的收音机，每天收听从新闻联播到少儿节目，当时称“小喇叭节目”，再到评弹戏剧的各类节目）、报纸（那时我家订有一份当时家庭极少自费订阅的《浙江日报》，我与父母一样，每天都认真看报）、书籍及大人们的谈话中，知道了新疆产葡萄干，知道了新疆的葡萄干产区有一种专门用来风干葡萄的房子，知道了新疆有一个盛产葡萄的地方，叫吐鲁番；知道了新疆有许多少数民族，如维吾尔族、哈萨克族、俄罗斯族等；知道了新疆劳动人民创建了一种叫“坎儿井”的自流井，方便葡萄树的灌溉……总之，这葡萄干让我在儿少时代较之同龄人，更多地知晓了与葡萄干相关的一些新疆的自然、地理、历史方面的知识，这也当是吃葡萄干的意外收获吧！

1982年初，我从杭州大学（今浙江大学）历史系毕业，作为“文革”后恢复高考的第一批入学就读（1977级）的首届大学本科毕业生，我被分配到浙江省妇联工作。1983年，28岁的我成婚，丈夫也在本省的省级机关工作。当时，省级机关工作人员到外省出差（包括调查、参会、联系工作等公务）机会较多，而依中国人的习俗，外出者总要给亲朋好友，包括同一单位的同事带伴手礼——那时，到外省出差的机会就总体而言少于今天，到外地旅游者极少，所以，外出者带伴手礼赠送是常规行为。在外出者中，至新疆者带回的伴手礼中，新疆葡萄干是必有的。所以，从二十世纪八十年代开始，我就有机会大把吃葡萄干了。而也是从八十年代起，杭州商店里各种葡萄干也摆到了明显的位置（或者说，我注意到了杭州的商店中有各种葡萄干出售）。在儿子三岁以后，葡萄干也成为他喜爱的一种零食，故而从那时起，葡萄干成为我家的常见零食之一。

二十世纪九十年代，杭州街头出现了售卖葡萄干的流动小贩。这些小贩大多穿着我们印象中的新疆少数民族的服装，戴着我们印象中的新疆少数民族的小花帽，在人力三轮运货车上搭上一块木板，分别放上一小筐、一小筐葡萄干、红枣、大核桃，后来还有巴旦木；或用据说是新疆少数民族腔的普通话高喊着“葡萄干，葡萄干，新疆来的葡萄干”，或不声不响，只是用殷切而希望的目光望着路过者。那些食品据说是新疆的土特产。那葡萄干确实比店里卖的大而美，但时不时有人告诫我，那些人和食品都有假冒的。于是，我常在要不要去买一点尝尝和万一是假冒的、吃坏了身体之间纠结。在2000年左右，在市容市貌整顿中，这些贩卖车不见了，我的内心纠结也终于消停了。

2021年的端午节，友人送我浙江吉利汽车集团发的职工端午福利，除了常规的粽子、咸鸭蛋外，其中还有一袋玫瑰红葡萄干。作为杭州人，每到端午节，我除了会想到屈原，还会想到《白蛇传》中的白娘子和许仙。《白蛇传》是中国四大古典爱情悲剧之一，另三部为《梁山伯与祝英台》《董永与七仙女》《牛郎织女》。这四大爱情悲剧中，《白蛇传》（又名《许仙与白娘子》）和《梁山伯与祝英台》的故事发生在杭州，所以，从二十世纪九十年代起，杭州又被称为“爱情之都”。《白蛇传》的故事发生在杭州，而白娘子就是在端午节被许仙哄骗喝了雄黄酒，醉后现出白蛇之真身，她与许仙之间的爱情喜剧才成为爱情悲剧的。见到吉利集团发的端午福利中的玫瑰葡萄干，我想到玫瑰在西方之爱情的花语；吃着这香香甜甜的玫瑰葡萄干，闻着这葡萄干的玫瑰红香，望着“让世界充满吉利”的广告语，我想，这也是吉利人对美好爱情的一种企盼和祝福吧！

巧克力

“巧克力”是英文单词chocolate的中文译名。在中国，它曾是舶来品，或者用现在的话说，是进口货。在今天，虽不乏进口的，但国产的巧克力也越来越多，已占绝大多数。此间所说的“巧克力”，指的是纯粹或以巧克力为主体制成的固体巧克力糖，而非液体的巧克力饮品，或膏体的巧克力酱。在杭州，无论是固体还是液体、膏体的巧克力均被称为“巧克力”，但因量词或场景的不同，人们自能分辨清楚。如在咖啡店，“来一杯巧克力”，肯定是指来一杯巧克力饮料；在超市，“买一瓶巧克力”，肯定是指买一瓶巧克力酱。当然，在特别情况下，如托人到超市买巧克力，就需说明是买巧克力糖，还是巧克力饮品或巧克力酱了，且因巧克力糖的多样，若是买巧克力糖，还需说明买何种类的。社会语言学和语言社会学在此打开了一扇探视其奇妙之处的窗户。

在我所吃过的巧克力糖中，就其色而言，少数为白色和彩色，多为深褐色（如黑巧克力）、棕褐色（如香草巧克力）、褐棕色（如奶油巧克力）。这深褐色、棕褐色、褐棕色，在老一代杭州人口中，均被称为“栗壳色”（包括深栗壳色、栗壳色、浅栗壳色等），因其如栗子外壳的颜色，而将家具漆叫作栗壳色，也是普通人家仿高门大户家传承数代红木家具所散发的富且贵之深厚的主要方法。在今天，日常生活中很少能见到带壳的生栗子了，老一代人口中的栗壳色在现代派青年人口中变成“巧克力色”，而“栗壳色”的老红木家具或家居用品也已成为收藏品而非人们日常生活用品，取而代之的是“巧克力色”的欧式家具或现代风家具（包括用料和设计风格与理念）。

与色相比，巧克力的形、香、味、外包装可谓多种多样。记得小时候（二十世纪五十年代末至六十年代中期），家附近的那家有着“国营”前缀的葵巷副食品商店里，放在玻璃食品柜上广口玻璃瓶中展示的巧克力是有棱有角的岩石状的，营业员会根据母亲的要求，用菜刀状的锯齿刀，从山石状的大块巧克力上锯下一块，放于已铺上食品包装纸的台秤秤盘上称分量，多了，就锯下一些，少了，就找一些小块补上，分量差不多了，就包上包装纸交给母亲。然后，把取出的巧克力再放入瓶中，锯下的碎屑则置于大块巧克力中，溶化后与大块巧克力凝成一体。买回家的巧克力，母亲会用手掰成小块，分别用家中保存的原先用过的食品包装纸或包装袋重新包装后，存放于家中用来存放零食的饼干筒中，以便家人慢慢食之或请客之用。二十世纪八十年代后，岩石状的巧克力在食品店中逐渐消失，但其他形状的巧克力却越来越多。这些其他形状，包括长方形、方形、条形、圆形、椭圆形、球形、花生米形、豆形、棒棒糖形、柱形、块形、三角形、星形、心形、花瓣形、元宝形、动物形，如此等等，不一而足。而许多板形大块巧克力的表面、三角柱形巧克力表面也分别均匀地划出了指状或节状小块，块与块之间的联结薄片很容易用手掰开，方便了人们的食用。于是，近年来这一工艺被应用于福建省福鼎白茶的制作中，压制成块的大块白茶表面也如巧克力般被均匀地分割成块，人们用手一掰即可掰下一小块冲泡。这类白茶茶块也就被俗称为：巧克力白茶。而心形巧克力更是与玫瑰茶一起，2010年左右以来，成为情人节中男性恋人（俗称：男朋友）送给女性恋人（俗称：女朋友）的流行浪漫礼物，心形巧克力由此也被称为爱情巧克力。

小时候，装在食品店广口玻璃瓶中的巧克力是裸装的，在出售时，才会被包上副食品店通用的包装纸。在二十世纪八十年代以后，与巧克力种类、样貌的多样化相伴随，巧克力不仅有了独立包装，包装的用材和样式也日益丰富多彩。从印花纸到塑面纸到铝箔，从单色到那彩色印，从平面印到凹凸印，可谓应有尽有。我印象最深的是用金色铝箔包装的元宝形巧克力（俗称：元宝巧克力）和金币形巧克力（俗称：金币巧克力）。有一段时间，杭城特别流行春节期间给孩子发压岁钱时，附带几个元宝巧克力，在“发金元宝啦”的欢呼声中，孩子们拿着“金元宝”快乐而去，那压岁钱就留在了带孩子们前来拜年的大人们的口袋中了。而金色铝箔包装或印着美元标识，或印着英镑标识的金币巧克力，曾被我用来作为奖励品，根据儿子（幼时小时）或孙子学习或行为良好程度的不同，分别发放小、中、大的金币巧克力，号称：“金币激励机制”。而我自己，也曾得过一块有成年男子手掌般大小的超大型金币巧克力。那是在1995年，在北京召开的第四届世界妇女大会（简称“95世妇会”）上。95世妇会在当时北京郊区的怀柔县设立了非政府论坛专门会场，我应时任北京红枫妇女热线（也是中国大陆第一条妇女热线）负责人王行娟女士的邀请，参加了她所主办的分论坛，并在会上做了“社会—心理—医学新模式救助卖淫妇女”[1]的书面主旨发言。除了参加这一分论坛的会议外，我还根据会议发的日程册，依自己的兴趣，在许多帐篷（分论坛大都设在帐篷中）中旁听或与分论坛的主持者、参与者交流。印象中，我几乎跑遍了与同性恋、商业性性交易（包括妓女/卖淫妇女）、妇女自我能力提升内容相关的所有分论坛，其中一个就是联合国妇女基金会办的有关如何获得项目资金资助的分论坛。从改善当时中国大陆教育改造卖淫妇女方式和方法这一目的出发，以对卖淫妇女深入的访谈为基础，我当时力图获得相应的经费支持，开展相关的项目，但多次受挫。这一分论坛的主题引起了我的注意，我早早到会，在会上积极发言，并在会议最后的自我总结中，提出了“不要为得到经费而改变自己的本意，要在坚持自己原有的项目目标的基础上，努力争取经费资助”的这一从会议所得的心得。这一观点受到会议主办者和其他参会者一致的大力赞赏。于是，我从会议主办者手中接过了本次会议给予与会者的最高奖励——一块超大型金币巧克力。也正是在这次会议的启发下，我坚持了这一理念，不受其他干扰。两年后，经香港妇女运动的积极推进者黄婉玲女士的推介，我主持的“社会—心理—医学新模式救助卖淫妇女”（后改名为社会—心理—医学新模式赋权性服务妇女）项目获美国福特基金会北京办事处资助，历经三期，共十年的努力，项目成果获得政府有关部门、社会、相关个人的肯定和学术界的好评，取得了较好的社会效益。黄婉玲女士几年前因病去世，也在此以这一回顾表达我深深的谢意、敬意和怀念！

在我小时候，吃过的巧克力只有牛奶巧克力一种，牛奶香纯正而醇厚，巧克力香厚实而绵长，两者结合在一起，成为我对巧克力香最典型的香味记忆。二十世纪八十年代以后，巧克力越来越多样，进口的巧克力也越来越多。如今，除了牛奶香外，我吃过的混合型香的巧克力至少可分为花草香，如薄荷香、迷迭香之香、茶叶香、熏衣草香、青草香等；水果香，如桔子香、草莓香、苹果香、桃子香、香蕉香等；坚果/果仁香，如花生香、核桃仁香、开心果香、杏仁香、夏威夷果香等；酒香，如酒心巧克力中的各种酒香，以及咖啡巧克力的咖啡香、多味巧克力中的多味香（如薄荷桔子巧克力的薄荷加桔子清凉清新之香），而纯巧克力的单味之香，也越来越受到人们的喜爱。就我而言，也许是儿时牛奶巧克力的固化作用，至今，我仍更偏爱牛奶巧克力之香，认为这两者的搭配形成巧克力的最佳之香。也许，就如戏称中国人都有一个“中国胃”，所以许多人出国，即使是去“尝洋荤”的旅游，也常常吃不惯外国餐，时不时要找中国餐馆吃一顿，甚至有人将榨菜、萝卜干之类作为出国必备品。当然，我也喜欢纯巧克力——黑巧克力，不过，列在牛奶巧克力之后。那纯正的巧克力的香与味常令我有一种异域之感，尤其是产生对西方社会及文化的遐想，“白金汉宫”“唐宁街”“塞纳河畔”“凡尔赛宫”之类西方社会—文化经典符号便会出现在脑中。黑巧克力是在二十世纪八十年代以后，与许多进口货（包括西方文化、西方生活方式、西方思想等）一起进入中国的，后来，也有了国产的黑巧克力。我对黑巧克力的喜爱，不能不说是二十世纪八十年代改革开放的一个物质性标识，尽管这是个人私人的、微小的，然，这又何尝不是历史？

我小时候吃过的巧克力，只有一种口味——牛奶巧克力。与如前所述的我儿时所吃的巧克力只有一种色、形、包装、香相叠加，褐棕色、岩石状、无包装、牛奶巧克力香、牛奶巧克力味在很长一段时间，构成了我对巧克力的基本认知，或者说总体认知。在二十世纪八十年代以后，口味的多样化也成为巧克力多样化（包括进口的和国产的）的基本内容，与香型相对应的巧克力的口味日益丰富多彩。比如，薄荷香的薄荷味、茶香的茶味、草莓香的草莓味、香蕉香的香蕉味、花生香的花生味、开心果香的开心果味（坚果/果仁类巧克力均掺杂着相应的坚果/果仁碎粒）、咖啡香的咖啡味。而纯巧克力——黑巧克力则是浓醇的巧克力味中略带苦味，有一种别有趣味的口感。有一段时间，我就是因这特殊的苦味，而特别爱吃黑巧克力。至今，黑巧克力仍在我喜欢的巧克力之列。

就巧克力的口味而言，最令我大开眼界的是酒心巧克力。酒心巧克力色褐，成年妇女食指般长短大小，如椭圆形、上长细的西洋酒瓶内装有不同的酒品；外面用彩色铝箔纸包裹，再装入包装盒中。一般一个包装盒有六种酒品，每个酒品两瓶，共十二瓶。二十世纪八十年代后期，杭城初现的酒心巧克力为从国外进口，内装的是“洋酒”。记忆中，我喝过的有雪利、香槟、威士忌、人头马XO、红葡萄酒、白葡萄酒等，属奢侈品。酒心巧克力的食用法可谓真正的连吃带喝：需先咬下一点巧克力（酒瓶的封口不能多咬，否则，酒就漏出了），续而倾瓶仰脖喝酒（不倾瓶，酒倒不出；不仰脖，酒就漏到了口外），然后再吃巧克力酒瓶。那时，进口的洋酒很少，人们也很少有机会喝到洋酒，这酒心巧克力让人们将从欧美小说中读到的文字变成了实实在在的口感，也让我们对这只有十几滴洋酒的口感，从最初的只感到带着巧克力甜香的美味或水果甜味（葡萄酒）转变成能辨出其中的不同，品出其中香与味的差异！这种巧克力也为后来洋酒在国内的热销铺展了道路。

二十世纪九十年代，洋酒酒心巧克力中多了国产货，与之同时，酒心巧克力中也多了国产酒酒心巧克力。这国产酒酒心巧克力装的国产酒为传统名酒及当时流行的名酒，我记忆中喝过的有茅台、汾酒、酒鬼、洋河等，都是白酒。不知为何，黄酒始终未进入酒心巧克力，不知是否酒品与巧克力之味和香不相宜？这些白酒名酒当时人们也很难全部喝到，所以，这六个品种共十二瓶的国产酒酒心巧克力虽价钱较洋酒酒心巧克力略低，但也属奢侈品。记得当时高档婚宴或酒宴，尤其是宾客中有老人或孩童的宴席，席面上均放有酒心巧克力。在杭城，凡放洋酒酒心巧克力的，被称为“洋派大气”；放有国产酒酒心巧克力的，被称为“豪华贵气”；而两者都有的，则直接被称为：百万富翁有钱人！而让不能喝酒或多喝酒的老人孩童也喝上酒，且为好酒，让众宾客均满意而归，也体现了主人的细心与周到。所以，在一段时间内，席面上是否有酒心巧克力，成为浙江，尤其是杭城市民评价宴席是否高档和周到的主要标准之一。进入2000年后，人们对酒心巧克力的热情慢慢冷却，如今，除了网购，一般的超市、商场已少见酒心巧克力的踪影。文人所谓：白云苍狗，世事变迁；民谚所说：三十年河东，三十年河西，这小小的酒心巧克力也是如此啊！

注：

1. 关于我后来如何从“救助”转变为“赋权”，从“卖淫妇女”的称呼改变为“性服务妇女”这一新命名，可见拙著《妇女的另一种生存》（台湾巨流出版社，2012年）及其他相关文章。

巧　云

巧云是一种油炸类食品，以如纸般薄的面粉皮切成一寸左右长、半寸左右宽的梯形用油炸（一般用菜油或豆油）而成。也有用菜刀在梯形面块的中央切一个不隔断面粉皮的叉形（×），油炸后有一种玲珑感，更显巧云的轻盈纤巧。油炸后，巧云呈现面粉类油炸食品特有的金黄色或棕黄色（油炸时间略长），面粉类油炸食品特有的腴香浓郁，味略甜（加白糖）或原味（不加白糖），嚼之松脆，“咔嚓”声不绝于耳。

旧时，农历七月初七是少女们的乞巧节。作为专属少女们的节日，在乞巧节晚上，少女们不仅要在月光下用七彩丝线穿针，作为女红的一种展示，以显示参赛佳人心灵手巧，并且，还要在露天空地上摆上供桌，献上供品，向月亮祈拜，以求心更灵手更巧，以及自己未来的婚姻顺遂。巧云就是乞巧节的主要供品之一，也是乞巧节特有的供品，进而，成为乞巧节的特有食品和特色食品。在旧时中国传统农业社会，女红是女人的基本生活技能和日常必备技能，女人，尤其是少女的心灵往往以女红手艺的高低作为评价标准。未婚少女们婚姻的顺遂、已婚妇女们家庭生活的安好在很大程度上也与以女红呈现的女人的心灵手巧相关。故而，旧时家庭十分重视对未嫁女儿女红技能的教育和培训，少女们也十分重视女红技能的获得和达致。于是，乞巧节成为专属少女们的一个重要节日，作为专属的乞巧节重要供品的巧云，也在少女们乃至整个社会的日常生活中具有某种神圣的意义。

随着工业化和现代化的推进，女红逐渐从女人们的生活技能蜕化成为一种职业技术，绣花、制衣、做鞋等在今天成为社会化大生产中的一个工种，购买成品成为人们获得手工制品的通途。儿时，母亲无数次给我讲过诸多我外婆如何严厉地教她学女红的故事，许多情节我至今仍能复述。也许是作为一种母系传统，在我少年时，母亲也十分强烈地要求但耐心教导我必须学会绣花、纳鞋底、用缝纫机做衣裤，并一再强调："宁可会做不用做，不要要做时不会做"。成年后，我认识到了这句话所蕴含的生活智慧，也常用此话来教导儿子。故而，会做女红且手艺不错的我——我绣的枕套曾作为新婚礼物送给朋友，大获友人赞赏，常被不会做女红的邻居同龄女伴认为是"奇人"——奇怪之人。不过，在我上小学二三年级（四年级就开始了"文化大革命"，学校不能正常上课了）时，学校开设的手工劳动课中有专门的缝纫课，老师教我们钉扣子（我们从家中带来一小块布、扣子和针线）、补破洞（我们从家中带来一小块有破洞的布）、待补的面和针线，那时，流行的政治口号是"艰苦奋斗""勤俭持家"，而缝纫课教授的对象也是不分男女，想来，除了传统女红文化外，这政治背景也是学校开设缝纫课的一大原因吧！我儿子读小学二年级或三年级（1992年或1993年）时，有一次向我要了一小块布、几粒扣子和一些针线，说是学校要上钉扣子课。当他拿回得了最高分5分的成就向我炫耀时，望着被缝线填满的扣洞，我不免失笑：这也就是课堂作业吧！在日常生活中钉扣子哪有这样钉法！不过，他们也就教了这钉扣子，而之后，学校里好像也不开设缝纫修补课了。想来，这也是与时代变迁带来的生活理念和方式的改变相关吧！

与女红的由盛而衰相对应，乞巧节及作为乞巧节主打供品的巧云也经历了由盛到衰的过程。1912年出生的母亲在儿少时代有过乞巧节的经历，并且她说，那时大户人家都自己做巧云。对女孩子来说，做巧云是一件大事，住在一起的堂姐妹（叔伯的女儿）们会相互比赛，看谁的巧云相貌更好，口感更佳。获得长辈称赞者会高兴很长一段时间，在亲友邻里中也很有面子。1955年出生的我，没有过乞巧节的经历，但在儿少时期，在大约乞巧节前后的日子里，会在商店中看到巧云出售。届时，母亲也会买上一些，作为家中的时令零食（我家时常买一些邻居家较少买的时令性食物，如七月初前后的巧云；夏天带着莲子的新鲜莲蓬、新鲜水菱、嫩藕；秋天的百合；冬天的熟爬老菱、糖炒栗子等，量不多，但一定是时令性且新鲜的），这巧云的香脆至今仍留在我的脑海中。而吃巧云的过程中，母亲也不时讲起有关巧云和乞巧节的故事，传说的、她经历的、她听说的，林林总总，让我在心中形成了一幅与巧云相关的乞巧节——少女特有的节日风俗画。在我的记忆中，巧云是在“文革”期间从商店中消失的，也许，这与“文革”初期轰轰烈烈的“破四旧”“立四新”运动[1]有关吧：这巧云属旧风俗、旧传统，当是被红卫兵小将与革命群众一扫而光了。二十世纪八十年代后出生的我的孩子们，不仅没有过乞巧节的经历，也没做过巧云。在工业化和现代化的浪潮中，乞巧节和巧云被不知抛到了何方，只能在史书、民间传说、老人记忆中找到它们的遗迹。

文明总有缺憾，发展需付代价。这女红不再是妇女日常生活技能，乞巧节不复存在，美味食品中不见巧云，想来也属工业文明的缺憾和现代化发展的代价！而联想到如今相关传统节日，如中秋节、端午节、重阳节，乃至春节的高度商业化，即使乞巧节恢复、巧云重现，想来也不再会是单纯的、质朴的节日和食品了。

注：

1. “文革”初期，有一场轰轰烈烈的“破四旧、立四新”运动。这“四旧”指的是旧文化、旧思想、旧风俗、旧习惯，与之相对应的“四新”为新文化、新思想、新风俗、新习惯。在此运动期间，许多被认为属“四旧”的东西，或被销毁，或被破坏，或被清除，而许多传统食品也不复生产。

琼脂糖

琼脂糖是一种晶莹透明的弹力软糖，因其如琼脂般莹润晶亮，故有此名。琼脂糖多为一寸左右长、半寸左右宽的长方形，也有是小方形和异形的。异形中最常见的是如蜜桔桔瓣大小的桔瓣形和不及一寸的仿真玉米形。我上幼儿园时（1958年—1961年7月），所在的浙江省林业厅幼儿园（我父亲所在单位所属幼儿园。那时，几乎每个机关单位、大型国营企业都有[1]）每到下午，会给在园小朋友发下午点心。这零食中，有饼干，有水果，也有糖果，而这糖果常为桔瓣琼脂糖——两块。我们把它叫作“桔子糖”。若是周五下午发桔子糖，我们会偷偷藏起一块，回家后让父母猜猜这是不是真的桔子，父母们故意猜错，总令我们开怀大笑。我儿子上幼儿园时（1988年9月—1990年7月），他所在的省级机关保俶山幼儿园[2]每到下午，也给在园小朋友发下午点心，点心中也有饼干、水果、糖果，糖果中有时会有两颗玉米状琼脂糖——这单颗包装在印着玉米穗的包装纸中的小小的玉米糖，被儿子叫作“小玉米”。每次发了“小玉米”，他也会留下一颗，回家向我和丈夫炫耀，或也让我们猜猜这是不是真的玉米。我们也故意猜不出或猜错，也会令他开怀大笑。

我吃过的琼脂糖大致有四种包装：裸装、裸装整合包装、单颗包装、单颗整合装。其中，裸装的大多为桔瓣形和小方形，为防止相互粘连，糖体上撒有不少白砂糖。此种裸装琼脂糖在我儿时多见，幼儿园下午点心所发的琼脂糖就是此种，而此种裸装在二十世纪八十年代的杭城已不见了。裸装整合装大多为仿真装，而这一仿真一般为仿桔子和西瓜。将8—12瓣桔瓣状裸装的琼脂糖（撒有白砂糖）整合成圆体状，包上一张印有桔子皮色，或西瓜皮色（大多为绿皮黑条的瓜皮）的透明包装纸。上端扎上细彩条即成。这类包装的琼脂糖被称为“桔子糖”或“西瓜糖”，内中的桔瓣状琼脂糖与名称对应，或为橙黄或橙红色（桔子糖），或为西瓜瓜瓤的红色西瓜糖。这“西瓜糖”在2018年前后在我家附近的超市中还有售，我曾买过两个，与孙子们玩“猜一猜”的游戏。因后来孙子们爱吃棒棒糖和棉花糖了，也担心那“西瓜糖”会有色素，我不买这“西瓜糖”了，也不刻意去搜寻，不知现在琼脂糖是否还有此类包装?

单颗包装的琼脂糖一般为长方形，包着无色或彩色的透明纸（儿时被我们称为“玻璃纸”），左右两端绞紧，再将尾部打开成扇状。于是，一颗糖就像一个蝴蝶结，漂亮地开放在我们的面前。相较于裸装和裸装整合装，儿时的我们更喜欢这单颗包装，在吃糖体之前，我们常常会举起这糖，让它被阳光通体照亮，然后上下左右观察这水晶般的糖体，于是，就进入了一个自己想象的梦幻般的水晶王国之中。此外，那彩色或彩色印花的“玻璃纸”也是儿时的我们最爱收集的藏品——这些糖果包装纸被我们称为“糖纸儿”。那糖纸儿被我们精心展平后，夹在用过的课本中，除了自己欣赏，也常常作为社交之物，与其他小朋友交换或送给其他小朋友。而“玻璃纸”因其少见和特有的透明效果，被公认为“糖纸儿”中的上品。这透明纸包装的单颗包装琼脂糖如今仍能在超市或网上购得。只是，如今这包装不再少见和“高档”，“糖纸儿”也不再是儿童们普遍的收藏品了。那琼脂糖的单颗整合装是在近二十来年出现在杭城超市中的，它或为单味装，或为多味装，大约十颗单颗包装的琼脂糖被整合包装在一个大的包装袋中。外包装袋印刷漂亮，标明了主要配方、生产厂家（有的还有经销商）及联系方式、生产日期（保质期）等信息，有的还印着有关部门设计的保护环境、不随地弃物的统一标识，以及产品条形码，给人一种现代化的严肃感。

琼脂糖一般是水果味的，故而，除了无色的外，大多与其添加的果汁或调味汁调味水果色相对应，呈现不同的颜色。如，桔子的橙黄或橙红色、西瓜的红色、梨的梨白色、芒果的黄色、苹果的绿色、香蕉的乳黄色、葡萄的紫色等，晶莹的糖体由此有一种彩色水晶之感。而与配料相对应，不同色彩的琼脂糖也有着不同的香与味。如，桔子香和桔子味，西瓜香和西瓜味，梨香和梨味，苹果香和苹果味，香蕉香和香蕉味，葡萄香和葡萄味。而原味的琼脂糖，则是淡淡的糖的清香和清甜味。

与其他糖果相比，琼脂糖的甜是一种清甜清爽且清幽；琼脂糖的糖体有一种很韧的软弹感，嚼之趣味无穷。相比较而言，儿时的我更喜欢吃那种外层撒着白砂糖的裸装琼脂糖，因为它有多种吃法。就我而言，常用的吃法至少有五种。一是先舔后嚼。用手拿着琼脂糖，舔完表面的白砂糖后，再放入口中细嚼。这有一种逐步深入、慢慢探索之感，因为每舔一口的口感是不同的。二是先刮后嚼再喝。将琼脂糖上的白砂糖刮入准备好的饮用水中，嚼完琼脂糖后，还有一杯白糖水可喝。三是先泡后喝再嚼。将整颗琼脂糖放入水中，待表面的白砂糖溶化后，先喝白糖水，再捞出琼脂糖嚼之。这一方法技术性较强，若时间过短，水不甜，若时间过长，糖化成一摊泥，只有时间恰当，才能又喝到糖水，又吃到虽软如棉花但仍能嚼的琼脂糖。四是先含后嚼。在口中，先将琼脂糖表面的白砂糖含化，再嚼之。这一吃法将白糖的清甜和清香与糖体的果甜和果香一并融化于口中，使之更香更甜。五是大嚼。将琼脂糖放入口中后，就连同表面的白砂糖一起大嚼。琼脂糖糖体软而有弹性，白砂糖颗粒硬，嚼之有“咔嚓”声。这先硬后软的咀嚼感加上“咔嚓”声，常令我觉得自己是一个勇敢的女八路

（我父亲当过八路军，常给我讲他当年打日寇的故事），拿着枪冲锋陷阵，“咔嚓、咔嚓”一枪一个打敌人。不同的吃法带给儿时的我们不同的乐趣，那时的孩童真是思维活跃而单纯，一瓣小小的琼脂糖就能创造出无数的吃法，并在其中享受无穷的快乐。

琼脂糖是对这种食物一种专业性较强的统一名称，在日常生活中，此类糖果或以形为名，乃至外包装形为名，被称为桔子糖或西瓜糖、玉米糖（如前所述）；或以相为名，被称为水晶软糖；或以味为名，被称为果汁软糖；或以材质为名，被称为高粱饴糖；或以口感为名，被称为QQ糖、橡皮条糖。如此等等，不一而足。2019年，福建的茶友杨勇先生给我寄来了一箱各种茶食（对我而言，也是零食），其中有一款糖果名为“果糕”，尝后方知，乃为琼脂糖。而这“果糕”中的陈皮果粒，也让我吃到了一种别有风味的新口味的琼脂糖，也颇美味。这琼脂可谓八仙过海，各显神通；五花八门，各有其妙了！

琼脂糖的主要原料之一是食用凝胶，小时候，母亲告诉我，食用凝胶是从一种名叫石花菜的海洋植物中提取的。这石花菜的提取物也被如粉丝般造型，称“洋菜”，儿时在湖滨的一家海产品商店有售，属高价食品。母亲每到夏天都会买一些，或用凉开水洗后，直接用酱油、麻油凉拌；或用开水煮化后在碗中成凝胶，一片片刮下，做糖醋琼脂，当冷饮吃。母亲说，过去，上海的洋派人家夏天都有这用洋菜做的冷菜和冷饮，而在我儿时，周围亲朋好友、邻居、同学等家中，也只有我家一户有这夏日冷菜和冷饮。“文革 ”开始后，在“扫四旧”运动中，我家夏日的这道菜和冷饮都消失了，而那“洋菜”之名及来源仍留在我的记忆中。后来，又有人告诉我，这琼脂糖的凝脂原料是用淀粉提取物制作的，其最有力的证据就是玉米糖——据说，是玉米淀粉中的提取物制作；高粱饴糖——用高粱淀粉提取物制作。2019年，从果粒包装上标明的原料配方中，我又看到了“卡拉胶”一词。查搜狗百科，得知卡拉胶就是从麒麟菜、石花菜、鹿角菜等红藻类海草中提炼出来的亲水性胶体。看来，即使玉米糖、高粱饴糖是以淀粉提取物为原料，其他的琼脂类糖当是用红藻类海草提取物为基本原料制作的，而石花菜就是这基本原料之一——母亲教我的这一知识是对的。

注：

1. 浙江省林业厅幼儿园是自办的幼儿园或托儿所，服务于有幼儿的职工，这也是给予职工或者说职工享有的福利。那时，为减轻在职父母的负担，使干部、职工能全力投入工作，幼儿园大多为全托制，幼儿周一入园、周五回家。而无论入园或回家，住得远一些的幼儿均由幼儿园专门的接送车（大多为人力三轮货车改装）接送。
2. 浙江省省级机关幼儿园有两所，一为武林门幼儿园，另一为保俶山幼儿园，入园的幼儿的家长须为省级机关工作人员——自“文革”开始，机关和企业停办幼儿园，省级机关工作人员的幼儿可以进入由省级机关事务管理局办的、向全体省级机关工作人员开放的幼儿园。在我儿子在园时，幼儿园根据家长的需求，分半托（下午接回）和全托（周末下午接回）两种，也允许家长在需要时接回全托的幼儿。所以，我儿子为全托，我工作不忙时，也会在非周末日接他回家。据说，现在所有的幼儿园均已全部改为半托了。省级机关幼儿园无幼儿接送，家长会按时自行接送，故而，每到接送的时间，幼儿园门口等候家长的自行车，现在升级有小轿车，便汇成可观的车阵。

曲奇饼干

曲奇饼干（简称“曲奇”）是一种以面粉、黄油、鸡蛋、白糖等为基本原料，经烘焙制成的饼干，其“曲奇”之名为英文名Cookie的汉语音译名。曲奇饼干在二十世纪九十年代之前基本上为境外进口货，之后，国产的曲奇饼干，包括高档的曲奇饼干逐渐成为国内曲奇饼干市场上的主要产品。

我所吃过的中外曲奇饼干，多为圆形，包括直径半寸左右和一寸左右的小圆形和大圆形，上有压制而成的印花或经拉制而成的拉花。近年来，长方形、正方形、椭圆形等形状的曲奇饼干多为黄色，并因所添加的鸡蛋和黄油量的由少到多，以及烘焙时间的由短到长，由浅黄色、深黄至土黄、棕黄过渡。而添加了其他辅料的曲奇饼干，则往往依其所添加之物而呈现相应的色彩。其中，最常见的有咖啡色、巧克力色、抹茶色、草莓色等；其香，以牛奶的奶油香为基础香，面粉经烘焙后产生的熟麦香和白糖的清甜香、鸡蛋的蛋黄腴香穿行其中。而若有其他添加物，如咖啡、巧克力、抹茶、草莓酱等，其香往往与奶香及原有的纯味曲奇饼干的香相结合，形成各具特色的香型；其味，或松脆（硬曲奇饼干），或松酥（软曲奇饼干），食后口中奶香浓郁绵长，若是咖啡味的，则有咖啡饮后之舒适感。在喝了武夷岩茶或铁观音后，吃上几块曲奇饼干，常令我深感人生之美妙，生活之美好。

曲奇饼干有硬曲奇饼干和软曲奇饼干两种，无论何种，大致均有以上特征。无论是硬曲奇还是软曲奇，我对其形与色无偏好，但对其香与味来说，最喜欢的是原味（纯味）和咖啡味两种。因为我喜欢原味曲奇香与味的纯正，而在我所吃过的花式曲奇饼干中，咖啡味是与原香结合得最适宜的。近年来，花式曲奇中新现一种添加了蓝莓的品种，那蓝莓干或嵌于印花或拉花的表面，或裹于饼体之中，曾一度因蓝莓的高价值而被认为是曲奇中的高档货。但它是我最不爱吃的一款曲奇，因蓝莓干的高度粘牙，以及其饼体的品质大多不如其他类别的曲奇。

在所吃过的曲奇饼干中，我最喜欢的有三款，按出现次序排列，分别是原味丹麦曲奇、香港产奶油曲奇（昵称：小熊饼干）、AKOKO曲奇饼干（昵称：小花饼干）。其中，原味丹麦曲奇饼干是在二十世纪九十年代中期引起我的关注的。那时，我丈夫在本省一个政府部门工作，恰逢该单位负责福利待遇有关工作人员又爱动脑筋，尽心为职工着想，单位在春节送给职工的福利性年货中，常有时尚又好吃的进口食品，原味丹麦曲奇饼干便是进口食品之一。这丹麦曲奇，一开始有人告诉我是从丹麦进口的，后来又有人说，只是以丹麦风味而被命名为“丹麦曲奇饼干”，并非从丹麦进口，而是从英国进口。而我则是一打开这丹麦曲奇饼干铁制包装盒，闻到那浓郁的奶香、温暖的麦香和清甜的白糖香，就喜欢上了这款饼干。丹麦曲奇属硬曲奇，有大小两种规格——直径半寸左右的小圆形和直径一寸左右的大圆形，分别以250克左右和500克左右的分量，装在大小不同但外部印刷相同的铁盒中，铁盒盖上用花体中文印着“丹麦曲奇”字样。在我丈夫单位那时所发给职工的春节福利中，小盒的为两盒，大盒的则只有一盒。在大快朵颐之后，我便惦记上了这好吃的丹麦曲奇，到商场（那时杭城尚无大型超市，网购还没出现）搜寻到了后，就不时买上一盒享用。有一段时间，这丹麦曲奇成为我家所吃饼干的代名词。因这丹麦曲奇无散装，面对逐渐增多已无处可用的包装铁盒，我常有不能物尽其用的惋惜之情和某种浪费的自责。而这惋惜和自责直到今天仍存在：除了丹麦曲奇外，小熊饼干、小花饼干以及诸多高档饼干均无散装，在用无可用后，面对一堆不得不丢弃的印刷日益漂亮的包装铁盒，对于曾经历贫穷和物质匮乏的我们这一代人来说，惋惜与自责难免油然而生。

相较于曾是进口货，如今，大多丹麦曲奇为国产，“小熊饼干”产于香港，线下售于香港，网上购于“海淘”——进口商品销售店。小熊饼干属软曲奇，奶味纯而醇，香味郁而悠，饼体酥而软，有单味包装的，也有多味（如三味、四味）包装的，有小盒半斤装的，也有大盒一斤装的；圆圆的饼面上有着漂亮精巧的拉花，因包装盒上印着迪斯尼动画明星泰迪熊的可爱形象，故杭州人将其昵称为“小熊饼干”。2008年左右，有朋友从香港旅游购物回来（从二十世纪九十年代末至2013年左右，到香港“购物游”在杭城不少中产阶层妇女中蔚然成风，成为一种时尚），送我一盒小熊饼干，据说是内地游港人士必购之物，常要排队购买。我见到铁盒上印着的小熊，便心生喜爱，开盒食之，更觉味美。于是，得知有人去香港，便请代买，但也告知排队则不必，以免耽误别人的计划。而正因为这小熊饼干得之的偶然性（无人排队或少人排队，他人多可代买，否则，他人大多难以代买），这吃到小熊饼干就给我又增添了一重幸运感。某天，我在办公室，午休时与同事小高聊起小熊饼干的美味，时任我院科研处副处长的李东女士入门来拿我所的科研成果登记表，听到“小熊饼干”，立马说她朋友在海淘店上给她买了一大盒，她觉得奶味太重，不喜欢，可送我。李东是“吃货”加“做货”，自制的果酱、腊肠、腌鱼腥草等常令我们大叫“好吃”，我们之间也常常分享零食、交流吃零食的心得，故而，她一说要转送给我小熊饼干，我当仁不让。第二天上班时，那一大盒小熊饼干就到了我手中。又一日，在香港工作的儿子回杭谈项目，带来了两大盒小熊饼干。原来，同在香港工作的儿媳偶尔听我说喜欢吃这饼干，就在我儿子回杭前排队半小时买了这两大盒饼干（因购买者众多，商店规定每人限购两大盒，不能多买），托儿子带回给我吃。这两次遭遇，让我之后在吃小熊饼干时，又增添了一种幸福感，那种来自友情和亲情的幸福感！

因网购不便，近几年我较少买小熊饼干了，直到2021年春节前夕，因新冠肺炎疫情，难以与在香港的儿子、儿媳、孙子们团聚，就想到了儿媳送我的小熊饼干，在网上一通搜索，打算买一些，聊以自慰。因输入的关键词错误，没找到小熊饼干，却发现了AKOKO曲奇。AKOKO饼干也是软曲奇饼干。与小熊饼干相比，AKOKO饼干的外形与口味类型差异不大，饼体也只有一种规格——小圆形，只是较小些，外包装铁盒也有大、小两种——一斤装和半斤装。而印刷在铁盒上的卡通图案，更丰富多彩，且具有中国化特征或中国元素。因AKOKO饼干较小而有精致的拉花，故也被昵称为“小花饼干”。食之，小花饼干较小熊饼干的奶香更纯而浓醇，饼体更松而软润，甜味更清而绵长。一块入口，用舌头一抿，即满口奶香，满口清甜，身心愉悦。带着对小熊饼干的回忆，以科研人员特有的严谨，我在网上找到小熊饼干后，买了一盒，两者再次比较，鼻子不骗人，舌头不骗人，这小花饼干确实比小熊饼干好吃。当然，我买的是经典三味盒装，这经典三味为原味、咖啡味、抹茶味。所以，这一结论目前也只是限于小花饼干与小熊饼干经典三味款的比较，且只是我的一人之言。

在买了一盒尝试觉得口感颇好后，我又托茶友冯君帮我网购两大盒。因在网上购物遭遇过不快，我这几年网购都是自己搜寻到合适的物品后，请人帮忙下单，以防万一再出现发货错误时，他们可帮助处理。这帮忙网购者中，有我的家人——儿媳妇，也有我的同事——小高和小姜，我的大学同学——徐明、董建萍、陈明，以及我的茶友——冯君，几乎是谁在身边就请谁帮忙。而徐明和冯君更是经常性的帮忙者，许多时候我甚至只说出要买的物品，他们就会帮我上网搜寻购买。借此机会，且向各位帮忙者深深地道一声：谢谢！

买那两大盒小花饼干时，恰逢2021年春节前夕，我不仅得到了漂亮的礼盒装铁盒（小花饼干的铁盒上印有不同的图案，平时随机包装、随机寄送），还获赠两大盒据说价值200多元的挂耳式冲泡咖啡。以我的偏好，这曲奇作武夷岩茶的茶点最佳，而下午喝咖啡佐之，亦有一种西方情调。而冯君见我买了又买，想来这小花饼干当是不错——她也属“吃货”，我们常交流吃零食的体会，有时也分享自己爱吃且认为对方也会爱吃的零食，于是，也网购一盒，且发现这 AKOKO小花曲奇饼干居然是网红食品！她告诉了我这一信息，于是，我俩抚掌大笑，想不到坚决反对网络炒作、十分反感跟风赶时髦的我俩，跟着舌头走，也会走入网络“粉丝”[1]群中！

注：

1. 此间的“粉丝”曾为网络流行用语，为英文词“fans”（意为热爱者们、追捧者们、迷恋者们）的汉语音译词，现在，在很大程度上，已成为人们的日常用语。

人参糖

人参糖是一种滋补性的糖果，为糖果中的硬糖，以人参原浆为主要配料制成。其形类似成年妇女中指上部大小的长椭圆形；色棕黄；以焦糖的糖香为底香，上覆浓郁的人参香味；甜味厚，人参味强，甜甜的糖味中夹着丝丝人参的苦味和人参特有的“药味”（人参常作为药材入药，故人参味也常被杭州人叫作“人参的药味”），有一种吃蜜糖人参片的感觉，也有人说是吃中药的感觉。

在中国，人参一般被认为是大补元气的珍贵滋补品，有延年益寿、康体续命的特殊功效，价钱也非常昂贵，特别是上百年的老山参，往往是千金难求。儿时，常听人说，某老人七八十岁还如年轻人般健康，那是因为他解放前是大地主，有钱每年吃一根老山参。所以，尽管解放后不吃了，但他身体底子好，健康长寿。为了让某老人能在临终前见到所有儿孙，就给他/她灌人参汤续命，以便远在他乡的儿孙能赶到见面。而即使在我儿时，人参，尤其是老山参也是难得的昂贵之物，一般人很难寻到，其价格对于月收入几十元的普通民众而言，也是令人咂舌，乃至可望而不可即的。

二十世纪九十年代，在改革开放的浪潮推动下，人民收入大幅度增

长，生活水平大幅度提升，市场供应的物品也不断增加、质量不断好转，普通民众们首次感到手中有钱，可以购买过去买不起的奢侈品、珍贵品。而对养生保健的重视，又使得这珍贵品中必然包括人参。在我的记忆中，二十世纪八十年代末至九十年代初，杭城的普通民众对人参有了热切的关注，或自用，或送人，人参成了抢手货。而当正宗的东北人参难求或实在价格太高买不起，参须也被人当成宝贝，有的人甚至在门口的空地上种起人参时，作为可替代物的人参制品也就应运而生了。人参糖就是在那时出现的，而它包装纸上印着的东北老山参图案、浓浓的人参味，食用方便，与糖为一体，都使得它在各种人参制品中脱颖而出，作为一种老少咸宜的滋补品而风靡一时。记得在那时，春节送礼或拜访长辈时，人们都会带上两盒人参糖，产妇产后或病人大病初愈的滋补品中，也免不了会有人参糖。在那时，人参糖真可谓风头十足。

在人参糖风靡杭城的同时，在资本的催动和市场需求的推动下，在东北，原本在山林中野生的人参也开始了大面积的人工栽培和种植，人参的供应量不断增加，以种植地命名各种人参新名称出现在市面上和人们的口中，比如种植在树林下的林下参，以园艺方法种植的园参，在塑料大棚中生长的大棚参等。而那种在大山里自生自长的野山参，则被重点突出地称为野山人参。野山人参仍一直很少见，属珍稀品，但人工栽培的人参，即使是被认为品质较好的林下参，则是常见且不难买到的。尤其是生长期一年至三年的新鲜园参、大棚参，更是易得且价格不贵。最便宜的时候，一年生新鲜人参只要一百来元就能买一斤，人参炖鸡汤对许多普通人家来说，虽不是家常便饭，但隔两三个月吃一回，也并非难事了。杭城人形容家境富裕的一句话是：白木耳当泡饭吃，人参当萝卜干吃[1]。当人参成为大众买得起的常用品时，作为替代品的人参制品——包括人参糖的需求量也就大幅度下降。到如今，尽管网上有售，但杭城人已很少以此为滋补品购买，甚至也很少听人言及此物了。

不过，人工种植的人参，尤其是一年至三年生的新鲜园参、大棚参，其功效毕竟大大低于传统的老山参——用今天的话来说，是多年生野山人参。故而，2000年以后人参糖风光不再，2010年以降，在杭州，一年至三年生新鲜园参、大棚参之类，更多地被人们当作食材，而非滋补佳品。如同一种轮回，野山人参，尤其是多年生野山人参再一次被传为神话，且更为难寻难求了。

注：

1. 杭州人称银耳为白木耳。用吃剩的干饭加水煮或直接用开水泡或带水但米粒不糊不粘的泡饭，杭州人惯用的剩饭加工方法。这意味着某种节约的习惯的同时，也暗喻着家有余食（余粮）的某种宽裕。而杭州附近的萧山区（如今为县市区，部分区域已划归杭州市区）特产萝卜干味美鲜脆，是杭州人最喜爱的早餐佐餐小菜之一。

肉 脯

肉脯是一种肉类零食，以猪肉薄片涂抹上蜂蜜或糖汁后，炙烤而成。其形多为长方形（两三寸宽，四五寸长）或正方形（两三寸或四五寸见方），较纸张略厚；色为深红色或玫红色，有的上有炙烤形成的棕色或浅褐色的小圆点（炙烤焦了之处）；浓烈的焦糖香扑鼻，烤肉香穿行在焦糖香中，成为尾香；味咸甜适中，汇融一体的咸味（据说，鲜肉要用少许盐略加腌制，故有咸味）和甜味，相互调和，咸味凸显了甜味的润，甜味强化了咸味的鲜，嚼之软韧，略有弹性，俗称："有嚼头"。焦糖香和烤肉香在口中相融合，形成肉脯特有的腴香，味与香浓郁悠长，令人回味无穷。

如前所述，我不喜欢吃猪肉，但我喜欢吃这肉脯。因为这肉脯完全没有猪肉的气味和肉味，只有浓浓的焦糖香和非猪肉的咸甜鲜味。看来，我并非不喜欢吃猪肉，只是不喜欢吃有着猪肉气味和口味（这被许多人称为"猪肉香"）的猪肉。

就如肉干类零食中常见牛肉干，而罕见羊肉干、猪肉干一样，肉脯类零食中常见猪肉脯，而罕见牛肉脯、羊肉脯。但至少在杭城，牛肉干被明白无误地称为"牛肉干"，而猪肉脯则被称为"肉脯"，即使有的包装袋上标明"猪肉脯"，人们仍称之为"肉脯"。对此种现象，作为一个社会学研究者，从语言社会学角度，我进行过思考，得出的结论是在农业社会，牛是人们主要的生产工具（如用于耕地），乃至生活工具（如，用于交通和运输），在许多农家，牛甚至是家中唯一的财富，人们不会为了食用而杀它，牛肉是珍稀之物。我丈夫出生于农村，成长于农村。他告诉我，在二十世纪八十年代联产承包制实施之前，他家所在的生产队有专门的饲养员，饲养和管理生产队集体所有的几头耕牛。只有在耕牛因衰老或伤病而死亡后，生产队才能杀牛，每家每户分到一份牛肉。若是老死的牛，那牛肉真是拼命嚼都嚼不动。而对生于杭城、长于杭城的我来说，即使城里有食用牛（俗称菜牛）的牛肉供应，供应量也较少且价格较猪肉贵许多，所以，即使家中经济状况较好，每年最多也只吃四五次牛肉。记得那时大人们常说起，苏联领导人赫鲁晓夫说，在苏联，土豆烧牛肉是共产主义，在我们中国，猪肉烧青菜是共产主义。可见，那时在大人们的心目中，牛肉更多的是外国人的“好菜”。由此，牛肉干必须标明“牛”字，以显其“好”与“贵”，若无“牛”字，则会被低看为“猪肉干”，这对卖家来说，当然是不愿意的。猪肉是汉族人的常用肉，而相对于对牛的尊崇，如，任劳任怨被称为“老黄牛精神”，人们对猪往往有一种鄙视，如，不聪明，被称为“像猪一样蠢”；麻烦形容为“像猪一样”。所以，当猪肉脯被匿名地称为“肉脯”时，卖家是高兴的——这让猪肉脯不再因是猪肉制品而普通，有了某种高贵感；买家食者也是高兴的，这至少在食品名称上，让他们不再会遭人鄙视（汉文化中有一种传统观念，认为多吃猪肉者聪慧度较低；多吃鱼、虾等水产品者聪慧度较高）。故而，“猪肉脯”也就更多地被匿名化地称为“肉脯”了。习惯成自然，在今天，人们对于“牛肉干”与“肉脯”命名的差异已习以为常了。此乃一家之言，谨记于此，以求教于方家。

我是在二十世纪九十年代中期开始大吃肉脯的。在此之前，有邻居（儿时）或朋友（婚后）外出开会回杭送来过肉脯伴手礼，有三四次吧，只觉那物美味，但杭州买不到。直到二十世纪九十年代中期，一系列标着“唯新食品”名号的猪肉类再制品，如，肉脯、肉条和肉松、肉丸等在杭城出现，我才得以畅吃。“唯新食品”猪肉再制品的味道，咸甜宜人，有点像我喜欢的闽南肉松（肉酥）味道，十分符合我的口味。一度我还以为“唯新食品”是闽南或台湾在大陆的企业，后来才知道，这是一家创立于1992年的杭州本土企业。杭州企业能制出具有闽南味（台湾的许多食品其实也是闽南赴台人员移植的，就其本质而言，也属闽南食品）的食品，令我拍手叫好。唯新食品有限公司生产的肉脯、肉条是我喜欢的零食，而我的畅吃，也潜移默化地造就了我儿子对此类口味的肉脯的喜爱。儿时，我俩常共食一袋，长大后，很少买零食的他，有时也会买上一袋自食或与家人共享，只是在香港工作，他买的大多是“巽珍斋”的肉脯了。

“巽珍斋”是一家新加坡的肉类再制品企业生产的肉类再制品的名号。在所吃过的肉脯中，我最喜欢的是巽珍斋肉脯——它咸甜味更宜人，肉体的软硬更适我的口感，而在糖香中忽隐忽现的碳香，更增加了炙烤肉脯特有的香味的厚度和香谱的广度，让人的嗅觉和味觉缠绕于其中而不能自拔。吃巽珍斋肉脯时，我常常处于吃了还想吃，不忍也难以罢手离口的状态之中。有一段时间，我不时赴香港，或参会，或访学，或探亲。香港机场内，有一处巽珍斋销售点，每次我总要买上一两袋带回家，以享其美味。后来，去香港机会少了，巽珍斋肉脯的美味也更多地成为我的美味记忆库中的一份藏品。前些天，儿子从香港回杭，从香港机场买了一袋巽珍斋肉脯回家。我开袋食之，竟有一种老友重逢的喜悦感！想来，这大概只有吃货才会有。

2005年上半年，我作为访问学者赴台湾大学进行访学，学习、观摩教学、讲座、查阅资料等工作之余，我还深入农村，尤其是“原住民”聚居的山村进行了社会考察。记得在阿里山考察茶农生活时，我与同行者路过了一个小镇镇口，远远地就有一种混着焦糖香和木炭香的烤肉香迎面扑来。在镇口一个用毛竹搭建的简易竹棚中，三名穿着当地村妇装束的中年妇女在加工肉脯，一个将碎肉末搅拌后抹成薄肉片，再涂上糖浆，一个负责在炭炉上用铁轮炙烤放在铁丝网上的肉脯，一个负责装袋和收款。见我们停下，她们热情地介绍，这肉脯上涂的是林中山上采集来的土蜂蜜；这炭是用山上的杂木烧的，无烟有清香味，并更热情地切下几片刚烤好的肉脯，请我们品尝，并连声说，尝尝、尝尝，不买没关系。这肉脯真的很好吃，比我吃过的其他肉脯香更醇、甜更厚，且有一种渗入肉脯中的带有丝丝缕缕树木清香的木炭香，边缘脆（因刚烤好）而肉体Q（台湾人俗称软而有韧性为“Q”）。我与同行者当下各买一斤，有伤文雅地边走边吃边夸赞。剩下的，我带回了宿舍，快乐了好几天。在我的吃肉脯经历中，这阿里山的肉脯是我至今吃过的最好吃的肉脯，十六年过去了（今年是2021年），这美味仍飘扬在我的记忆中。

我关于肉脯的另一个故事与金一虹教授和我母亲有关。印象中，大致是在二十世纪八十年代末或九十年代初，南京大学金陵女子学院的金一虹教授要做一个有关中国近代女工的访谈。我跟她讲了我母亲的经历，并告诉她，我母亲曾说过，她年轻的时候（二十世纪三十年代），在上海，纱厂女工较之妓女[1]更被人看不起。因为妓女，尤其是高等（上等）妓女，大多经过特别培训，会琴棋书画，举止有度，而男人们若与之交往，必须付钱。纱厂女工虽是良家妇女，但其在社会上抛头露面，纱厂的工作环境也使其说话高声（机器的嘈杂声造成）、与男子说说笑笑、打打闹闹习以为常（纱厂的领班/工头、机修工多为男子，工作时免不了与他们打交道），且为了保住工作，不少纱厂女工在遭受男上司或男同事的性骚扰（俗称：吃豆腐）乃至凌辱后，或不敢言说，或只会默默反抗，有的只能忍受。我母亲的这一说法，金教授颇感兴趣。

加上当事人我母亲曾有过三个月挡车女工的实习经历的现身说法，不久，金教授来我家，对我母亲进行了访谈。访谈很顺利，走之前，金教授留下了一盒南京产的肉脯作为给母亲的谢礼。接受访谈后，母亲很高兴，这是她自退休及不再担负退休后担负的居委会义务工作后，少见的逐渐弱化了的来自除了家人外的尊重——对她工作和人生经历的尊重，这让她重又感到自我的存在和存在的意义。作为来自他人的尊重的证物，那盒肉脯被她小心地珍藏，时而拿出一片给我与儿子或邻居、朋友分享，并在分享中一次次讲到金教授的访谈。就在那时，我突然就领悟到形而上的精神有时是可以以实在的物质作为载体呈现的。

注：

1. 在近代中国，妓女是有营业执照，有的还有健康证明，在政府规定的营业场所（妓院）的性服务妇女。与之相对应，无营业执照，在未经政府批准的场所（如自己的住房）私自营业的性服务妇女则被称为“娼”或“私娼”。

肉　松

肉松是一种猪肉再制品。我所吃过的肉松有两类，一为如棉花般蓬松，状如茸毛软柔，色淡黄，咸香清雅，味为咸中微甜，无猪肉的气味和口味，鲜美可口；一如油润的砂粒，且色亦如油润的砂粒，油汪汪的深黄或土黄色。该类肉松油润的鲜香浓郁，咸中微甜，咸鲜味润泽，入口如麻酥糖般化开，鲜味和香味盈口，故在外地，如福建，又被称为“肉酥”。但在杭州，人们更多地称之为“肉松”，或加以地名，称之为福建肉松。因这类肉松最早产于闽南（福建南部，简称：闽南），更多地产于闽南，闽南所产的也更为美味。

在杭州，也许是更多地为本地所产、更具有江南人口味所喜的清淡、杭州人的习惯等原因，市面上更多的是第一类肉松。对大多数人来说，这肉松当是一种佐餐之物，并曾因价格较贵，被许多杭州人当作病患之人、溺爱的家中幼儿、产妇等需呵护之人的营养品和慰藉品。记得在二十世纪八十年代中期，我的一位同事跟我聊起她丈夫重感冒病愈后想吃肉松之事。她出生在家境优渥的高级知识分子家庭，她丈夫出生于家境一般的普通市民家庭。联想到儿时的经历，她说，想来也真可怜，他（指她丈夫）发了好几天高烧，烧退了，口中寡淡，想来想去，只想到肉松最好吃。小时候，他家只有病得很重的人想吃肉松，才能吃到一点点，也只有三四餐。所以，人到中年，他想来想去，还是肉松最好吃，真当是平民出生的。我的这位同事与她丈夫都是出生于二十世纪五十年代，从社会学的分析看，她的叙述及叙述之口吻表明，即使是肉松这一小小的佐餐之物，也曾有过某种阶级性。而正是这一虽暗含但清晰的阶级性，使得当时并未进入社会学领域的我感到了某种心理不适——尽管我出身于家境较好的干部家庭，无论儿时还是成年后，吃肉松亦为常事，但并未与她所言产生共鸣，而是隐隐感到某种轻视乃至歧视的存在，从而记住了这段话，以及她叙述时的神态与口吻。从二十世纪九十年代开始，随着人们经济收入的不断改善和生活水平的逐渐提升，肉松成为普通民众的常吃之物，尤其是早餐肉松已成常见的佐餐的配菜，肉松的阶级烙印终于被抹去，不复存在了。

就绝大多数人而言，肉松是一种佐餐之物，即使当今流行的肉松面包（表面裹有蓬松的肉松，或以蓬松的肉松为馅）、有“金沙面包”美名的肉酥面包（表面裹有闽南肉松，或以闽南肉松为馅），肉松也只是配料。而对我来说，肉松也是一款美味的零食。我以肉松为零食的经历，可追溯到我的幼儿园时代。据我父母说，因他们工作繁忙，我出生刚满月，就被送到了上海我的外公外婆家，由他们照料（哺乳由雇用的奶妈承担），三周岁时从上海接回，送入我父亲就职的浙江省林业厅所办的浙江省林业厅幼儿全托[1]，至七周岁那年的8月从幼儿园毕业——我出生于1955年，三周岁时为1958年，而我清楚地记得1962年9月我入的小学，在那之前，天气特别热的夏天从幼儿园毕业。在幼儿园期间，一个月有一两次，早餐的佐餐菜为肉松。在吃饺子时用的蘸酱油、醋的小小的蘸料碟上，炊事员叔叔夹上两筷子肉松，如染上了美丽黄色的棉花绽开笑容。每到此时，班里总有一两个小朋友偷偷留下一些，藏于口袋中，在自由游戏时偷偷乐着当零食吃。而这一两个小朋友中，肯定有我。不让照料我们餐饮生活的老师发现我们偷藏了肉松，不让给我们上课的教育老师发现我们在偷吃肉松，需要智慧和勇气，也需要技巧。而在这方面，我是最佳者，因为直到我毕业，被授予浙江省林业厅幼儿园“好孩子”的光荣称号，也没有一个老师和同学发现此事，没有一个老师为此事批评过我（其他同学因被发现偷藏肉松而被批评），也没有一个同学向老师告密此事。作为品行、学习、劳动皆上佳的好孩子，我从幼儿园毕业。说到小朋友间的相互告密——到老师处告发他人，在幼儿园并不少见，只是我较少被人告发，我也因更害怕从不去老师处告发他人。而在幼儿园的最后一天下午的经历，让我对“告密”行为的恶毒有了刻骨铭心的知晓。那天下午举行毕业典礼后，怀着在毕业典礼上，被老师宣布我为本届毕业生中三位获“好孩子”荣誉称号者之一的激励（我从小对自己的评价就很低，这一称号的获得完全出乎我的意料），与其他小朋友一起坐在教室中等待父母来接我们回家。这时，一位我能写出她的名字（之所以能写她的名字，是因为那是在当时我认识的不多的汉字中，能连在一起被我读出的字）的女同学坐到了我身边。她是班里类似班长的人物，学习好，劳动好，能言善说，也会不时告发他人，很得老师们的喜爱。而我在幼儿园里沉默寡言，怯懦胆小，她很少与我交往。现在，她居然主动坐到了我身边，而且跟我说：“我们都是好孩子，比他们（她一指其他孩子）好，我们两个做朋友，好吗？”我顿时有一种被“恩赐”的感觉，讨好地点头说好，开始回答她的问题，比如，老师为什么也喜欢你？你会什么？正说着，幼儿园外的没机会上幼儿园的顽童从篱笆墙外，朝教室的窗口中扔进了数条刺毛虫（杭州人俗称：毛辣虫），差点扔在她的身上。那刺毛虫的毛碰到身上就又痛又痒，我们都吓了一跳。有同学赶紧去叫老师，而她则开口就学着大人大叫：“这批小鬼，太坏了！”面对新交的朋友差点遇害，一向胆小的我突然豪气大升，冲到窗户口，以自认为最凶的骂人话，对着外面大叫一声：“你们这批小鬼！”然后，回到她身旁，对着还在发脾气的她，安慰道，“我已经骂过他们‘你们这批小鬼’了！”谁知，还在对顽童发火的她，突然翻脸，严肃地对我说：你骂人了！好孩子是不能骂人的！我要告诉老师，不让你当好孩子！刹那间，我惊呆了，各种委屈和不解涌上心头，身上原本因暑热而出的一身热汗，顿时化作一身冷汗。老师来了，她立即报告了我的“罪行”，我只敢躲在人群中，嗫嗫而言：我是帮你。也有小朋友证明，她自己也骂人了，而老师不知为何，只是敷衍地“哦哦”着，将刺毛虫打扫干净，检查了在场幼儿有没有受伤，也就让大家散开了。老师临走前，拍了拍我的手，又很奇怪地看了她一眼。那眼神我至今不解其意，但至今仍未忘记。而那突变的笑颜连同那红绿黄相间、令人恶心的刺毛虫，炎炎的暑热和暑热下的浑身冰凉一起，从此构成我对友情的某种联想。

我第一次吃到的肉酥，来自邻居的馈赠。因省林业厅与省农业厅合并后成立的省农林厅办公地点更好，原林业厅集办公与宿舍为一处的高官弄18号改为省机械厅的办公地点，我家从高官弄18号搬到离原住地不远、由省林业厅幼儿园游戏室和医务室改建的省林业厅宿舍七幢，而对面住的就是原林业厅幼儿园的凌医生（我们称他：医生叔叔）和梁护士（我们称她：梁阿姨。在省林业厅幼儿园，凡负责照料幼儿生活的老师均被称为“阿姨”）夫妇及孩子。凌医生有一姐姐在福州工作，姐夫是医生。“文革”开始不久，凌医生的姐姐、姐夫来到了凌医生的家，他们带给凌医生的伴手礼之一就是肉松。按照当时七幢一楼住户（七幢共两层，一楼住着八户人家，相互交往较多）的习惯——家中客人带来的杭城少见的食物，都会与邻居分享，我吃到了这来自福建的、与平时我们吃惯了的杭州的肉松完全不同的“福建肉松”。这“福建肉松”较“杭州肉松”香更醇、味更浓，嚼之有沙粒感和“沙子”声，含在口中会化成浆状，令我十分喜欢，于是，我也记住了这一名称、这一口味，以及带着“福建肉松”的凌医生家的客人。凌医生家的客人大概住了一星期，就如同突然而来一样，突然就走了。听凌医生和梁阿姨对母亲窃窃私语，他们是担心凌医生的姐夫被打成“反动学术权威”而想在杭州躲避的，但还是被要求回去，接受批斗了。如果从“吃货”的角度写历史，就我而言，我想相关的一个标题是：“文革”开创了我的吃肉酥史。

我再次吃到肉酥是在35年后的2002年。那时，我丈夫在福建漳州工作，我儿子在厦门大学上学，每到节假日，我都要去漳州探亲（漳州与厦门相邻）。在漳州，我先是在食堂的早餐中吃到了肉酥（我是科研探亲两不误，工作忙时，就在离宿舍不远的机关食堂用餐），然后，知道了地处闽南的漳州也产肉酥，也是被称为“闽南肉松”的肉酥的主产地之一，市场有卖。于是，我赶紧去商店买了一大袋，佐餐以及当零食。2005年我丈夫调到福州工作，在与友人单聊中，我得知三坊七巷街区的巷口，有一家专卖肉酥的。那是个前店后厂的商家，所售肉松是传统老字号，其香、其味是我所吃过的肉酥中最佳的。我丈夫在福州工作时，凡节假日我去探亲时，总要买上几瓶，当时食及带回杭州食。2016年前后，在参加全国社科院系统社会学所所长会议之余，我还带着同事小高，叫了出租车，特地去到三坊七巷找到那家老字号商店，各买了两瓶肉酥带回杭州。只是，与十多年前相比，这家店的门面小了许多，原本专卖肉松（包括蓬松型的肉酥），那时也兼卖起了橄榄再制品（福州的“大世界”橄榄蜜饯也是著名食品）。据女店主说，开店成本太高，已经感到难以为继。不知现在，那家店铺是否还在?

从小到大，无论是“杭州肉松”还是“闽南肉松”，除了佐餐外，也是我最喜爱的零食之一。写作烦累时，空闲轻松时；心情郁闷时，快乐开心时；文思枯滞时，下笔流畅时；工作困难时，成就纷至时，身体欠佳时，身健体康时，或用手抓（蓬松的肉松），或用瓢羹[2]舀之。我常以肉松为零食，或以解乏舒顺，或以通文思解疑惑，或以自我安慰，或以改善口感，或以自得其乐地怡心怡神，个中滋味，唯自知之。

注：

1. 那时为每周六天工作制，故全托幼儿是周六下午父母下班后接回家，周一上午再被送到幼儿园，遇到父母工作忙，就由幼儿园老师陪同，在幼儿园过周末。
2. 对于北方人所称之汤勺中的小汤勺，杭州人或以其所具的瓢形，以形称之为“瓢羹”；或以具有的搅拌、调和功能，以其功能称为“调羹”。而对勺子中的大汤勺，则以“勺儿”或“大勺儿”通称之。

萨其马

萨其马是一种面粉烘焙类食品，因加了黄油或奶油、糖（白糖或红糖）或蜂蜜的面粉，经揉搓成圆状条形，加以盘绕、层积后，烘焙而成。因“萨其马”为满语的汉语音译名，故汉字的译文名称又有“萨琪玛”“沙琪马”“沙琪玛”等。一般而言，萨其马色土黄，腴香浓，腴味醇厚，大多为正方体或长方体，有单味的，也有以萝卜丝染成红色、青梅切丝做成的红绿丝点缀（我儿时常见，如今罕见），从而有了若干萝卜丝味和青梅味；或添加了葡萄干、蓝莓干，从而有了水果之干果味（如今流行），或面粉中添加了鸡蛋，蛋香飘拂。萨其马口感松酥香甜，是颇受人们欢迎的一款零食。

少儿时，听大人说，萨其马是一种满族食品，“萨其马”也是满语对这类食品的专称。随着清兵入关，清朝建立，大批满人入住北京，这款食品也进入北京，并逐渐被汉人接受成为京派食品，直至到了当代，成为北京传统食品之一。近几年来，又有人说，据民俗学考察和考证，这萨其马应该是山东沂水地区一种名叫“米糕”的传统食品的延伸品。至今，不少沂水地区的民众仍将“米糕”作为中秋供品。“米糕”的制作工艺与“萨其马”相似，且早于萨其马出现，若考证确凿，那么我想，也许米糕是早年间随着诸多山东人闯关东而进入关外的东北地区，进而被当地的满人接纳后，“满化”为萨其马了的。而随着清兵入关，满人进京，这萨其马也入关进京、下江南，又成为一种“汉化”食品：中国的流民史、民族间的战争与和平及融合史，可以有了一个新的研究切入点。

萨其马常让我联想到“文革”期间红极一时的革命样板戏《红灯记》。我是在《红灯记》尚未从一部革命现代京剧提升为革命样板戏，且是“文革”中推出的八部革命样板戏之首前，吃过萨其马的。那萨其马是我在每年春节赴上海探望外公外婆及舅舅一家时，我舅舅买给我吃的：虽只有一块，却是只有我这个舅舅唯一的外甥女才有，连我的表兄弟姐妹（我舅舅共有六个子女）也只能在一旁观看。我舅舅蒋星煜是我母亲唯一的亲弟弟，也是我唯一的亲舅舅。他温文儒雅，才思敏捷，学风严谨，是国内外著名的戏曲史家、小说家、散文家，尤其在《西厢记》研究领域，居学术泰斗之位。然而，他也有一颗童稚之心，比如，在我的表兄弟姐妹们高喊着“同志们，冲啊”，从山坡上飞奔而下时，他会在一旁更高声地喊道：“同志们，大蒜（‘冲’与‘葱’同音，舅舅就以‘蒜’做戏谈）啊！”令我们笑翻在地。并且，他更喜欢花一些小钱（他家的经济来源只是他一人的工资，生活并不宽裕）买一些新、奇、特的小玩意儿，送人或给孩子们。比如，我小学新生入学时，他寄给我的文具盒中，就有一把一拉弹簧刀。这种一拉后端刀部就弹出的弹簧刀，当时罕见，放在文具盒（我们儿时称“铅笔盒”）中，我就认为是削笔刀了。而我母亲一看，却说这是水果刀[1]。写信问之，我舅舅答：水果刀也可以削铅笔啊！好玩嘛！这类被我外公称为“假虎丘”[2]的东西，常遭大人们的贬损，却颇得我们这些孩子们的喜爱。而这种喜爱也慢慢地养成了我对世间新事的童稚般的好奇心，推动着我一步步进入学术研究领域。那年春节，舅舅给我的一个新奇吃食就是“萨其马”，并开玩笑地说，这是“杀骑马”，古代是吃了要去杀骑马的人的，之后又正色道：此马非彼马，乃满人食品。也正是舅舅的这一玩笑和正色教之，让我记住了“萨其马”的名称、写法及来源。

《红灯记》讲的是抗日战争期间，在东北地区，中共地下交通员、铁路工人李玉和与其因战友情谊而结合成家人的母亲——李奶奶（牺牲战友的母亲）、女儿李铁梅（牺牲战友的女儿），一家三代三口人与日寇斗智斗勇，不畏牺牲，终于将地下党急需的密电码安全送达的故事。戏中有一个情节，李玉和被叛徒出卖被捕，宁死不屈，坚决不说出密电码的藏匿处，日本特务就去他家，企图从祖孙俩口中套出实情。特务问李铁梅，前几天你爹回家有没有带着一个饭盒（指铁路工人日常用来装饭食的长方形铝制饭盒），答：有；又问：你爹说了那里面装的是什么吗？答：他说是非常非常……未及说完，特务抢接话：非常非常重要的密电码！答：不是！他说，是非常非常好吃的萨其马！那时，样板戏流行，后被戏称：八亿人民八个戏。广播里常播，学校也组织过观看电影《红灯记》，每听到或看到此，我们都不免大笑，笑铁梅的机智，笑敌人的愚蠢，但许多人不明白萨其马为何物。这时，我就成了老师；借着吃过一块上面撒着红绿丝的、用食品纸包装的萨其马的经验，给小伙伴们，乃至邻居大人们讲述何为萨其马，其样貌如何，其香与味又如何。那块萨其马就这样，在《红灯记》的热闹中，一遍一遍在我的口中热闹着，让我得意了许久，也让我直到今天，只要吃到萨其马，甚至只是看到萨其马，就会想到革命样板戏《红灯记》，想到在“文革”中度过的青葱岁月。

在2015年以后，每当我吃到萨其马，甚至看到萨其马就会在心中泛起笑意的，还有我大孙子的“萨其马之事”。那时，我大孙子第一次来杭州，才两周岁多的孩子在一个陌生的环境中，父母又不在身边，开始时难免拘谨，我和丈夫就常用零食逗他，而萨其马就是其中他最喜欢吃的零食。一次，我们举着萨其马，硬要他说出食品名称才给他吃，他吭哧吭哧整了十几分钟后，突然大声而肯定地说：“癞蛤蟆！”我和丈夫笑翻。从此，“癞蛤蟆”成为我家对萨其马的一个戏谑性专用名词，而也许是我和丈夫笑得前俯后仰，不再有儿童心目中爷爷奶奶的威严感，让大孙子消除了陌生感，他从此与我们的交往也变得轻松和随意。

杀骑马——密电码——癞蛤蟆，想来，这萨其马也陪伴着我从儿时走到了老年，带给我一路的欢笑。

注：

1. 之所以作如此详细的说明，是因为2010年前后，我去山西师大讲学，抽空去参观该校戏曲研究所著名的戏曲博物馆时，见到放在首位的我舅舅为该所的题词，不禁呼出“我舅舅的题词”时，一旁讲解的工作人员（也是师大教师）怀疑地问：“是你亲舅舅吗？”我赶紧正色答：“我母亲只有他一个亲弟弟，我只有他一个亲舅舅。”陪我前去参观的时任《山西师大学报》副主编的畅引婷教授也马上介绍了我在国内外社会学界和妇女/性别研究领域的成就和地位（先前，我让畅教授只介绍说我是来自浙江社科院的一名研究员，对戏曲史感兴趣），那工作人员听后连声说明，自该戏曲博物馆在近几年出名后，不断有人以某某名人或领导的亲朋好友的名义，要求入馆参观（该馆那时尚未对外开放），甚至要求鉴赏馆藏珍贵文物，让他们很为难。而实际上，其中有的关系疏且远，有的甚至是假冒者。对此，我深表理解。只是从此，凡在较正式、正规的场合提及我舅舅，我变得总要不由自主地加上一句：“我母亲只有这位亲弟弟，我只有这位亲舅舅。”
2. “假虎丘”是旧时苏南地区流行的一种对华而不实之物、事、人的俗称。对此，有一种说法认为，苏州虎丘为实实在在的风景名胜之地，那些仿虎丘的风景，难免形似而实不致，徒有虚名，华而不实，故苏南人有“假虎丘”一词的指称。

山核桃

山核桃属零食中的炒货，因其产于山区，故被冠以“山”名，称为“山核桃”；又因其颗粒，与产于北方的核桃因颗粒大而被称为“大核桃”相较之下，被称为“小核桃”。山核桃的颗粒如玩具中的玻璃弹子般大小，外壳色棕褐、坚硬；在炒制过程中添加的配料的香气，如盐的咸香、椒盐的咸甜香、奶油的奶香中，从小核桃壳的缝隙里，透出山核桃肉特有的醇香。去掉外壳，取出夹在壳中的小核桃肉，肉外层包着一层薄薄的皮（杭州人称为“衣”），棕红色，薄皮下的肉为深黄色，嚼之，松脆油润，腴香满口，美味无比。

作为杭州著名特产的山核桃，早年间基本产于与杭州城比邻的临安县（今为临安市，为县级市），基本为野生，且以临安县所属昌化镇区域内所产为最佳。近二十余年来，浙江境内其他山区的野生山核桃资源不断被开发，人工种植山核桃的面积不断扩大，非临安所产之山核桃的市场占有量不断增长，一些包装上标有“杭州著名特产”的山核桃已并非来自临安，甚至并非杭州。更多仅在包装上写着“山桃核”的浙江其他山区产的山核桃，被人们认为是杭州特产而买之食之。如今，不少杭州的山核桃“吃货”会在临安山里找一两家农户，在山核桃收获季节，定点购买，以求正宗。而也只有有经验的杭州山核桃的“吃货”，才能分辨出临安山核桃与其他山核桃，以及昌化山核桃与临安其他地方山核桃的区别。毕竟，以我的经验，作为杭州传统名特产品的山核桃，至今仍以临安的为佳，而临安的山核桃，又以昌化的为佳，即昌化所产山核桃为山核桃中的最佳！

杭州有一较山核桃更有名的传统名特产品——西湖龙井。西湖龙井以其特有的“色翠、香清、味雅”而古今有名、享誉中外。在杭州，“龙井”一度被用来直接指称西湖龙井，毕竟龙井在西湖，西湖所产龙井茶，方为龙井茶。但近二十余年来，由于“龙井”被规定为一种茶产品类名，浙江有了诸多的“龙井”，并被群体性地冠以“浙江龙井”之名，连在大西北，也有了称为“龙井”的茶品。于是，如今不少喝茶人不知西湖龙井之妙，而以浙江龙井代之。我的一位茶友曾愤愤地告诉我，他送正宗的西湖龙井给客商，那位号称茶客的客商居然说此为假冒品，然后拿出一罐茶说，这才是真正的西湖龙井。茶友取一撮嚼之，肯定地说，这是浙江龙井，虽也是好茶，但绝非西湖龙井。那位茶友在龙井村有好友，好友家有茶山，原为茶农，每年都自己做几斤西湖龙井自喝，茶友由此得之，可信度极高，但遭那位客商的否认。可见，喝茶者的茶感已是被如何误导而固化了。这几年，在吃着包括昌化山核桃在内的产地不一的山核桃时，以西湖龙井为鉴，我常常担心这杭州山核桃最后会不会也成了“浙江山核桃”，从此，昌化山核桃被挤压成“非正宗”了？

唐人《悯农》诗云：“锄禾日当午，汗滴禾下土。谁知盘中餐，粒粒皆辛苦。”粮食如此，山核桃其实也是如此。早年间，山核桃的采摘和加工均以人力手工而成。山核桃树为高大的乔木树，山民们需搭梯子攀高采摘山核桃果，树高枝脆梯滑，每年都有人在采摘过程中摔跌而下致伤致亡；山核桃为山核桃果的内核，其桃皮有尖刺且有毒。采摘下的山核桃果需用水浸泡，沤烂外皮后去除，取出果核。每年都有人被毒刺刺伤双手，红肿痒痛，留下伤痕。去皮的山核桃洗净、煮熟、烘干后，为半成品。将半成品用砂子炒熟，是一项技术活，也是一项繁重的体力活。早年间，在冬至后到小年夜（除夕前一天）前，杭州城里居民聚居区的小巷口，总会搭起炒货棚，点上炒货的煤炉，支起炒货锅，开炒各种炒货，山核桃就是其中之一。炒货的师傅手握铁锹一样大的铲子，炒被砂子裹住的山核桃，五斤开炒（各家拼炒后再分），加上七八斤砂子，一铲一铲地炒着。即使寒风凛冽（棚子无门，四周无壁，冷风直吹而入），冻雨淅洒，炒货师傅也是满头大汗，穿着一件薄衫干活。如今，这采摘、去皮、洗烘、炒制及后加工（如取仁）等劳作都由机器代替了，但山核桃树的栽培、种植、管理等仍需较多的人力资源的投入。实际上，相关机械的研制也并非易事，而要提高山核桃的品质，保证山核桃的质量，也需相应的精力、时间和资金的投入。所以，那山核桃也是经过许多人的辛苦才来到我们手中的。

山核桃不仅来之不易，早年间，食之也不易。山核桃壳硬，需用牙磕，牙齿欠硬者，需用榔头敲，才能打开硬壳。而打开硬壳后，山核桃仁并不一定会掉落或全部掉落，所以，还需继续咬或敲，才能将山核桃仁全部取出，全部吃到那美味。那时，在吃的过程中，若掉落一粒山核桃仁，尤其是较大的，吃者都会俯身寻找。即使是大人，也是不找到不罢休。以我的同事、原浙江省社科院办公室主任王保民先生（也是吃货）在二十世纪九十年代所言来形容，就是："找不到那颗山核桃仁，比丢了十元钱还心痛。"那时，十元钱大概可以买到两斤多山核桃。如今，山核桃食用简单了许多，有用机器敲裂、敲开外壳的"手剥山核桃"，乃至有了可一抓一大把入口即食的山核桃仁（亦称：山核桃肉）。考虑到手剥山核桃仍有若干难剥处，前两年，还有人研发了两件套的山核桃食用工具，一种用来开剥山核桃外壳，一种用来取出深嵌于壳中的山核桃肉，使手剥山核桃的食用更为方便。只是就正宗的杭州山核桃吃货而言，山核桃还是自己咬开吃更香更美味。所以，虽更艰辛，但杭州人仍更喜欢以自己的牙和手为工具，自力更生且津津有味地吃着山核桃。

说起来，这山核桃肉还曾是我们几个吃货同事间的一段公案。那是十余年前，我们几个吃货同事趁着午休空闲，在王保民办公室喝茶兼吃零食。那时，山核桃肉尚不多见，小高的姐姐在山核桃购买定点山民家中买得一斤（四瓶），给了小高两瓶，小高带了一瓶与大家分享。我们正吃得起劲，一边评论，认为尽管方便简单不伤牙，但就味道来说，还是自己咬来吃的更香更可口。院里另一同事兼吃货的徐力钧先生推门而入，他先吃了两块饼干，再抓一把葵花籽，然后边嗑瓜子边阻止我们吃山核桃肉，说他几天前去临安拍风光照（他也是一位摄影爱好者），见到一个村子里有七八个老年妇女坐在一起，剥山核桃肉，每人每天可赚十元。那些老太婆先是用榔头敲壳，壳的角落里用手挖不出来的山核桃肉，她们就用嘴咬开壳取肉。“老太婆牙齿腊腊黄[1]，真当腻心[2]啦！”他说，“你们还要吃得介[3]开心！”我们这些吃者纷纷找理由驳斥，不相信他所言，而徐先生则以他亲眼所见据理力争，一再声明此事为真。最后，望着瓶子里的山核桃仁，我在口福与腻心间左右为难，小高在有好东西朋友分享与让朋友吃了不洁之物间一脸尴尬，李文峰忙着劝说和稀泥，王保民一脸大无畏，抓过瓶子，倒出一大把山核桃肉猛吃，徐力钧仍愤怒（因为大家不相信）而无奈地不停申辩……不过，不到一年，这段公案就因着山核桃肉的大量问世而自行了结。因为面对这么多、这么多的山核桃肉，我们相信，即使将全临安县的老太婆都雇来，也咬不了这么多的山核桃肉；因为山区农家乐的兴起，已成为餐饮店、民居老板娘乃至女老板的老太婆们[4]再也不会看得上这一天只赚十元钱的营生；因为机械化的推进，山核桃的手工加工基本被机械替代。而徐先生在重访旧地后，回来也郑重声明：那里现在山核桃肉都机器加工了，环境也很干净，于是，他也成为大吃山核桃肉者。

注：

1. 腊腊黄，杭州本地话，指像厚腊一样，颜色非常黄。

2. 腻心，杭州本地话，与普通话中的“恶心”（令人恶心）同义。

3. 介，杭州土话，意为“如此”。

4. 在浙江，许多农村留守老年妇女成为农家乐的经营者。

山楂片

山楂片是果类制零食，圆形薄片，较人民币五分硬币略大；色红；有清新的果酸香；味酸甜，那酸中带甜、甜中泛酸的味道引人入胜。山楂片以十片为一筒包装，包装纸为山楂红色，裹成长圆柱形的筒状，故杭州人将山楂片的量词称为“筒”——“买两筒山楂片”“吃掉了一筒山楂片”。这红色筒状的包装自我儿时起就一直如此，今天亦无改变，常令我联想到如今在现代化浪潮的冲击下，仍坚守中国传统文化精神的一些民间俗文化、民间文化的某种坚韧与坚强。

山楂片是杭城人喜爱的一种零食。那酸酸甜甜的味道，二十世纪五十年代至八十年代，在整整跨越四十年出生者的心中，留下了深刻的记忆。那记忆也许是与快乐相关，比如，五十年代出生者，儿时会因春游前母亲递上的一筒山楂片（防口渴）而欢呼雀跃；或与不合相关，如，六十年代出生者大多有兄弟姐妹，好不容易有了一筒山楂片，分下来，每个人只能得两三片，放入嘴中，未及细嚼就没了；或与得意相关，在七十年代后期，进城的农村人多了，有的还带着孩子，向农村孩子展示自己手中的山楂片，有时带着或多或少的居高临下的姿态分给他们小半片尝尝，是七十年代城市孩童的一种财富显扬；或与抱怨有关，在八十年代，孩童们若要吃山楂片，家长们常说的一句话是“把作业做完”，或“把饭吃完”。而无论是与何相关，这已是一种人生印记。于是，在前几年，在八十年代出生者网上评选的“最难忘的儿时食品”中，山楂片名列其中。而直到现在，杭城不少六七十岁的老年人聚会时，山楂片仍是主要茶点之一。

山楂片是在二十世纪九十年代开始质量下降的：山楂含量少了，淀粉含量高了，山楂片的颜色从原本的鲜红色转向粉红色，口感也变成甜甜的了。而也从那时开始，零食开始多样化、新型化、奇特化，于是，山楂片从热门零食跌落为普通零食。

山楂片虽走下坡路，它的“兄弟姐妹”们却是层出不穷，山楂条、山楂卷、山楂棒、山楂粒、糖渍山楂等新品种令人目不暇接。连山楂糕也换了一件“马甲”，出现在市面上。儿时，湿漉漉地带着果汁酱液的山楂糕深红如血色，被装在一个方形或长方形的铁盒中。营业员用一把划豆腐用的铁划刀，或像对今日现做豆腐那样，根据顾客的要求划出一块，用包装纸包了，台秤秤了，用算盘噼啪一打，报出价钱（与如今用电子秤，直接显示价钱不同）；或如过去卖豆腐那样，先直接划出相对平均的块状，标明价格后出售。若是夏天，那山楂糕盘上会罩上一个纱罩，以防蚊蝇。那时的山楂糕汁液，如果抹在臂上装受伤，会弄得老师们大惊失色，虚惊一场。2021年夏天，我的大学同学徐明给我一大袋零食共享，其中，有两块一寸见方、真空包装、色如泛红色黄玉的东西，打开食之，原来是山楂粒，且与我记忆中儿时山楂糕的果酸香、酸中微甜、软绵相符，只是颜色大不一样——真空包装是如今食品包装的常态，但深红色如血令人难免有惊悚联想的颜色，转变成了温婉、温暖的温玉之色，是大出我的意料的。想来，这大概也与科技发展，尤其是食品加工科技的发展有关吧！

在出现的山楂片其他的“兄弟姐妹”中，山楂粒大约为成年男子大拇指指甲盖大小，正方形或长方形，如糖果般包装。山楂卷以薄薄的山楂软片卷成，或为果丹皮般，长两寸左右、宽一寸左右，卷成长条卷；或如大大泡泡糖般，不到半寸的山楂软片卷成圆形，可随心所欲，吃时长短各由之。山楂条为软条，两寸左右长的窄条上撒着白糖，艳红的山楂色透过如冰雪覆盖的白糖，有一种雪里红梅的美感。这些山楂制品色、香、味均较山楂片更具山楂的原状，酸甜更适宜，故而也成为更受欢迎的山楂制品。尤其是山楂条，适宜的白砂糖的加入不仅消除了作为蜜饯的山楂制品原有的粘牙度，白糖的清甜与山楂的清酸，让人心中生出一种清欢，微甜纯酸让人口感舒适，加上雪中红梅的视觉感，吃山楂条让人身心愉悦。前几年，单位送给退休老同志的春节慰问品中，有一款是山楂条（商品名为雪花山楂条），食之大悦，请茶友冯君网上搜寻购买，从此，这雪花山楂条就成为我的日常零食之一。

关于山楂片，还想说一下我的小孙子的事迹。在我去香港探亲，或孙子们休学放假来杭州时，我常给他们买山楂类零食，以健脾开胃消食。小孙子爱吃山楂片，香港无售，故他三周岁首次来杭时，第一个愿望就是买山楂片吃，且不断提醒我带他去超市购买。那天，我们去了超市，他一下子就冲到放山楂片的货架前，拿了一大包放入购物篮中。之后，大孙子看中了玩具型的便携式驱蚊盒，买之。小孙子说，他也要给妈妈买一个。我说，按事先规定，你们每人只能自己决定一样东西，由奶奶付钱购买，你已买了山楂片，就不能买这个驱蚊盒了。要不，你不要买山楂片，就可以给妈妈买这个驱蚊盒了。小孙子不语，边思考边摸着货架上的驱蚊盒，最后下定决心，咬咬牙说，那我不要山楂片了。我甚惊疑，再三问：真的不要山楂片了？他再三答：不要了！我再试之：那你自己把山楂片放到食品货架上去，他点头，抱着那包山楂片（共有十筒），走过两个货架，将之放到了货架上（山楂片的位置刚好是最底层），然后，回到放驱蚊器的货架前，选了一款花形驱蚊器，回到家后，送给了妈妈——因为妈妈最招蚊子叮咬。我一直认为幼童是没什么自我控制力的，食品对幼童的吸引力是更大的。但才三周岁的小孙子，以其舍一直盼望想吃的山楂片而为妈妈买驱蚊器，不让妈妈被蚊子叮咬的事迹，给我上了一课，让我知道了幼童的自制力有多大，亲情在幼童的心中有多大的份量！

薯　片

薯片为或烘焙或炸制或砂炒类零食，以土豆薄片为原料，经油炸或砂炒而成，故又名：土豆片。市面上常见的土豆片一般是直径为一寸大的圆片，薄如纸，原色为黄色，若有其他调料加入，则会呈现与调料相对应的颜色交混而出的色彩。如，加了番茄素的番茄味薯片的红色，加了青瓜素的青瓜薯片的黄青色。薯片最早仅有略咸的原味，土豆的厚香与醇味浓郁，嚼之松脆，给人一种田野的闲趣和农家的丰足感，常令我一片入口就难以停口，至今仍是我最喜爱的零食之一。近二十余年来，薯片的口味越来越多样，也有了不同的拥趸。比如，喜欢烤肉味的烤肉派，喜欢洋葱味的洋葱派，喜欢青瓜味的青瓜派，而我则至今仍是坚定的原味派。

土豆是中国早期从国外引进的植物，故早年间被冠以"洋"字，杭州人将其中粉性的土豆称为"洋番薯"，将糯性的土豆称为"洋芋艿"——前者如粉性番薯一样，有面粉一样的粉性；后者如芋艿一样软糯。而我与我的邻居女伴们从小就知道这两种土豆的区别，因为我们从小就要帮厨，有时还要承担买菜的任务。相比较之下，不用帮厨和买菜的男孩子们，大多是不知道土豆有这两种分类的。

二十世纪六十年代中期，靠着当时一般人家少有而我家齐备的收音机、自费订阅的《浙江日报》和《共产党员》杂志，我比同龄人，甚至许多大人更早、更多地了解国内外时政消息，还记得那时有位苏联领导人曾说，土豆加牛肉就是共产主义。那时在杭州，牛肉较猪肉价高许多，且供应量很少，“土豆烧牛肉”是一道奢侈菜。即使在经济状况高于平均水平的我家，一年也只能吃到两三次。所以，“土豆烧牛肉”对我有过极大的吸引力，就如二十世纪五十年代，七八十岁的老人们以“共产主义社会就有电灯电话，楼上楼下”想象共产主义社会的美景一样，幼时的我一度也以“土豆烧牛肉”描绘美好的共产主义未来。

在我儿时的“共产主义美景”中，还有一道面包加牛奶。我爱吃面包，但面包属价格较贵的西点（西式点心的简称），且不顶饱。三个肉包子就撑得直打饱嗝的邻居男孩子，吃五个面包也喊饿，更有一些男孩子习惯将难得获之的面包，拍成面饼吃，说这有嚼头。所以，那时的杭州人很少吃面包，我家也是在我春游或秋游（学校每年组织两次有整整一天的郊游）时，为我携带方便，有时会给我买两个面包——更多时候是母亲炒了更实惠的蛋炒饭，装满一铝饭盒，让我带上作为午餐。带着“面包梦”的我，在小学时[1]读到了一篇名为《六个墨水瓶》的课文。文中讲的是苏联的缔造者、伟大的革命家列宁在推翻沙皇统治的斗争中，被沙皇政府逮捕关入监狱后，把狱中作为餐食的面包，捏成“墨水瓶”，倒入作为面包佐餐的牛奶，用木签做的笔，给狱外的同志们写信[2]，继续指导革命斗争。他在写信时，十分警惕，一听到狱卒走近的脚步声，就马上把“墨水瓶”吃掉，不留痕迹。一天，狱卒来了数次，他在给战友的信中幽默地写道：今天真不走运，一连吃了六个“墨水瓶”。读了这篇课文后，我挥之不去的想法是：列宁怎么这么好运，在监狱里还有面包牛奶吃。尽管老师在讲解中说，俄国人吃面包就像我们吃米饭一样，而且，列宁在狱中吃的是最差的黑面包，喝的是就要变质的牛奶，但我仍羡慕着那面包加牛奶，那“一连吃了六个‘墨水瓶’”的狱中的列宁。

故而，幼时的我的“共产主义理想”中有关吃的部分是早上面包加牛奶，中午晚上土豆加牛肉。

我这孩童时代天真的“理想”在改革开放后的二十世纪八十年代末就实现了，而与此同时，“资本主义生活方式”也以美国薯片为排头兵，出现在我的面前。吃了美国薯片，我才知道原来土豆除了做菜外，还可以做零食，还可以做这么好吃的零食。薯片由此进入我的常吃零食名单中。坐在沙发上，抱一袋薯片，边吃边看电视节目，成为我晚间休闲的常态。继而，在二十世纪九十年代，英特尔（Intel）芯片、美国电影大片也轰轰烈烈大举进入中国，以美国薯片为代表的西方生活方式、以英特尔芯片为代表的西方科技、以美国电影大片为代表的美国文化，不仅打开了中国人的视界，让人们看到了世界的多样化和异质化，也强烈且潜移默化地蚕食着中国传统文化和文化传统，改变着国人的观念乃至思维，建构着国人的身体与心理，部分影响了今天的国人和中国社会。

我喜欢吃薯片，但又常常为中国的不断“西化”而备感郁闷和愤慨。纠结中，在2018年，我在浙江龙泉大山里的农户家中，发现了一款足以替代美式薯片的龙泉土豆片，我美其名曰：龙泉薯片。龙泉薯片以当地所产土豆为原料，直接切成薄片晒干（或烘干）后，再加以炒制而成。因是将土豆直接切片，故其形根据土豆原貌，显现为大小不一、其形各异的圆形；其色较美式薯片黄，因为手工炒制，有的边缘还有着或深或浅的焦黄色；炒制而来的土豆的熟香纯而厚，有江南深山特有的清新；嚼之松脆，且因以土豆直接切片而成，故与美式薯片相比，脆而有嚼劲（民间谓之：有嚼头），微咸，土豆的鲜味明显。我很爱吃，也可谓：一片入口，不能停口。住在农家，农家会免费送这薯片，我有过一吃吃掉一箩筐（相当于三四包美式薯片的量）的纪录。见我爱吃，返程时，女主人还送了我一大桶。而吃了这农家的龙泉薯片后，再吃美式薯片，就觉得后者无土豆天然的清香和鲜味，遂将其弃于一旁。自从爱上喝武夷岩茶，我常说的一句话是：许多东西不能比，一比，许多原本并不差的东西也会变成差的东西了，武夷岩茶就是如此。许多厂家做的茶并不差，但与高品质茶一比较，就不太好喝了。而我在吃了龙泉薯片后，对美式薯片的感受，也可为一例。只是淳朴的龙泉山民，还未认识到这薯片的无限商机，龙泉薯片至今还“养在深山无人识”。除了自食和待客外，最多也只在农家乐小店铺中零星出售。

龙泉虽地处浙闽交界的大山深处，却是一个历史悠久、传统文化深厚、物产丰富之地。春秋战国时，龙泉就以铸剑大师欧冶子炼剑处闻名天下；宋代，又以哥窑、弟窑为代表的龙泉青瓷享誉海内外；近二十余年来，龙泉所产乌龙茶——龙泉金观音也已成为浙江名茶。就中国传统文化而言，宝剑、青瓷、茶为最著名的三大符号，一个小小的山区县——龙泉就三者齐备，不能不说是得天独厚。如今，又有了足以与美式薯片相媲美，甚至可以战胜美式薯片的龙泉薯片。期待着龙泉薯片能尽快从农家走向市场，在龙泉宝剑、龙泉青瓷、龙泉金观音之后，形成龙泉的第四张名片——龙泉薯片，进而与前三者一样，成为中国的又一名特优产品。

注：

1. 我是在1966年升入小学四年级的，1966年“文革”开始后不久就停课闹革命了。而在小学一、二年级的语文课课本中没有长文章。由此推测，我应该是在小学三年级读到了这篇课文的。
2. 课文中说，用牛奶在白纸上写字，牛奶干后，白纸仍为白纸。要读信时，将该纸在小火上略烤，字迹即显，这是写密信的一种方法。

松子仁

松子仁由松子去壳后得之。在我所吃过的松子仁中，其形为上尖下圆的瓜子状：因松子品种不同而大小不一，大的有成年妇女半个小手指指甲盖大小，小的则较大半米粒略大；色或白或玉白或微黄；嚼之腴软，肉质感强，松树的油香夹着松针的清香扑鼻盈口，余味悠长。

儿时，很少能听到松子仁。印象中，第一次吃到松子仁是在父母带我参加的一个在大饭店举行的宴请上。那时年幼（六岁左右），不知何为宴请，忘了宴请中吃的许多菜，但至今仍记得其中的那道“松鼠桂鱼”，因为很奇怪这鱼不像松鼠，也没有桂花，为什么叫“松鼠桂鱼”？因为母亲夹给我的那块鱼肉外脆里软，又是我喜欢吃的糖醋味，也是我从未吃到过的鱼味；因为在母亲夹给我一小块鱼后，那鱼马上被众人分吃了，只留下不少白白的、如瓜子般的颗粒。母亲说，那是松子仁，连汁舀给我一小勺，一粒一粒尝之，果然也很好吃，比鱼肉更香。于是，我记住了这“松鼠桂鱼”的名和味，也记住了松子仁特有的腴香和清香。

我再次吃到松子仁，是在1973年。也就是在这再次相见中，松子仁作为零食，进入了我的生活。1972年年底，我父亲去世，那年，我十七岁。因担心母亲，我常一个人独自悲伤，怒自己年少力单，不能在医治父亲中出大力。母亲见状，不知如何安慰我。最后，在1973年春节时，她用了她月退休工资近三分之一的大价钱（20多元）买了一盒当时极少有人买的松子仁，作为春节礼物送我，以期让我展颜一笑。那松子仁有三四两，装在一个绿底透明盒盖的硬壳塑料盒中。那塑料盒虽简单，却十分精致，边缘十分光滑，盒盖十分密封，盒盖面上还罕见地用烫金凹底字印着“精制松子仁”及生产厂家的名称。那松子白色，如米粒般大小，腴软清香。除了分给母亲一些，我几乎是一颗一颗数着吃，一天吃三四粒，或者，只是闻闻它的香以解馋。就这样，这盒松子仁，我一连吃了四五个月才吃完。在母亲的慰藉中，加上松子仁的缓解，我也不再沉浸在父亲过世的悲伤中。那“精致松子仁”塑料盒，后来也成了我装“宝贝”（如捡来的漂亮贝壳、石头）的“宝盒”。直到二十多岁后，塑料盒老化破裂，我才依依不舍地与它告别。

我是在二十世纪九十年代中期，终于能一把一把地吃松子仁了。那年，黑龙江省妇联妇女与婚姻家庭研究所组织召开全国性的婚姻家庭研讨会，我应邀参加。因东北产松子仁，故而在出发前，我就有了在那里买松子仁的打算。刚好会议住宿附近有一山货农贸市场，担心会议结束时事多时间来不及，在会议的第二天，我就趁午休去农贸市场买了三斤松子仁，之后就安心开会了。回程前，时任该所所长的张一兵女士得知我爱吃松子仁，又送我一斤。带着这四大包松子仁、带着会议组织的去邻近俄罗斯城市考察的心得、带着会议研讨的学术收获返程，我真可谓物质、精神双丰收。这从哈尔滨农贸市场买的松子仁为玉白色，油润亮泽，较在杭州买到的那盒松子仁略长且略大，肉质略厚，松子味腴香浓，清香忽隐忽现。与家人的分享中，大家都能一把一把地抓着吃，而不是一粒一粒数着吃了。这次会议是在学校的暑假期间召开，考虑参会者多为承担着母职的女学者，会议主办方很具有社会性别（尽管当时这一概念尚未普及）视角地提出，参会者可带孩子参会。由此，刚处在小学升初中的暑假期的儿子随我参会。这次参会让他印象最深的，是在俄罗斯那座边境城市的一个商场角落乞讨的老妇人，和商场外用手风琴拉着美妙的俄罗斯音乐乞讨的一位残疾中年男子。他们穿着陈旧但不破烂肮脏；他们在乞讨，但一个低头面有愧色（老年妇女），一个沉浸在自己演奏的美好音乐中。儿子在他们面前停顿数秒后，在他们脚边下空空的乞讨盆中各放了十个卢布。那老妇人仍面有愧色，但对儿子微微鞠躬，那中年人睁眼对儿子微微一笑，音乐由略带忧伤转为欢快。事后，我问儿子，为什么过去你看到乞丐，从不施舍，而现在却愿意将我给的一百卢布零花钱中的五分之一，给了这两个乞丐？儿子说，过去见到的大多数乞丐总有一种赖皮相，而他在这两个俄罗斯乞丐的身上，见到的是一种自尊。他为这种虽身陷贫困却不愿放弃的人的尊严而感动，所以，愿意拿出钱帮助他们。我没想到十多岁的儿子会做如此的比较，并得出具有如此高度的认知。从此，我对少儿们的心理及成长教育有了新的观点。而也许正是由于这两位俄罗斯乞丐对儿子的人生教育的深刻，从此，儿子也十分重视人格尊严，包括自己的和他人的。

不知为何，我在杭州或网上总是买不到合意的松子仁。所以，有一段时间，买松子仁就成为我去东北参会、调研、讲学等时，附加的一大重要任务。而在2005年后，随着妇女/社会性别学学科建设的推进，随着我作为总协调人的全国妇女/社会性别学学科建设项目的不断开展，随着在时任东北师大党委书记赵莹教授的带领下，东北师大妇女/社会性别学学科建设的不断发展，我与东北师大核心团队中的陈莹副教授、胡晓红教授、王晶教授成了好朋友。除了学术、教学交流，生活经验的交流也成为我们聊天的一大内容，尤其是陈莹老师告诉我不少生活经验，包括如何在网上购买价廉物美实用的厨卫用品，而帮我购买松子仁也就成为她们，尤其是陈莹老师每年必做之事，一连数年不辍。较之之前我买的黑龙江松子仁，吉林松子仁粒更大，油润晶亮，有柔糯感，松树的清香（松香）味更强。陈莹老师是一位热心人。那年，我的一位大学同学徐明独自在长春附近旅游，一日早起，突然腰扭伤了，过了两天不见好，打算回杭州。她知道我在长春有朋友，请我帮忙，我找了陈莹老师。她安排了专人专车和轮椅接送，并亲自到机场安排相关事宜，将徐明送上飞机才回家。事后我才知道，那几天，她自己也扭伤了腰，她是坐着轮椅到机场安排送行的。这令我十分感动，特在此多说几句，再次说声谢谢!

最近一次我大买松子仁是在2019年。在参加了由社会科学文献出版社和黑龙江社科院联合承办的全国皮书年会后，我们赴伊春市考察林区可持续发展状况。伊春处于小兴安岭，曾是全国的林木主要产区，二十余年前开始停止伐木，发展种植、旅游、农产品加工等林下经济和非林经济，成效显著。在伊春汤旺的土特产商场中，我们买了不少好东西。除了常见的菇类和黑木耳外，还买了我们第一次见到的玉耳（又称玉木耳，类似银耳，但肉质厚而脆）、黑木耳软糖、蓝莓酒，而我当然还较别人买了更多的松子仁。蓝莓酒醇香爽口；黑木耳软糖软糯微甜不粘牙，我孙子爱吃，也被他们认定为老奶奶、老爷爷们一定爱吃的糖；玉耳可凉拌，可热炒，可炖汤，味道颇佳，受到家人的一致欢迎。而我则更喜欢吃松子仁。这小兴安岭的松子仁较小，呈玉白色，除了其他松子仁都有的肉质感和腴香加清香外，还有一种植物特有的鲜甜味，令人惊喜。在哈尔滨机场的商店中，我看到一款特别标明红松的松子仁，为做比较，特地买了一罐。这红松松子仁粒较大米粒略大，润白，肉质略薄，清香不明显，但松树油脂香甚浓且醇，也颇有特色。

吃着红松松子仁，不免就会想到1972年美国总统尼克松先生访华时来杭参观，在杭州种下的来自美国加利福尼亚的红松。那四棵红松是否也产松子仁？若产，不知其味如何？那年，我正读初三。一日，全年级的同学被集中起来，分班在操场上走了一个来回后，我们被告知，下午不上课，集中训练欢迎舞。作为政治任务，我们不敢多问，只是很认真地练习。印象中好像是十天左右后，我们被告知要去欢迎美国总统尼克松。那时，我们尽管年少，但人人都有“打倒美帝国主义”之志，不解为何要欢迎这“美帝头子”。老师解释说：“美帝头子”来了，就表明他们向我们低头了。我们这才气顺心爽。后来回到家，听父母也这样说。作为欢迎行列中的一部分，我们杭七中的欢迎队伍排在尼克松总统下榻的宾馆后面的草坪上。隔着一条小河，我们双手拿着彩纸扎的花束，伴着当时颇流行的“东风吹，战鼓擂，现在世界上究竟谁怕谁”的乐曲[1]，忽而整队向左，忽而整队向右，忽而自己左右摆步，忽而双手用力摇摆，整个欢迎队伍如一片花海摇摆起伏，喜庆而又热烈。在杭期间，尼克松总统在西湖边种下了四棵象征中美人民友谊的红松。于是，每次想到红松，每次看到红松，我就会想起平生第一次，也是唯一一次欢迎外国总统的经历。

就我而言，入选欢迎队伍时还有一个小插曲。当时，班里有一位女同学没入选，她自认为是因为体胖而落选，便当着我的面，指着也是体胖的我，责问选人的老师：“她也很胖，为什么要选她？”我当时犹如被打了一闷棍，老师很温暖地望了我一眼，转而冷静而肯定地对那位同学说：“她跳舞跳得很好！”从此，每当我因体胖被人嘲笑而自卑时，总会有一个冷静而肯定的声音在我耳边响起——“她跳舞跳得很好”。从而，自信心又上升了。而从此我也知道了，老师的肯定对学生自信心会产生多大的影响。故而，无论是在任小学教师，还是任大学教师时，无论是在课堂上还是在课堂外，无论在正式交谈还是在闲聊中，我都会更关注那些自信心较弱的学生，这种关注也会延至那些尊称我为“老师”者，激发和增强他们的自信心是我教学乃至与人交往中的一项重要内容。

注：

1. 完整的歌词："东风吹，战鼓擂，现在世界上究竟谁怕谁？不是人民怕美帝，而是美帝怕人民。得道多助，失道寡助，历史铁律不可抗拒。美帝国主义必然灭亡，全世界人民一定胜利，全世界人民一定胜利！"

酸妹妹

酸妹妹是一种野草，长2厘米左右，嫩绿色，细细的草基上端长着对称的三四片椭圆形小叶子。草香清新，草味微酸而清爽，杂生于草丛中。在江南，山坡溪边、田间地头、庭院屋旁野草丛中常见此草。我至今不知酸妹妹的学名为何[1]，这只是与我同时期成长的浙江省林业厅幼儿园的孩子们对它的一种称呼。而从传播途径看，这一命名也当是从前几期的幼儿中流传下来的。

在计划经济时代，职工的生活保障乃至生命保障是职工所在单位必须具备的一大职能，中型国营企业、机关事业单位等常有所属的食堂、宿舍、托儿所、幼儿园、学校，以及医疗机构等。当时的浙江省林业厅也不例外，它有食堂，有免费分配给职工的住房——宿舍，也有所属的林业厅幼儿园，从1959年至1962年，我是其中的一名幼儿。作为全日制全托幼儿园的幼儿，我们每周一上午由家长送入园，周六下午家长下班后接回家（那时为每周六日工作制），也有因家长工作忙周六不能接回家的，就由生活老师（我们称“阿姨”）陪同度过周末。我们的休息时间如下：早上7:00起床，漱洗后做早操。7:45左右吃早餐，早餐后上课，包括语文课、算术课、音乐课、图画课、行为规范课等。每天上两节课，课程不同，然后就是游戏时间。11:00左右午餐，午餐后午休。下午2:00左右起床，游戏；下午5:30左右晚餐，晚餐后游戏；晚上7:30—8:00左右上床睡觉。每周，幼儿园还安排了幼儿洗澡。在幼儿园中，我们学知识、学文化、学技艺，也养成了较好的行为习惯和生活习惯。那时，在一大群幼儿中，谁上过幼儿园、谁没上过幼儿园，一眼就能分清。大人们也常夸我们："毕竟是幼儿园出来的！"而幼儿园附近那些父母不在大型国营企业、机关事业单位而难以进幼儿园的顽童们，对我们则常有羡慕妒忌之意。我至今仍记得，当我们排队外出到附近的横河公园游戏时，常有顽童对着我们大叫大嚷："幼儿班，茅坑班，你们姆妈拖地板"[2]，趁着带队老师不注意，他们甚至向我们扔小石头。由此，我们对周边上不了幼儿园的幼儿们，总有一种既鄙视又害怕的心理。下马坡巷林业厅宿舍部分由幼儿园改建，部分原本邻近幼儿园。这一心理影响之深刻，使得直到长大后，我们与住在原林业厅幼儿园今林业厅宿舍比邻区域的同学仍难以成为真正的朋友。

林业厅幼儿园内有一大大的庭院。院中，正面与林业厅宿舍区（后被称为林业厅宿舍八幢）相隔的围墙边种着一排大树，左面靠近与解放前逃荒、逃难而来的船民组成的船户区（将船停靠在陆地，成为日常生活的房屋）相隔地附近，种着两三排矮矮的冬青树，供我们捉迷藏；院内的地面是草地，绿意满满，松软而厚实。庭院中，摆放着一些大型游乐玩具，如滑梯、跷跷板、旋转木马、爬梯（一种用木梯搭成四方形，供幼儿攀爬的玩具）、秋千，还有两根隔着两三米分别竖立的大竹竿，高四五米，非常光滑，让我们有了爬杆子之乐。另外，幼儿园还建有一个游泳池，每到夏日，去游泳池嬉水是我们最感快乐的一件事。

我们的游戏有两类，一类是在任课老师带领下进行的，包括任课老师教我们的。比如，小小班的滑滑梯、坐旋转木马；小班的荡秋千、爬爬梯；中班的跳绳、爬杆、老鹰抓小鸡[3]；大班的民兵抓贼[4]、丢手帕[5]，如此等等，不一而足。另一类是幼儿自我选择的自由活动，这些活动有躲猫猫果儿（杭州话对“捉迷藏”的称呼）、抓抓儿[6]（杭州话对一方逃、一方追的无目的地追逐游戏的称呼）、“太平天国”[7]（一种笔画成字游戏）等。在草丛中找酸妹妹吃吃，则是我与几位伙伴选择的一种游戏。幼儿自由活动，在老师或阿姨照看下进行。无论是老师带领下的，还是幼儿自行选择的游戏，都以班级为单位进行，无性别之分。故而，尽管是女孩，我的爬杆速度之快，常常在幼儿自行进行的爬杆比赛中，战胜男孩，拔得头筹。而在自由活动时，我们几个常在一起找酸妹妹吃的孩子中，也有几个是男孩。

记忆中，我是在小班时，开始在幼儿园的庭院中，采摘酸妹妹当零食吃的。幼儿园的早操是全园小朋友集中在庭院中一起做的。早操毕与早餐之间有十几分钟的空隙时间，这时，一些大一点的幼儿就会带领一些小一点的幼儿，或者，一些小一点的幼儿就会跟随一些大一点的幼儿嬉戏。记得，酸妹妹就是几个大孩子带着我们几个小班的孩子在庭院中寻找，并给我们示范，告诉我们如何辨识、如何吃、味道如何的。之后，不仅在这空隙时间我们三四个小班的幼儿常与这些中班和大班的幼儿一起寻找酸妹妹吃，在自由活动时间，找酸妹妹吃也成为我们常做之事——酸妹妹成为我们在幼儿园中“自力更生”得到的一种美味零食。

就总数而言，在幼儿园庭院中寻找酸妹妹吃的幼儿有十几人；庭院里的酸妹妹杂生于草丛中，产量并不高，加上老师的监督和不允许，以及工人叔叔经常要修剪、整理草坪，采摘酸妹妹不仅需要眼明心亮手脚快，隐蔽技术高，也需要一点“中奖”的运气。比如，春雨后青草生长，我们是第一批在草坪上自由活动的；再如，老师忙于管理其他小朋友，没看见我们的采摘。而采摘到手后，也需用手掌迅速抹去尘与土，塞入口中，否则，老师见了是要没收加严厉批评的。在采摘到较多的酸妹妹时，我们也会分享给未参加采摘的好朋友，但不会将出产多的几处“宝地”告诉他们，这“宝地”是我们约定不得外泄于他人的秘密。而有了酸妹妹，即使周末留住在幼儿园，我们也会感到“运气”（杭州话称“幸运”为“运气”）。因为在采摘人少、老师监管较松的情况下，我们可以采摘到更多的酸妹妹吃。

酸妹妹在春、夏、秋三季都有。其中，春草嫩，夏草香，秋草味浓。而无论何时之酸妹妹，那种清清爽爽的植物之酸鲜味——清酸鲜总让我感到喜不自胜，令我成为酸妹妹的爱好者：只要看到酸妹妹，哪怕只有一小棵，也会俯身采摘，抹尘入口。

以酸妹妹为零食的爱好止于我从幼儿园毕业。在幼儿园毕业后，每逢父母带我去公园或在街边绿地上玩，一开始，我也会不由自主地采摘酸妹妹吃。但在母亲数次严厉呵斥，打掉我手中的酸妹妹，并告知吃后若肚子痛不会管我后，尽管见到酸妹妹仍会眼中闪光，但我却不再吃这野草，这野草也不再是我的零食了。直到1983年，我怀孕，突然很想吃这酸妹妹，我丈夫不时带我在我家附近的宝石山山坡上现采现吃酸妹妹（用手帕擦干净），连同其他的野草野果——他生长于农村，比我更知道哪些野草野果野花可食用，让我一饱口福。酸妹妹之类的野草，现采现吃味道最佳，而这边采边吃，又难免有失文雅。故而，除了怀孕那段时间，作为成人的我也自觉地远离了这酸妹妹，尽管有时会怀念它的美味。

酸妹妹是一些杭州人的称呼，在我丈夫的家乡嵊县（今称嵊州）其被称为“酸咪咪”，因为这草的酸是微酸，“微”在吴越语中称“咪”，如“甜咪咪”，就是指微甜。而在他家乡，这“酸咪咪”更多的是被女孩子喜欢，男孩子很少去采摘自吃。男孩子更喜欢拔茅针（茅草的花芽），找野草莓、覆盆子之类的野草野果来吃。而“酸咪咪”，也是一些杭州人对酸妹妹的称呼。杭州人中有不少由绍兴迁移而来，嵊县属绍兴，同为吴越语语系，这杭州话的“酸咪咪”想来也是随绍兴人迁移而来的吧？只是不知这“酸妹妹”词源何处，是如何演变的。

在近二十年前，杭州流行过一种四叶草的饰品，或以四叶草造型，或直接如琥珀中的虫草般将其封入人造水晶中，清新而优雅。我在下马坡巷林业厅宿舍（娘家）的老邻居，也曾是林业厅幼儿园幼儿的郭立新女士跟我说，她仔细看过了，那四叶草就是我们小时候在幼儿园吃的酸妹妹。为此，我也特地找了一株酸妹妹，买了一个四叶草人造水晶饰品，比照后，外形确如郭立新所说。据说，那四叶草也是有微微的酸味的，想来，至少与酸妹妹是同类吧。四叶草饰品的流行，是因为据说在一些西方国家，四叶草被认为是幸运草，得之可得幸运相伴。若真的如此，若酸妹妹真的就是四叶草，那么，我们从小就吃了这么多的幸运草了！每想到此，我就不禁莞尔一笑。

注：

1. 笔者文中所记叙的酸妹妹学名为酢浆草，是酢浆草科酢浆草属多年生草本植物。其茎叶含草酸，酸味纯厚，爽口开胃。《本草纲目》有载“此小草三叶酸也。气味如醋”，得名酢（cù，表示酸味，通醋）浆草，亦有别称酸浆草、酸酸草、酸咪咪等。酢浆草叶片多数由三枚倒心形的小叶组合而成，偶尔会出现突变的四枚小叶组成的个体，在一些地区，找到四叶的酢浆草被视为幸运的象征。另外，常被视为“幸运草”的“四叶草”多是指豆科车轴草属植物（包括三叶草属和苜蓿草）的稀有变种。——编者注
2. “幼儿班”是杭州话对幼儿园的一种称呼。旧时，杭州的大小便处多以地上挖个坑，坑底铺上防弹溅的茅草，坑上搭供踏脚的木板而成，俗称：茅坑。后，人们常以“茅坑”指称所有类型的厕所，直到如今杭州俗话中仍常用“茅坑”一词。“姆妈”是吴越语系语言对妈妈的称呼，发音为汉语拼音中的声母：“m”之第一声发音——“m”，以北方语系为主的普通话中无此发音字。
3. 老鹰抓小鸡是一种抓捕性游戏。具体玩法是一人当老鹰，一人当母鸡（一般为成年人或年龄较大者），“母鸡”身后以手抓前者衣后边角的方

式，跟着若干人（称为“小鸡”），“老鹰”抓捕“小鸡”，“母鸡”躲闪“老鹰”，以“小鸡”被全部抓获为游戏结束。

4.“民兵抓贼”是一种追逐加抓捕性游戏，多为多人分“民兵”和“贼”两方进行，以“民兵”为追与抓方，“贼”为逃与被抓方，双方各有“据点”（也称“窠”），可随意进入该区休息或躲藏，而“民兵”的“据点”也是“贼”的关押点。“贼”被关押后，可获营救，但不能自行外逃。以“民兵”将“贼”全部抓获为游戏结束。

5.丢手帕是一种藏匿加追逐性游戏，北方话系中称“丢手绢”。丢手帕游戏伴有《丢手帕》歌：“丢手帕，丢手帕，轻轻地放在小朋友的后面，谁也不要告诉他/她，快点快点看住他/她，快点快点看住他/她。”这是一个多人游戏。具体玩法为：多人面向内围成圆圈，歌声起时，人持手帕跑到众人背后，围圈跑动，跑动时，将手帕任意放在一人身后，再跑向自己的位置，以顺利跑回自己位置为胜，包括不让被丢手帕者知晓，以及被他/她知晓后追逐时，能在回到自己位置前未被抓获。失败者（包括未发现者、未抓获者、被抓获者）需当场在众人面前表演一个节目（大多为唱一首歌），然后持帕人继续游戏。

6.抓抓儿是一种追逐性游戏，可多人，也可仅两人，分追与逃两方，双方均无可休息或藏匿处，被抓者不得退出本场游戏，逃方被抓获或全部抓获后，游戏结束。

7.“太平天国”为一种猜拳写字游戏，多为两人分两方，也有多人分两方进行的。具体玩法为：双方各在自己一方画上一个田字格，以“擒纵绑”（普通话中的“剪刀石头布”）猜拳决定胜负，胜者在田字格的一个格子中画上一笔，以先在田字格中完成“太平天国”四字为胜。江浙一带，尤其是环太湖一带的富庶地区，曾遭太平天国军队的重创和有效管理。在1993年左右，为完成《中国百县调查·桐乡卷》的撰写，包括我在内的项目组成员对桐乡进行调查时，见到如今已是海内外著名景区的乌镇景区所在地的区域，在当时仍是一片废墟荒地。据当地人说，太平天国军队过后，这个地方一直未能恢复原貌。加上一直到“文化大革命”，杭州儿童中还在进行的“太平天国”猜枚写字游戏，不能不说，这是有关太平天国史的一种民间记忆。

苔菜条

苔菜条以海苔为原料制成，呈条索状；因所含碘成分较高，未被提取碘的，色墨亮，而被提取了碘的，根据碘提取量的不同，现出由墨绿至深绿不同色泽；海生物特有的海鲜香浓郁，经油炸或烘焙后，松脆，咸鲜味甚佳。

七八岁时，去父母的朋友家做客，午餐的菜肴中，有一盘加了苔菜条的油炸花生米。这是我第一次吃到苔菜条，一下子被它的咸鲜香和咸鲜味吸引。于是，那盘大人们的下酒菜成了我的主菜，宁愿不吃那鱼与肉，也要吃那苔菜条——根据父母的规矩，不能老是夹菜不吃饭，尤其外出做客，餐桌上不停夹菜吃菜是“馋相”，不仅丢父母的脸，也丢自己的脸。故而，从小我就知道，不能在餐桌上向菜盘多伸筷子，必要时，少吃其他的菜。父母似乎对这苔菜条花生也颇有好感，多次聊起。于是，我知道了这好吃的黑条名叫“苔菜条”，是宁波特产，菜场上有晒干的苔菜条卖，买来后直接油炸或油炒，或加花生米油炒均可。此后，我家的餐桌上就多了两道菜：油炒苔菜条和油炒苔菜花生米。且与许多人家不同，因母亲对父亲喝酒的控制（担心父亲多喝酒伤身），这两道菜在我家大多为主菜。而即使是父亲的下酒菜，因为身为山东人的父亲喜欢吃花生米，那苔菜条大多也就进了我的肚中。

二十世纪八十年代中期以后，结婚生子的我成了家庭主妇。以主妇之权力，在做苔菜花生米和油炸苔菜条菜肴时，我会多放一些苔菜条，以作为我的零食。进入九十年代后，市面上出现了一种名叫海苔或海苔片的零食，色墨绿，薄如纸，长方形片状，有海生物的咸鲜香和咸鲜味。尝之，觉得就是苔菜条做成了长方形薄片而已。且相比较而言，苔菜条的香更浓、味更鲜。只是，不知为何，从九十年代起，杭城市面上卖的苔菜条色泽由黑逐渐转成墨绿乃至深绿。据说，这是苔菜条被提取了碘元素所致，香味和滋味都淡了不少，加上自己做也麻烦，于是，市面上卖的海苔片进入了我的零食单，成了我的常买之物。而随着苔菜条越来越"海苔"化，带着某种"土味"的苔菜条之名称也逐渐湮灭在带着某种"洋派"的海苔之名称中，只偶尔在"苔菜花生""苔菜饼"之类的宁波特产中露出真面目。

2000年前后，随着先是中国台湾所产海苔，继而是韩国所产海苔的不断进入，原本以波力海苔为代表的本土海苔一枝独秀的局面被打破。如今，波力海苔、中国台湾海苔、韩国海苔各有忠实的拥趸，成为大陆海苔零食中的三大主力。以我自己的口味来说，三者相比，波力海苔味略咸，中国台湾海苔香偏淡，韩国所产海苔香纯而醇，味咸淡适宜，是我最喜欢的海苔零食。当然，相较而言，韩国进口的海苔零食价格最高。好在海苔只是零食，时不时地买一包吃吃，对我来说，经济上还是可以不足为虑的。加上儿媳知我爱吃零食，经常会买上一些送我，包括韩国进口的海苔，所以，与其他零食一样，海苔零食于我无口腹之忧。

最常见的海苔是纯味的，故又被称为"海苔片"。而近十几年来，随着喜爱的人越来越多，在原先传统海苔（苔条）食品的基础上，以海苔为主料或辅料制成的食品，包括零食也越来越多。比如，以海苔为馅的海苔（苔菜）月饼，加入海苔做成的海苔饼干，用这苔片包裹加馅或不加馅的面包而制成的海苔卷面包等。2017年，由我组织的老邻居团队出版了我们自己的口述实录——《马坡林舍的女孩》（由社会科学文献出版社出版）。“马坡林舍”是“下马坡巷林业厅宿舍”的简称，我们这些出生于二十世纪五六十年代的老邻居们，自己访谈、录入、编写了这书，为我们自己留下了青春的回忆，为我们的后代展示了一个时代的女孩子们的生活和成长，这一集体性的自我书写目前在中国尚属少见。著作出版后，项目组成员和老邻居们——郭立新、郭韵、孙亚泉、周利军、马敏、我等欢聚在一起，畅聊庆祝。老邻居们带来了许多零食共享，周利军所带的是夹心海苔。那夹心海苔独立包装，每小包一片，二十几包组成一大包。拆开食之，两薄片海苔中或夹芝麻粉，或夹核桃碎粒，或夹花生细粒，口味多多。在海苔的海鲜味中出现了坚果的香味和滋味，这令口感十分丰富。我是第一次吃到这夹心海苔，觉得好吃。周利军说，她也爱吃，所以她女儿刚给她网购了一箱，她拿些来给大家尝尝。聚会后，我马上请茶友冯君帮忙（我在网购上遇到不快之事后，近年来，她成了我网购的得力帮助者），网购了两大包夹心海苔。只是，在猛吃了几天，吃完一大包后，我开始嫌那“丰富感”过于杂乱，嫌那坚果香压住了海苔的鲜香。于是，我又回归到了单纯的海苔片，觉得还是那味更本真、更悠长、更清静……而那剩下的一大包夹心海苔则被我立马送人了。

繁华是一种美，简单也是一种美；由简入繁是一种需求，由繁入简也是一种需求。能自由地穿行在两者之间，即使只是吃吃零食，也是人生一大乐事与幸事吧！

糖炒栗子

糖炒栗子应该称为“砂炒栗子”。也许是炒熟的栗子仁有一种糯糯的甜香，略焦的壳有一种焦糖香，而且光滑得如涂有一层糖液，所以才被美名为糖炒栗子？那糖炒栗子壳的光润，据说是栗子炒后有一抛光的工艺，而那抛光的液体，小时候，大人们告诉我是饴糖（即麦芽糖）；大一点后，问正在用锅颠炒熟栗子的炒货师傅，回答说是蜂蜜。儿时吃糖炒栗子时，舔那壳，确也有甜味。而在三十多年前，又有人告诉我说，糖炒栗子的壳是经植物油，如棕榈油、橄榄油抛光的。而自那时起，我吃糖炒栗子时再舔那壳，确实也不甜了。故而，我至今仍不清楚，那糖炒栗子的壳是用什么原料使之这么光滑润亮的。

糖炒栗子的壳为棕色，光滑润亮，焦糖香扑鼻。小时候，每当巷子底炒货师傅支锅炒栗子时，那焦糖香能传到百余米外的大街上。如今，走在街道上的人们，也能跟着那焦糖香，找到卖糖炒栗子的炒货店。糖炒栗子外壳的开裂处，露出黄玉般的栗肉。剥壳取肉，食之，糯香悠悠，软糯粉甜。糖炒栗子是杭州人老少咸宜、男女喜吃的一种大众零食。

新鲜栗子是时令节气食品，在杭州，一般在深秋霜降前后才有栗子上市，大批量集中上市的栗子较便宜，故而，在儿时，一到秋末初冬时节，栗子就成了杭城人常见的菜肴（最常见的是栗子红烧肉，最高档的是栗子烧鸡）以及零食，包括煮栗子、生吃栗子、风干栗子、糖炒栗子等。其中，糖炒栗子多为从炒货摊上买的。因价格便宜，大人们也愿掏钱给孩子们买，或掏钱让孩子们自己买糖炒栗子。记得儿时最流行的一首童谣就是："糖炒栗子，青皮甘子（杭州话称甘蔗为甘子），吃饱为止"。[1]在糖炒栗子飘香的时节，常有少儿们口袋中装着热乎乎的糖炒栗子，口里叫着"糖炒栗子，青皮甘子，吃饱为止"，在大街小巷欢跳而过。

糖炒栗子须在第一次炒熟后趁热吃，才又香又甜又粉又软（嚼之有粉感，碎末在舌头的搅拌中，又会变得软糯），若冷了，就香淡甜寡且硬了，即使回炉也难有原味。糖炒栗子的栗肉食之易饱，往往吃十来颗再喝些水，就腹饱胃满。一般糖炒栗子以半斤开卖，故而糖炒栗子宜共食共享，众人一起吃才能趁热吃完。所以，杭城人吃糖炒栗子时总是很热闹——又热又闹，喜欢呼朋唤友一起吃。我最高兴在办公室吃糖炒栗子。所里的同事高雪玉在没搬新居前，从家里来院（浙江省社科院）上班时，要经过一家炒货店。那家炒货店的糖炒栗子在杭州闻名，每逢开炒，总有人排队购买。小高见队伍不长时，也会花上十几分钟排队买上一大包热乎乎的糖炒栗子，带到办公室用报纸包好保温（装糖炒栗子的袋子也有保温层），然后，在工休时间开吃。开吃时，会叫上其他所和处、室的朋友，房门更是大开，熟人见者有份。大家边吃边聊得又热又闹中，一大包糖炒栗子就分食完毕了。

在栗子零食中，除了糖炒栗子、煮栗子之类的熟栗子外，还有新鲜栗子、风干栗子之类的生栗子。新鲜栗子的外壳为红棕色，栗肉淡黄，嚼之脆爽，栗汁白而鲜甜，新鲜栗子特有的香气清爽且带着丝丝甘甜。这栗子香如今已被茶客们认定是区别浙江龙井茶[2]（茶青产于浙江省西湖产区之外，以西湖龙井茶制作工艺制作的茶品）和西湖龙井茶（茶青产于杭州市西湖区，以西湖龙井茶制作工艺制作的茶品）的一个明显标志：浙江龙井茶的茶香多为栗子香，也称板栗香；西湖龙井茶的茶香多为绿豆的豆腥味（或称豆香味）或炒黄豆香。新鲜栗子的栗肉上的茸衣特别难剥。小时候，母亲烧栗子红烧肉时，那栗子的外壳，母亲会用菜刀帮我劈开一条缝，以便剥壳，而那层紧紧贴粘着栗肉的茸衣，是要我自己来去除的。每遇此，我都要用指甲又刮又抠，再不行，就用嘴啃。每每剥一小碗栗子肉，手指甲就会肿痛好几天，而嘴中还有总是吐不干净的茸皮上的茸毛。我不喜欢吃肉，那栗子红烧肉是父母的菜，留给我的是痛苦感。而吃新鲜栗子又是如此麻烦，所以，我不喜欢吃新鲜栗子。直到今天，尽管菜场早已有剥干净的栗肉卖，我也很少买。因为一想到这新鲜栗子，我的指甲就会反射性地有疼痛感，口中也会觉得总有毛茸茸的茸毛。

在栗子零食中，我最喜欢吃的是风干栗子。风干栗子是新鲜栗子在阴凉处晾置而成，壳为深红棕或深棕色，栗肉菊黄，嚼之韧软，清爽纯净的果甜和果香弥漫于口中。经阴干后，栗肉有所干缩，与茸衣间形成空隙，茸衣一剥即去。我喜欢这软韧感和果甜果香，更开心于这茸衣的易去，所以，这风干栗子是我最喜欢吃的栗子零食。而由于这风干栗子加工方便，可家中自制，儿时，我家中的栗子零食更多的是风干栗子。风干栗子的风干时间在20天左右，香味和滋味都最佳。风干时间不够，栗肉的软韧度低，果香果甜不足；时间过长，栗肉肉质变硬，直至变质为带着酒味的硬块。即使是为了吃到一颗最好吃的风干栗子，我从小也在努力学习着如何把握时间。

注：

1. 儿时，青皮甘蔗种植量大，价格较紫皮甘蔗便宜许多，故青皮甘蔗上市时，家长也常买给孩子吃，或给孩子零钱让他们自己买来吃，也能“吃饱为止”。小时候，到了此时，邻居男孩子们常几人凑钱或花三分钱买一根小而短的甘蔗，或花五分钱买一根长而粗的甘蔗，玩“劈甘蔗”的游戏。具体的游戏规则为以“擒纵绑”（即普通话的“剪刀石头布”猜拳）定出排序，轮到者将甘蔗竖立后放手，在甘蔗未倒地前，手执菜刀，对准甘蔗凌空劈下，劈下多少便得多少，未劈到者或刀被甘蔗夹住者为输者，不能得甘蔗。一轮过后，若甘蔗仍有剩余，则继续第二轮，直到甘蔗被劈完为止。劈每根甘蔗的参加者为3–5人，而其中眼明手快刀力大者，往往能吃到超值的甘蔗。有时候，女孩子们也会玩这一游戏，当然，多是女孩子们自己一起玩，若是参与到男孩子们中，女孩子们玩不过他们，肯定是吃亏的。

2. 自20世纪90年代开始，浙江省以西湖龙井茶型为类别，将以西湖龙井制作工艺制作的扁平光滑形绿茶均类型化地称为“龙井茶”。而且，除西湖产区的茶叶被称为西湖龙井茶外，其他产地的俗称为浙江龙井茶。（详见2022年由浙江工商大学出版社出版的拙著《茶知道》）

桃　干

桃干是以桃子为原料制作的蜜饯，有的有完整的桃核；有的桃核虽完整但被敲碎；有的桃核分成两半；有的则无核，完全是桃肉制成。桃核上的桃肉，有的很薄，似切走桃肉后留下的（水果罐头中，有一较常见的就是黄桃罐头）；有的较厚，似用完整的桃子制成；而用桃肉制成的——常见的有桃肉条、桃肉丁等，则就完全是软韧绵实的干桃肉了。一般而言，带核的桃干，其桃核无论是整个还是半个，无论是完整的还是破碎的，都较少有带皮的；而无桃核的桃干，不少有带桃皮的，吃起来别有一番好口感。

桃干为棕色，上覆一层白色的糖霜，很像深秋清晨在林中散步时，见到的覆盖着一层白霜的枯黄树叶。不久前吃到一款带皮的肉桃干，桃肉棕皮墨绿无糖霜，给人一种未加工的翡翠原石的感觉，打破了我对桃干色总是“秋叶萧瑟”般的成见。桃子品种较多，不同的桃子有不同的香。但一般而言，不知是否用来加工成桃干的桃子用的都是桃香较弱的桃子，桃干的香总是加工成蜜饯后的水果香，相较于同为蜜饯的杨梅干、话梅、杏干等，桃香较弱。不过，不久前我吃的那款桃干，水蜜桃香特别明显，闻之扑鼻，吃之盈口。这款私人定制的桃干没有添加任何色素，与人工调味品，不知是否用与过去我吃过的桃干完全不同品种桃子加工而成的？桃干的味为酸甜微咸，不同制作者用的配方和加工手法不同，酸与甜的比例也有差异，故而，不同的桃干有着不同的口感和口味。而若其甜味主要来自糖精（儿时吃的桃干大多加糖精），甜味薄寡；若来自白糖或红糖（二十世纪九十年代后，绝大多数用糖加工），则甜味或清爽（白糖）或醇厚（红糖），后味悠长；若用蜂蜜加工（如我不久前吃的那款），则甜味润顺醇香，回味无穷。除了酸甜微咸的基本口味外，近二十余年来，桃干中也有了奶油味、盐津味、甘草味，乃至辣味等多种口味，各有其妙。而与之相对应，桃干的香也呈现了多样性。

据说，之所以要打碎桃核，是为了让桃核中的桃仁在桃干制作过程中也入味，也为了让食者更方便地吃到桃仁。但我却最不喜欢吃这有着破碎的桃核的桃干，那碎核与桃肉融合在一起，令食者不得不边吃边吐碎核，既麻烦又不雅观，且还不能让人细细品尝那桃干的滋味，令我不喜。而自从吃到一粒苦桃仁，苦得我眼泪、鼻涕、口水齐流，一天不得好滋味后，对那有不少人夸赞的桃核桃干也避之不及了。桃干中，我最喜欢吃的是肉桃干，桃肉绵厚入味较深，食之方便又文雅（不会在腮帮子上鼓出一块，也不会不便开口说话），大大地胜于有核的桃干。尤其是不久前吃的那款肉桃干短条，绵厚韧软，又酸甜咸适度相宜，再加水蜜桃香（我最喜欢的桃香）扑鼻盈口，又色如翡翠石，色、香、味、形俱佳，已成为我最喜欢的桃干，没有之一。

上文所说的我最喜欢的肉桃干，是我的茶友赵女士所赠。赵女士经营着一家企业，也是能干的家庭主妇，自养鸡鸭、种蔬菜，有晒腌和酱肉类、家禽类、鱼类的好手艺，近两年春节，我家中的酱鸭、咸肉、鳗鱼干、酱鳊鱼等都由她供应，无比好吃。除此之外，她炒的南瓜子，做的笋干花生也很好吃。而那好吃的桃干，也是根据她提供的配方，由相关厂家定制，故而也颇合我口味。相比较之下，更进一步明白为什么在市场经济下，有了“私人定制”这一高端的个性化服务，以及无数借“私人定制”之名出现的“狗肉”（借用“挂羊头卖狗肉”一词）。

因被认为营养价值低、不卫生、吃相难看，小时候，家人很少给我买桃干吃。所以，儿时的我，很少吃桃干，而所吃的桃干为同学、邻居小朋友所分享或与他们交换而来，为了不让父母知晓，还得在家外偷偷摸摸地吃。在我们吃桃干的时候，难免会遇到大人们，而他们见到我们吃桃干，就会告诫我们：桃干是在粪缸里腌制的！那时，离我们所住的下马坡巷林业厅宿舍（后改名为农林厅宿舍）不远，过了城河走出清泰门，就是四季青人民公社（二十世纪八十年代，在这片区域内建起了直到如今仍颇有名的四季青服装市场），“清泰门外菜担儿”是杭城人的俗语。中华人民共和国成立后，四季青人民公社也一直是杭城的主要蔬菜基地。到城外菜地里玩时，以及作为小学生公益劳动之一的活动——到四季青人民公社送垃圾（作为肥料）时，我们在田头地边见到过一口一口装着人粪尿（这是老师教我们的一个专用名词，以区别鸡粪、鸭粪等肥料）的大缸。大人们说，桃干就是用这粪缸洗干净后腌制的。

关于人粪尿，此间想多说几句，也算是杭城人粪尿的简史吧。早年间，杭城家家户户多用马桶，户外的公共厕所，高档一点的是一个房间分男、女两部分隔开，下面一个大通道，上面用木板搭成一个个相连的座坑位，房子外面还有一个男子用的长方形的“小便处”；低档一些的，就是一个粪缸，上搭两根踏脚木条，人直接蹲于缸上，也有在前竖一块带踏脚的木板的，供人们坐于木板上出恭（旧时，称拉屎撒尿为“出恭”）。为防溅，大通道和缸中都会铺或盖上茅草，故杭州人称厕所为“茅坑”。那时，每天下午，家门口、墙门外、弄堂口都会出现一只只马桶，有工人拉着粪车，上门倒马桶；还有工人定时到公共厕所处理粪便。一只只排队的马桶，一阵阵“唰拉唰拉”的刷马桶声，曾是杭州一大街景和标志性喧声。后来，从蹲坑到坐便器，从人工冲水到自动冲水，化粪池替代了清粪工人的大部分劳作，但时隔一年半载，那建在住户区域公共厕所旁的化粪池还是需要集中处理，否则，就会溢出。近十几年来，新建房屋边上，不见了化粪池。据说，是用专用大管道直通城市污水处理处进行处理了。那在十几年前每隔一段时间，因工人清理化粪池所闻到的那种积累多时形成的粪便的恶臭，终于在杭城消失了。只是，那曾被视为“农家宝”的人粪尿，再也不是宝，而是成为城市之害了。记得小时候看书，说旧社会有粪霸，掌控人粪尿的收集与买卖。解放后，打倒了粪霸，人粪尿由政府处理，掏粪工人的社会地位也大幅度提高。有一位叫时传祥的掏粪工人还受到了时任国家主席刘少奇的接见。刘少奇对他说：你掏粪是为人民服务，我当主席也是为人民服务。我们都是为人民服务的（时传祥在“文革”中被打成“粪霸”，“文革”后获得平反，恢复了名誉）。在化粪池归属于政府管理后，从化粪池中掏粪就成了偷粪行为。记得在二十世纪八十年代，人粪尿还是“农家宝”时，经常有四季青公社的农民到我家所在的下马坡巷农林厅宿舍的化粪池中偷粪。一次，农民遇到了后来的环卫处（环境卫生处的简称）派来的掏粪工人，两人由争吵直到用粪勺大战，粪水不断溅到附近住家的门窗上和墙上。过路的行人也躲之不及，被溅一身。忍无可忍之下，有人到派出所报案，来了三四个民警，事情才平息下来。作为在一个溅不到粪便的房间窗户边一直观战的我，至今对这场“为粪便而战”的格斗记忆犹新，并由此常为今日粪便之遭遇感叹世事之多变。

再回到桃干。小时候，对于大人们所说的桃干是粪缸里腌制的，我们开始是半信半疑的。在经过无数次到四季青公社的菜地实地查看，我们看到始终是土埋到边沿的粪缸，看到粪缸边上爬到了缸沿甚至直伸内里的茂密野草，看到粪缸里几个月都不曾动过、任凭日晒雨淋的人粪尿，逐渐确信大人们在说谎。于是，我们不再相信大人们所说的一切，活用学来的成语，将大人们的“谆谆教导”称为“哼哼教导”（只要用鼻子哼哼两下对待之）。

我的大吃桃干始于二十世纪九十年代中期。那时，我申请并获批了一个较大的国际基金项目——“社会—心理—医学新模式救助卖淫妇女”[1]，高雪玉女士（那时她还在院图书馆工作，后调入我任所长的社会学所）成为我的得力助手。她喜欢吃零食，尤其是桃干、话梅之类，桌上有，随身包里有，口里不断。在她的影响和不断提供下，我也常吃桃干（包括话梅）了。2000年，小高调入所里，行政秘书和学术秘书两副重担一肩挑，也是我领衔的国家课题、国际基金项目等重大课题/项目的一大骨干。在艰苦的访谈过程中，在细致的项目地实地考察中，在我校对她修改的电脑文字录入（我的研究成果的电脑文字录入工作基本上都由她承担，直到现在，她仍是我主要的文字录入员）过程中，桃干（包括话梅）成为我们最好的、不可缺席的伴侣。而在小高不断的免费大量供应下，我的写申请报告、进度报告、结题报告、研究成果的过程，有时也成了大嚼桃干（包括话梅）的过程——如前所述，吃零食增文思是我写作成功的一大高招。也正是在小高的不断提供中，我吃到了多种多样的桃干，历经了桃干的多样化过程，并由桃干，进而扩展到整个零食范畴，看到了中国人的生活和生活方式的变迁。而前不久茶友赵女士所送的私人定制桃干，更让我进一步看到了今日中国人生活中，何为奢华的简单和简单的奢华。

注：

1. 该项目后改名为“社会—心理—医学新模式赋权性服务妇女”，从1997年至2008年，历经十年，项目获得较好的社会效益。而我经由项目进行的学术研究，也取得了一系列的重要成果，所提出的新概念、新观点在学术界引起较大关注，被认为具有较高的学术价值和社会价值。感兴趣者可参见拙著《妇女的另一种生存》（台湾巨流图书股份有限公司，2012）及相关论文。

桃　酥

桃酥是一款面食糕点，以油酥面团制成饼状后，烘焙而成。桃酥有大、小两种，分别被称为大桃酥和小桃酥。其中，大桃酥大小如成年男子的手掌，较薄为饼；小桃酥大小较五分钱人民币硬币大一些，较厚如糕。而大桃酥中间的凹陷处，嵌有一杏仁。据说，最早这杏仁为甜桃仁（桃子硬核中的内仁。这桃仁有的味苦，有微毒；有的味甜，可食用），故称桃酥。后因甜桃仁较难得到，改用杏仁，但这“桃酥”的名称则保留了下来。那小桃酥用料与大桃酥相同，据说是因大户人家中的女人们爱吃桃酥又嫌桃酥太大，一时吃不下而制作的。所以，虽没桃仁或杏仁，仍被称为“桃酥”，只是缀以“小”字，将原先的桃酥前缀以“大”字，以相互区别。

桃酥无论大小，均为圆形，色土黄，油酥的腴香浓郁扑鼻，味甜，大桃酥酥脆，小桃酥松脆，老少咸宜，自食送礼咸宜。桃酥是二十余年前杭城众人喜爱的糕点，也是今天五十岁以上的杭城人虽嫌之太油腻，但仍不时会食之，食时常感叹的一大怀旧食品。

说到桃酥，常会让我想起两件事。一件是儿时母亲讲的，据说是真人真事，不过，也许只是民间文人对军阀武夫的一种嘲弄性演绎。母亲说，那是江浙一带军阀混战时期（就年代而言，是二十世纪二三十年代），有北方军阀攻占了杭州，军阀头子（一位将军）一直听说杭州的点心好吃，入府安坐后，就叫勤务兵上街买点心吃。勤务兵买了一堆，那将军吃后觉得有一种如手掌般大小的酥饼特别好吃，就问勤务兵这饼的名字，勤务兵答：桃酥，并解释：这是大桃酥。那将军听后勃然大怒，大叫：什么逃输！这是得胜糕！大得胜糕！将勤务兵打了一顿后，下令这饼就叫“得胜糕”。好在那时军阀混战，这将军占领杭州没几天，就被另一支军阀部队打败，那“得胜糕”之名并没流传开来，桃酥仍然是桃酥。因为我家中，还有我的外公外婆舅舅（他们是江苏溧阳人，那地方据说曾被“逃输”将军攻占过）都知晓这一故事，所以，我家，包括我外公外婆和舅舅家，有时也会将桃酥笑称为“得胜糕”。而每逢将桃酥说成“得胜糕”时，除了感到中国文字谐音的有趣外，也总伴随着一种对自以为是的军阀武夫的不屑。

还有一事是我经历的，发生在二十世纪七十年代初。当时，毛主席发出了“备战、备荒为人民”的号召，杭州市东部的浣纱河被抽干河水、挖掉淤泥、挖地下防空洞（作为初二学生，在挖、抬了一天的淤泥后，我累得尿出血，后被诊断为急性肾盂肾炎）建成了杭城中心最大的地下防空系统[1]；杭城的老老少少、男男女女一连数月，连日挖泥做砖坯，用竹畚箕（俗称土箕，挑土而用）装了，挑到专门的地点，集中送到砖厂，烧成砖后用于建防空洞；我家宿舍门口的广场也被挖成了纵横交错的防空壕，用以躲避来袭的敌机。在这紧张的全民备战氛围中，一天，已从省林业厅退休的父亲在参加街道党委召集的一个党员紧急会议后，抱着两大包（每包大约有一斤）点心回到家。关上门后，他连声对我和母亲说：“快吃、快吃，要打仗了！”这两包点心一包是枇杷梗，一包就是桃酥。个中情形，我在本书《枇杷梗》一文中已有描述，此不赘言。总之，之后，我凡见到枇杷梗和桃酥，耳边就会响起父亲那带着忧虑和关心的急切之声：“快吃、快吃，要打仗了！”

父亲去世时，还带着与日本士兵拼刺刀时在脸侧留下的刀伤和与国民党军队作战时在左脚留下的子弹碎片。他生前给我讲他的战争经历时，经常说的一句话是：去打仗前，一定要吃饱。想来，这是曾为大地主家吃穿不忧的长子的父亲，在十几年枪林弹雨的出生入死、无数的经验教训中，得出的生存之道吧！而这也作为一种生存理念和行为准则深深地刻印在父亲的心中，在历经二十余年的和平安宁后，面临突发战争的可能性时，作为一种习惯，或者说，以其固有的惯性爆发出来。

不能不说，父亲始终是一名军人，一名时刻准备上前线作战的军人！从军阀将军的“得胜糕”，到父亲的“快吃、快吃，要打仗了”，就这样，在我的生活中，桃酥这一普通的食品具有了战争的底色，枪声炮声和士兵喊杀声在油香酥脆中穿行而过……

注：

1. 如今杭城浣纱路下就是由浣纱河建成的防空系统，浣纱河由春秋时女子在此处浣纱而得名，颇有诗情画意，而浣纱路之名，常令人不解：道路中何以浣纱？那诗情画意由此成了不伦不类。

乌　梅

乌梅以成熟的新鲜梅子为原料制成，在早年间，更多是一味中药，近十几年来，则日益“蜜饯化”，成为一种零食，越来越多地受到人们的喜爱，成为蜜饯里的一位“新秀”。因此，作为一味中药，我戏称其为“蜜饯性中药”；作为一款蜜饯，我戏称其为“中药性蜜饯”。

乌梅色乌黑，故被称为“乌梅”。其表皮皱而凹凸不平，近似球形或扁圆形，内核完整而坚硬。早年间，作为一味中药，乌梅的基本制作方法是将成熟的梅子用低温烘干后，再焖至色变为乌黑。故而，其气味酸香，其滋味酸醇，有一种梅子特有的清香游荡在口中。在“蜜饯化”了后，据说，乌梅的制作过程加入了用糖或蜂蜜腌制这一工艺，乌梅原有的酸香中又增添了甜香，有的甚至是甜香成了主香。乌梅的酸味弱化，成为酸酸甜甜，甚至是甜甜酸酸的滋味，植物酸的清爽中也增添了植物糖或蜂蜜的柔度。而原先作为中药时，梅肉的硬中带软也转为软中带硬，较有弹性，有的甚至转为松软，老少皆可嚼之。那梅核也从单味的酸转为双重味的酸酸甜甜，滋味更悠长。

乌梅的药性酸、涩、平，有消暑解郁、生津解渴、敛肺止咳、止泻止呕吐的功效。据说，用红糖和蜂蜜腌制过的乌梅，也有去燥润肺的功效。

小时候，乌梅只有在中药店有卖，到了夏天，与众不同的我家总会去中药店买上一些乌梅，煮成乌梅汤，消暑解渴。那时，每逢我家煮了乌梅汤，总有一些邻居家的大人和孩子，以各种借口到我家来。对于那些上门的大人们，母亲会主动倒一杯乌梅汤待之，而那些小孩，我会在他们讨要时，倒上半杯给他们喝。在同伴们一片“好喝”声中，在大人们，尤其是背后常说母亲是“资产阶级生活”的大人们对母亲“会过日子”的羡慕声中，喝着酸酸的乌梅汤（我们也称为酸梅汤），夏天在我家也就不那么酷热难忍了。

母亲买来的乌梅，我每次也会偷偷拿一两粒当零食吃。虽酸得口水直流，但爽得开心。儿时，我爱吃酸的，刚上市的青梅，别人都不敢碰，怕酸倒牙齿，而我却一口气能吃半斤。那乌梅的酸味香醇，更是我喜爱的味道。所以，不惜冒着被责骂之险，每次我都会偷拿一两粒过过嘴瘾。好在不知母亲是真的没发现，还是发现了放我一马，总之，这偷拿之事始终没被母亲发现，乌梅也就成了我儿时独树一帜的夏季时令零食之一。

近十几年来，商场、超市、网店中有了蜜饯性的乌梅，酸酸甜甜、甜甜酸酸的味道较中药性的乌梅更受众人欢迎。闲来无事食之，忙里偷闲食之，旅途防暑食之，口中寡淡食之，众人闲聊食之，朋友聚会食之……以乌梅泡水，酸酸甜甜的乌梅汤也十分美味。可独乐，可众乐，令人快乐多多。在我吃过的蜜饯乌梅中，最好吃的是杭州众仙堂自制自销的乌梅。众仙堂是一家小小的中药堂，堂主张华安先生毕业于浙江中医药大学（原浙江中医学院）药学系，在从事中药制作、销售几年后，现师从国家级名老中医、原浙江中医药大学副校长连建伟教授。张先生所制作的中药讲求药材产地的正宗、无污染，生产环境符合国家标准。而作为我们茶友（张先生也是我的茶友）圈中著名的吃货之一，他也注重所制中药成药的味道——尽管良药苦口，若这药既可治病又不苦口，岂非更好？张先生所制乌梅粒大肉厚，质地软硬适宜，韧而有弹性；酸香与甜香融合在一起，清爽而柔和；味酸甜适中，以酸生津，以甜润津，味蕾被全部调动越来，口感饱满而美味。那乌梅核虽较其他乌梅核略小，但入味较深。故而，那核也是味醇而悠长，在口中吮吸十几分钟后，仍有余味。

众仙堂的另一中药性零食——阿胶膏片也十分好吃。阿胶膏是冬令滋补品，众仙堂将它制成片状，故而，可作零食吃。在我所吃过的阿胶膏片中，众仙堂的最好吃；在我所吃过的蜜饯乌梅中，也是众仙堂的最好吃。这一冬一夏两大时令性零食，让我在品尝美味时，物质性地感受到了季节的变更、四季的轮替。

西瓜子

西瓜子是典型的大众化零食，以西瓜种子为原料，辅之以相关调味料制成，去壳取仁而食之。最常见的西瓜子去壳方法可谓之：嗑，即上下门牙相对，用力挤压，护住内仁的两片瓜子壳间的连接处，使之开裂，然后，用手指拿出或用舌头卷出瓜子仁食之。这一“嗑瓜子”经北方人之口，也创出了一句辱骂人的民谚：“想不到嗑瓜子嗑出个臭虫，充仁（人）来了！”西瓜子的壳较硬，久嗑会伤门牙。我的朋友中，就有一位嗑吃西瓜子者，经多年奋战，终于把上门牙的牙齿底端嗑得凹陷成西瓜子弧形般。而对于牙齿不够坚硬或有损的儿童和老人来说，嗑西瓜子也有诸多不便。于是，近年间，市面上出现了一种吃西瓜子的辅助工具——瓜子钳，用这如夹钢丝的老虎钳般但头尖身小的瓜子钳夹住瓜子，手稍一用力，瓜子壳即裂，瓜子仁唾手可得。真可谓科技增添了吃货的口福！

收集自家吃西瓜时吐出的西瓜子，洗净，晒干，藏妥，是我儿时杭城人吃西瓜时，孩童们必做的功课。那西瓜子虽大小不一（家长们大多选便宜的买，品种不一，大小不一），却是孩童们的珍品，因为那是我们不多的可以自己支配的零食：集到一定数量后，征得父母同意或瞒着父母（大多数是双职工家庭的子女），在煤球炉上放上铁锅，小火慢炒到有瓜子香飘出，然后，“哧啦”一声淋上备好的盐水，再小火慢慢炒至水干透，咸咸的、香香的西瓜子就可以开吃了！在楼房与楼房间的空地上，我们一群小儿们或坐在竹椅上，或半躺在竹榻上（有的人家房间小，闷热难当，盛夏时便睡在户外），或蹲在木凳上，摇几下扇子，吃几颗自炒或交换回来的西瓜子，听着大人聊天说地，说着我们自己的事情，暑热虽在，心却是快乐的。那时，西瓜是时令果品，自炒西瓜子也是时令食品。所以，过了夏天，我们就很少能畅吃西瓜子了。在大雪飘飘的冬天里，吃西瓜子也就成为我与小伙伴们常有的对夏天的期待之一。

浙江丽水地区有一种名为“籽瓜”的西瓜，瓜小肉少但瓜子又大又多。在该产地有一不成文之法，瓜可免费随意吃，但瓜子必须留下给瓜农。儿时，籽瓜的瓜子是由国家统一收购的，所以，商店里卖的西瓜子是又大又均匀齐整。而较之家中自炒西瓜子，商店中卖的西瓜子大多是煮后烘干，其味多为酱油味（以酱油为调料，称酱油瓜子）、五香味（酱油加茴香、桔皮为调料，称五香瓜子）。商店里卖的西瓜子较贵，那时，经济条件较好的人家会在招待客人或春节期间（也是访客较多的时间），买上半斤一斤的，每次来客人时装一碟待客，以示待客之礼。故而，儿时的我在随父母去别人家中做客时，也能吃到那店里卖的酱油瓜子、五香瓜子之类。但我不喜欢吃这些西瓜子，一来那些西瓜子往往太咸；二来那些待客的瓜子往往是有留盘的，多次留盘后难免受潮，受了潮的、经酱油煮过的西瓜子抓在手上黏黏糊糊，捏着入口滑滑溜溜，给我一种脏乎乎的感觉；三来较自炒的西瓜子，店里卖的这西瓜子香味较淡，有时还夹有烂的、蛀的、瓜子仁发臭的，令人恶心的味道逼得人不得不把口中已吃进去的东西全吐干净。直到今天，儿时的阴影仍残存在我的心中，而上述第二、三个问题仍未彻底解决。

与过去相比，如今，西瓜子的味道是越来越丰富了。除了原有的原味瓜子、咸味瓜子、酱油瓜子、五香瓜子之外，还出现了诸如话梅瓜子、奶油瓜子、怪味瓜子、咖喱瓜子、抹茶瓜子、绿茶瓜子等新产品。但那西瓜子原有的清香加清甜味却越来越淡，有的甚至与该类西瓜子的偏正词组名称中的修饰词所指物的味道相差无几，如话梅瓜子，那瓜子壳和瓜子仁的味道，与其说是西瓜子，还不如说是话梅。也许，听到了不少吃货的抱怨，七八年前，杭州市面上出现了一款名叫“小而香”的西瓜子，那是用盐炒制的，有着小时候西瓜子的香和味，但那西瓜子也真的是小——只有大粒瓜子的一半，甚至三分之一。在“香是真当香，但小是真当小”和“小是真当小，香是真当香”的感叹声中，抱着“念佛老太婆念阿弥陀佛”的心态，我们几个吃货喜欢上了这“小而香”西瓜子，并从此以是否喜欢吃“小而香”的西瓜子，作为衡量一个人是不是西瓜子真正吃货的标准——只有这真正的吃货，才能不时花上四五十分钟，手不停口不歇地一粒一粒吃完一两西瓜子。

几年前，去壳西瓜子仁在杭城市面上出现。较之带壳的西瓜子，这去壳的西瓜子仁味道更多样。除了各款口味的西瓜子的味道外，还有蟹黄味的、烤肉味的、芥菜味的、果味的、巧克力味的……可谓五花八门，令人目不暇接，若各款都买上，可开一桌西瓜子大宴了。随着西瓜子仁的出现，以西瓜子仁为主料制成的零食也一款接一款，一味接一味地上市了，如西瓜子糕、西瓜子饼、西瓜子糖、西瓜子仁薄脆……借用一句流行歌曲名《爱如潮水》，今天的零食也是汹涌如潮水啊！不过，西瓜子的老客们还是感叹：尽管西瓜子仁吃起来方便，但还是自己嗑瓜子更有味道，就如山核桃的老客们更喜欢自己咬出山核桃仁一样——两者几乎互为翻版。山核桃老客们有一说法：尽管山核桃仁吃起来方便，但还是自己咬出来的山核桃仁更好吃。哲人所谓仁者见仁，智者见智；民谚有云萝卜青菜，各有所爱。由此亦可见一斑。

鲜花饼

鲜花饼是近十几年来云南的新特产，颇为热销，广受欢迎。其以面饼为坯，以用新鲜花瓣制成的花酱为馅，经烘焙而成，大多为直径一寸左右的圆形，外皮色金黄或棕黄。嗅之，甜而清新的鲜花香盈鼻；嚼之，饼坯软韧内馅醇甜，香气扑面而来。以花为食是云南少数民族的一大饮食特点，植物花卉的多样性，是云南环境资源的一大特点。在这两大特点的基础上，创新而出的鲜花饼如今已成为云南食品的一张名片。而根据我个人的经验，也许是新鲜度的原因，在云南当地到著名的鲜花饼生产厂家的门市部购买的鲜花饼，尤其是刚出炉的鲜花饼，其香更纯而醇，其味更美而佳。

我第一次吃到的鲜花饼，是云南民族大学博士生导师杨国才教授所赠，大约是在2010年前后。那年，以她为主任的云南民族大学妇女研究中心举办的有关妇女/性别研究的研讨会，送给每位参会者一份鲜花饼伴手礼。望着这“鲜花饼”三字，我想到在云南吃到过的木槿花鸡蛋汤、薄荷炒豆腐干、油炸紫苏……以为会在饼子中吃出一朵又一朵的鲜花。吃了才发现，饼子里是用鲜花做成的花酱，鲜花的香加上糖汁的甜，构成了鲜花饼特有的美味。而想想，自己一开始对于鲜花饼的想象真是童话般萌得可爱，那新鲜花朵即使可食，即使香浓，其味若不经加工，也是不佳的。我尝过不少花瓣，如玫瑰、迷迭香、木槿、菊花、梅花、桂花等，那花瓣或是无味，或是带有苦味。故而，新鲜的花若不经加工是难以做饼馅的，而加工成酱的花，又怎会一朵朵开放？鲜花饼名称中的“鲜花”乃内馅原料之说明，而非对美景的描绘。当然，鲜花饼香甜软韧可口，那香，那甜，那软韧，足以让我在心中升腾起一幅“大理三月好风光”[1]的美丽景象。

我自己第一次买鲜花饼，也是在云南，且是在昆明的机场。那次，参加了也是杨教授为主任的云南民族大学妇女中心举办的少数民族妇女发展主题研讨会后，从昆明坐飞机返杭。因航班延误两小时，我与同事高雪玉在昆明机场进行了“候机大厅三小时游”。进入工艺品商店，看到我在云南民族大学附近的民族工艺品市场上花了50元买的虎睛石手串标价250元，讨价还价后为200元；20元买的七彩石手串标价60元，讨价还价后为40元；会议送的民族风单肩背包大的标价300元，小的标价100元，计算一下我在市场上买的三串虎睛石手串、两串七彩石手串所省下的钱，再加上那会议伴手礼的市值，酷爱石头和民族民俗制品的我不由得心花怒放。工艺品商店旁就是云南那家著名的鲜花饼生产厂家开设的销售店。在第三次走过这家店，闻到新出炉的鲜花饼四溢的香甜味，想想那买石头手串省下的钱，我说服自己：我是用差价、省下的钱买的，没多花钱；吃零食，不易吃饱，不会胖。然后，进店买了两大盒鲜花饼。回到杭州，一袋鲜花饼与亲朋好友同事们分享，一袋做了我的早餐乃至晚餐：一杯咖啡，一块鲜花饼，一个鸡蛋，味道好极了！到了文思停滞时，鲜花饼也能帮忙，或浓郁或清新的花香（我买的是不同花的混合袋）让我放松了紧张的心情，在空灵而无边的遐想中，灵光乍现，思路重返。那时，我丈夫和儿子都在外地工作，我一人吃饱，全家不饿；一人觉得美味，全家都说佳肴。所以，大约有一个星期，鲜花饼不仅是我的主食之一，也成了我的重要零食。后来，杨教授知我喜吃鲜花饼，不论我去云南或她来杭州，总会带上一些送我，让我一次又一次地沉浸在鲜花饼带来的喜悦中。

杨国才教授是生于大理、长于大理的白族人，是我在妇女/性别研究领域中的同行和好友。作为同行，她大力支持我主持的全国妇女/社会性别学学科建设与发展大型国际基金资助项目，她对所负责的“少数民族妇女/性别研究与行动方面”部分作出了重要贡献。她许多的研究成果引起学界和社会的关注，从而在中国的妇女/性别研究，尤其是少数民族妇女/性别研究领域具有较高的学术地位和社会影响力。作为好友，我们不仅经常交流研究心得、生活经验，也不时分享当地的土特产。我所吃过的品质较高的油鸡枞菌、牛干巴（腌制的风干牛肉）、鸡骨酱、乳扇、鲜花饼等，就是她送的。由此，我吃到一些品质不太高的云南土特产，如油鸡枞菌时，往往会脱口而出：“不如国才（我们平时以各自的名字互称）送我的好吃！”我是在1995年在北京召开的第五次世界妇女大会上见到杨教授的。那时，她穿着她六十多岁的母亲为她出席世妇会而亲手缝制的白族妇女出席庆典时穿的盛装，漂亮得令人惊艳。面对这位集知识分子的典雅和白族妇女美丽于一身的少数民族女教授，听着她对白族文化及白族妇女生存与发展状况的侃侃而谈，我心中连连赞叹。进而，在相互交往中相知相悦，虽远隔千里，我俩也成了好友。

孔子说：有朋自远方来，不亦乐乎？在交通与通信工具高度发展的今天，我想，有朋在远方，相互想念着、关心着，不时相互寄点土特产分享口福，也是很快乐的呢！比如，我和国才教授。

注：

1.《大理三月好风光》是电影《五朵金花》中的插曲。大理白族自治州是云南著名的风景旅游地，也是历史悠久、民族文化积淀深厚的文化圣地。

咸带鱼

咸带鱼就是用盐腌制而成的带鱼。在浙江人将用盐腌制的海鱼用鱼名加“鲞”字的命名法中，咸带鱼又被称为“带鱼鲞”。咸带鱼的具体传统制作方法为：取整条新鲜带鱼，去其上的杂物（不用水洗），直接用盐轻搓揉整条鱼，然后放入缸中，盘紧，用重物（旧时多用石头）压紧，过半个月左右取出，在阴凉处晾至鱼皮发干，即可食用。儿时，家中食用的咸带鱼，若是买的，都是吃多少买多少，不做存放；若是自己腌制的，有多余的会挂晾在阴凉处，不能风吹，更不能日晒，且要抓紧吃，一旦被风干或晒干或阴干了，鱼肉就会发黄，如枯木残叶，有哈喇味［杭州人称油耗（hāo）味］，嚼之如木渣。所以，通过经验教训的总结，儿时，家中自腌的咸带鱼经常宁愿让它在缸里放着，因而咸味更重，母亲也不会取太多阴晾在那里，以致难以食用。

以杭州人的口味，与黄鱼鲞（包括略腌的水鲞，多日腌制且略晾晒的黄鱼鲞）、鮦鲞（鮦鱼所制）、鳗鱼鲞等多为清蒸，以食其清爽的咸鲜味不同，带鱼鲞的烹调法为油煎或油炸，食其油腴的咸鲜味，享其皮脆肉嫩的美妙口感。尤其是用植物油中油性最重的菜油煎或炸，其香更浓，其味更佳。油与咸带鱼的结合达到绝妙境界，可谓人间难得之佳味！

咸带鱼大多切成或长方形或正方形或梯形的段块进行煎炸，煎炸后的咸带鱼外皮为金黄色，鱼肉为嫩白色；油香和油腴的咸鲜香飘扬在房间中，直冲到窗户外。这煎炸的咸带鱼冷热皆可食用：若热食，享其脆皮嫩肉、油香和油腴咸鲜香或咸鲜味；若冷食，油渗入鱼肉后，油腴的咸鲜香和咸鲜味更浓。而用菜盘中冷却了的煎炸咸带鱼的漏油拌米饭，更是一绝，美味得可令人多吃一两碗米饭。对我而言，咸带鱼除了是菜肴外，也是美味的零食。忙时抽空，闲时经常打开碗橱，从菜碗里捞一块咸带鱼过嘴瘾。只要家中烧了咸带鱼，无论儿时或现在，都是如此。尤其是文思松滞时，咸带鱼更是我开文源通文路的一大法宝。

在计划经济时代的杭城，居民购买水产品须凭鱼票。相对于其他水产品，一张鱼票购买的新鲜带鱼的量会多些，而咸带鱼又会较新鲜带鱼更多些。所以，那时我家的菜肴中常有新鲜带鱼和咸带鱼，恰好这两种带鱼也是我家喜欢的水产品。在二十世纪九十年代，随着“健康生活方式”的推广和被人们接受，浙江人原本喜食的腌制品，包括咸带鱼的制作量和销售量直线下降，直到市面上难觅令人满意的包括咸带鱼在内的腌制食品。而我则一直认为，塑造健康的生活方式是为了更好、更长久地享受美好生活，而不只是为了活着。因此，当美好的生活就在眼前而不去享受，岂非本末倒置？当然，对美好生活的享受也要以保护身体健康为前提。比如，一饱口福是又享受又健康，而不饱口福则是有损健康的享受了。由此出发，我坚持对咸带鱼的追寻，然而在九十年代终是难觅，而自己又不会腌制，于是在很长一段时间里，咸带鱼只是我存于记忆中的美味。直到进入二十一世纪，也许是人们对于美味的腌制品始终难舍；也许是随着川菜、湘菜的大举进入，杭州人的口味有所变化，腌制品又在杭城大量出现且热销不衰。在饭店，包括高档饭店的菜单上，咸带鱼出现了，有的还是当家菜品或拿手菜品。当然，这些带鱼大多是只腌制了半小时至两小时的快速腌制带鱼——杭城人称快速腌制为“暴腌”，故而，这咸带鱼往往也被称为“暴腌咸带鱼”。而作为杭州人的传统口味，烹饪这些暴腌咸带鱼的方法也是油煎或油炸。“杭儿风”（杭州人称杭州的流行时尚为“杭儿风”）过后，虽然咸带鱼不再是饭店的热门菜，但随着二十世纪五六十年代出生、家务劳动能力较强的一代职业妇女的退休，自己动手在家制作咸带鱼也屡见不鲜，这被西方人美称为一种生活方式的DIY（英文Do It Yourself的缩写），在中国老百姓眼中只是一种生活习惯的改变。二十一世纪初年的中后期，在许多有此类退休妇女的家庭中，从自己做布艺、玩具到自己制作蜜饯、果酱、腌制品，凡此种种，不胜枚举。我的老邻居郭立新是我周围亲朋好友中最会自己动手做再加工食品者。蒙她相赠，在相隔十几年后，经亲手油煎，我终于又在家中吃到了儿时口味的、正宗的咸带鱼。

浙江人认为，在所有带鱼中，东海的带鱼最好吃，因为东海有着独特的生态链及地理环境。而在我吃过的咸带鱼中，最好吃的是我的学生林仙的母亲用当地的带鱼亲手制作的咸带鱼。林仙是浙江温岭人。温岭县的石塘镇被称为中国大陆新年迎接第一缕曙光之佳地，每到新年元旦前后，摄影者络绎不绝。而温岭也是著名的东海渔区之一。林仙家虽不是渔民，但亲朋好友中渔民不少，所以，每年也能借光吃到不少好鱼货，恰恰那海中之物又是我爱吃的。那年，林仙听说我爱吃咸带鱼，就说她母亲腌的带鱼极好吃，在当地有名，且她家也可买到适合做咸带鱼的、真正的东海带鱼。她也爱吃咸带鱼，比较之下，她认为她母亲腌制的咸带鱼才是个中佳品。到了冬天，一个来自温岭的纸板箱寄到了我家。打开一看，十条大小适中匀齐的咸带鱼盘在里面，新鲜清爽的咸鲜香扑鼻而来，我一下没忍住，咽下了一口唾液。晚上一开煎，煎好的咸带鱼又脆又香，肉质细嫩，咸淡适宜，味道甚至比我儿时吃过的还要好许多。一口咸带鱼一口饭，一餐下来，我没吃别的菜，而是吃完了整整一条咸带鱼！这对往常最多一餐吃三四块咸带鱼的我来说，真是大大地破纪录了！后来，林仙的母亲又给我寄过她亲手腌制的咸带鱼，让我一次又一次地体验到咸带鱼之美味、吃咸带鱼之快乐以及咸带鱼对我的通文思之助力。在此，再一次向林仙的母亲表示深深的感谢！

在我任所长期间（2000—2015年），浙江省社科院社会学所与浙江师范大学法政学院联合，成功申报了社会学硕士点。林仙就是我任导师的女性社会学[1]专业方向招收的第三届硕士生，她毕业论文的题目为《老板娘也是老板吗？》。以福柯的话语分析法为分析工具，以社会性别（gender）为视角，在自己的生活经历基础上，论文对社会上普遍流行的"老板娘"一词进行了精辟的分析。林仙家是工商户，她母亲是工商登记上标明的店主，也是店铺实际运作中的掌门人。但她却被人们称为"老板娘"。而当她一旦被人们认识到是"老板"时，人们就改称为"女老板"，而对其丈夫——林仙的父亲，则不知如何称呼了——没有与"老板娘"相对应的、对女老板丈夫的称呼。林仙的毕业论文对以这一现象为代表的失语（如无与"老板娘"相对应的称呼）、强调（如"女老板"的称呼）等现象、产生的原因及根源、变化及其缘起等进行了深入的探讨。文章认为传统性别分工、传统性别角色在其中具有关键性作用，而传统性别分工和性别角色的变化，也必然会带来与性别相关的词语的变更，进而促进传统性别观念的现代化转型。林仙的这一毕业论文与我的另一位本专业方向学生胡淑玲有关男护工职业状况分析的毕业论文，一直被我认为即使在国内妇女/性别研究领域也可称为优秀的论文，她们的研究成果也经常被我在授课、讲座、演讲、发言中引用。而当林仙让她母亲寄给我咸带鱼后，凡吃到咸带鱼，我也会不由自主地带有学术思考地想：当人们说"咸带鱼"时，更多地强调它的味道——咸味，而不是它作为带鱼的本体。与之相同，当人们说到"女老板""男护士"时，也往往更关注她或他的性别特质而非职业本体，包括称呼、命名词等出现失语，如对女老板丈夫的称呼、与"少妇"相对应地对年轻已婚男子的称呼、与"武夫"相对应地对孔武有力的女子的命名等。人们对这一现象的习以为常，已成常态，所谓“性别盲点”及由此延展或导致的性别偏见、性别歧视就是一证吧！

注：

1. 我最早提出“女性社会学”这一学科概念时，暗含“女性主义社会学”之义，并力图由此出发，对当时更多地囿于男性主流社会学、更多地以妇女为研究对象的妇女社会学进行重建——纳入性别变量、重新概念化、区隔是主流女性主义社会学提出的对男性主流社会学进行改造和重建的三大策略。之后，随着女性主义概念的普及，随着社会性别（gender）概念被越来越多的人认可并不断进入主流，随着原有的妇女社会学重建的深入和扩大，在有关学者的提醒和我自己的不断反省中，我认识到“女性社会学”中的“女性”一词所具有的性别本质，及其他可能会对本学科带来的性别本质主义的误导。故而，之后，我开始更多地使用“妇女社会学”这一概念（与“女性”的先天性相比，“妇女”更多的具有后天性，更多的是社会—文化环境造就的），并一再重申，与我先前提出的“女性社会学”相同，我所说的“妇女社会学”也更强调以妇女的立场、视角等考察社会，更注重妇女的经验和经历在考察和研究社会中的重要性，更强调妇女在考察和研究中的主体性，而不仅仅将妇女作为研究对象。

香　榧

香榧是典型的炒货，呈上圆下尖的卵形。外壳薄脆而硬，棕色；壳内有一层黑色的包裹物，较包裹杏仁、花生仁的外皮（杭州人俗称“衣”）略厚且易碎。去除这一层黑色包裹物后，可见黄色的内仁。而因炒制时间的或短或长，内仁的黄色或如黄玉（炒时较短），或如橙皮（炒时较长）。香榧有着自己独特的香，那特有的清爽而油腴的植物香令人心怡且扩散性强。若是品质上佳的香榧，常有食者室内吃，从敞开的门外路过之人，便能闻到香榧的香气之情形。而“香榧”之所以以“香”冠名，也是来源于此。香榧仁嚼之脆（品质上佳者为松脆，次者为硬脆）、润（品质上佳者油润度较高，次者则较低）、细（品质上佳者肉质细腻，次者则较粗糙），有植物之甜（品质上佳者甜度略高，次者则不明显）。因香榧或如粗盐或为粗砂加盐炒制，外壳有咸味，在剥食的过程中，手指会沾上外壳的盐味。这盐味若与香榧仁固有的略甜相结合，那口中嚼出的香榧仁之味，有时就会变成椒盐味。

吃香榧是一门技术活。原因之一是它的外壳薄脆硬，不知窍门者，或会因用力不足而难以打开，或会因用力过度（如牙咬、钳子夹）而内仁破碎，难以完美品尝。而窍门就是在香榧外壳头部（即较大的圆端）两侧，分别对应地长有一对小小的圆凸（杭州人俗称“香榧眼”），用大拇指和食指分别按住这两点，轻轻相对一压，香榧壳即裂开，内仁完整暴露在外。原因之二是黑色的包裹物须去除，而用剥下来的香榧壳刮除，既方便，又最为快捷和不伤内仁。当然，一般而言，炒制到位的香榧，其黑色包裹物一刮就落，甚至用手一搓即全落，而炒制不到位的，则往往难以刮落。儿时，大人们告诉我们，香榧的这层黑色包裹物可打下肚子里的蛔虫，所以，当刮不下时，我们也会连同这黑色包裹物带内仁一起吃之。但那黑色包裹物嚼之有如嚼木炭之感，且因易碎而细末满嘴，吃后口中、舌上、牙齿上都沾满了黑末，得刷牙、漱口几天后才能清除干净。所以，无论从美味还是美观考虑，吃香榧时，这一层黑色包裹物必须去除干净。

香榧树高达数米，存活时间长。在作为香榧原产地和盛产地的浙江诸暨市（县级市）及周边地区，不乏树龄百年以上的香榧树，在深山里，有时还能见到据说树龄在千年以上的香榧树。而香榧，就是香榧树所结果实之内核。故而，作为零食的香榧，有时也被称为“香榧子”。香榧树从开花到果实成熟历时三年。而与其他树木常见的整树开花、结果不同，香榧树的开花、结果、果实成熟是单枝性的：一棵香榧树上有的树枝上开着花，有的树枝上果实正在成熟期，有的树枝上果实已成熟。所以，香榧的采摘不可如枣子的采摘那样，“有枣没枣三杆子”，用杆子在树上到处敲打即可，而是必须一粒一粒采摘，不能敲击，否则，花朵与正已成熟的果实就会不保。因树高，且需上树用手采摘，过去每到香榧收获季节，不免发生因采摘香榧导致的人员伤亡事故。近二十余年来，随着机械化采摘的推广，此类伤亡事件已极少发生。采摘下的香榧果需用水浸泡。数天后，去除软烂的外皮，将内核——香榧子晒干后备炒。

至今为止，我所见到的香榧加工方法只有一种——炒制，而炒制的用料有两种，一是用粗盐炒，一是用粗砂或细砂加食盐炒制。香榧的炒制十分讲究，体现在对火候的把握：火力不足或炒制时间不够，炒制出的香榧香度低，黑色的包裹物也很难去除，口感较差；火力太猛或炒制时间过长，香榧的香味被焦味遮盖，微甜味也不复存在。所以，直至今天，香榧“吃货专家”仍认为最上品的香榧是高水平炒货师傅手工炒制的香榧，因为高水平的炒货师傅比机器更能精确地把握火候，更能根据所炒香榧品质的差异调整炒制手法。而邻近诸暨的是嵊州，在很长一段时间内，不少人将嵊州香榧不如诸暨香榧香脆的原因，归为缺乏有经验的炒货师傅。

香榧油性较大，宜吃新鲜炒制的。若香榧存放时间过了第二年的夏天（香榧一般在秋末冬初上市），或存放不当（如未避晒），就会出现异味，不仅难以下咽，且食之会影响健康。所以，较之其他坚果类零食，如瓜子、花生、核桃等，香榧更具有时令性，可谓“季节性零食”。

在过去，香榧是野生的。直到二十世纪九十年代，不易人工栽培的野生性，仍被认为是香榧具有珍稀性的因素之一。近十几年来，随着科技进步，香榧人工栽培技术的发展，产香榧的地区逐渐增加，香榧的产量也越来越高。而香榧的价格，也由野生时代的最高达两三百元一斤，降到如今人工栽培时代的一百多元甚至几十元一斤。在我所吃过的香榧中，至今我仍认为产自香榧原产地和盛产地——诸暨的核心产区枫桥的香榧最佳。所谓“一方水土养一方人”，其实，一方水土也养一方物，古语云“橘生淮南则为橘，生于淮北则为枳”即是。所以，以我的几十年吃货经验论，至少就农副产品而言，来自原产地的当是更正宗、更美味的。

香蕉皮

香蕉皮，也就是香蕉的外皮。它是我在幼儿时自创的零食，也是许多人绝对没吃过或绝对不会想到吃的食品。所以，相较于那些大众化的零食，这香蕉皮可以说是真正的“我的零食”。

香蕉皮当然不是全部可以吃的，而是只能吃皮内层的白色柔软层，以及嵌于白色柔软层内的细长软条。这又细又长的软条，在我上了小学，看到一本课外书（好像是《十万个为什么》）中有关香蕉的知识后，知道乃是香蕉退化的种子软荚，那其中星星点点的黑粒，就是香蕉已退化的种子。吃香蕉皮的内层须啃，所以，这吃香蕉皮更应该说是啃香蕉皮。而这啃，也是一项技术活，轻了，啃不下；重了，啃穿了，外皮十分苦涩且难嚼，难以下咽。我最早也曾试过带外皮一并食之，那外皮又苦又涩又强韧，难以下咽，只得仅啃内皮。啃香蕉皮，要先吃那细长条。细长条量少，用门牙咬住一端整条拉下后入口，用门牙嚼之，有微微涩味，不可口，但一条一条拉出细嚼，颇有游戏感。故而直到今天，虽不啃那柔软内层了，但我在吃香蕉时，仍会用门牙一条一条拉出那香蕉内层的细长条，细嚼之，让吃香蕉仍带有一种稚童游戏感。吃完细长条后，就是啃内层了。从上到下，一点一点细细地啃，尽量啃尽这柔软的内层，使之只剩下一层韧韧的外皮。香蕉皮内层白而柔软，带有香蕉的清香和清甜，量较大。按着剥下的香蕉皮数，一片一片地啃，一片一片地细细品尝，加上吃细长条的时间，一般一根中等量的香蕉的皮，可吃十多分钟，若为细品，吃上半小时也是常见的。所以，在幼儿园时，在每周六下午（那时，每周为48小时工作时间，周日为休息日）等待父母下班来接我回家的时间里，香蕉皮是我最好的伴侣。有了香蕉皮，我就不会感到心焦（等待时间长）或心慌（父母因工作忙，临时决定不接我回家，让我在幼儿园过周末）。

我3—7岁的绝大部分时间是在幼儿园度过的。在此期间，在我所入的浙江省林业厅幼儿园，每月都会发两三次香蕉作为幼儿们下午的点心，每个幼儿一根（说句题外话，正是这每人一根的分发养成的惯性，我仍不习惯将香蕉切成数段食之的分食法）。香蕉又香又软又甜，我很喜好。虽每人有整整一根，但我仍不满足，每次吃完就会舔香蕉皮内层，以享其香其甜。舔着舔着，我发现这内层可食，经不断尝试，终于自创了能食到最佳香蕉皮内层味道的方法，并总结出剥下的香蕉皮的最佳存放时间——不超过两天。从此，吃完了香蕉，我总会将香蕉皮偷偷藏于口袋中，在游戏时间，趁老师不注意时偷偷享用。幼儿园注重培养我们爱劳动的好习惯，除了帮助分发餐具、打扫教室卫生外，吃点心后的纸屑果壳之类，也是要求幼儿自己扔至教室边的垃圾箱中去的。所以，老师并不知晓我偷偷藏起了香蕉皮。我把吃香蕉皮的技巧告诉了同班的小朋友，但不知为何，他们总是会啃到又苦又涩的香蕉外皮，从而对香蕉皮不感兴趣。也出于友好，他们不会向老师报告我的“不良”举动。由此，香蕉皮始终是我在幼儿园时自创的美味零食。直到幼儿园毕业，生活于家中，父母才发现了我的这一“创举”。在我解释香蕉皮如何好吃，并承诺在家外不会吃香蕉皮，保证举止优雅后，父母也不再阻止。一直到了十五六岁，认识到这样吃香蕉皮有伤大雅后，吃香蕉皮才从我的零食单中退出。

以年份计算，我是1958年9月进入幼儿园，1962年8月从幼儿园毕业。这一时期中的1959—1961年，是中华人民共和国历史上令人难忘的“三年困难时期”，也因自然灾害较多，被称为“三年自然灾害时期”。我丈夫出身于浙江嵊县（如今为嵊州市）农村一户多子女（共六个孩子）的普通农民家庭中。他说，他对三年困难时期印象最深的是吃不饱饭。每次饭毕，作为第五个孩子，他总要去抢父母和兄弟姐妹们才吃完的粥碗，挨个细舔一遍，不给就大哭不止。还有一个印象，就是处于壮年、力气较大的父亲，爬到山上挖来金刚刺根磨成粉后，煮了当饭吃，吃后经常便秘，每次大便时，都痛得他哇哇哭叫。而对我来说，三年困难时期我印象最深的是每月总有一个周日，林业厅的大卡车会从外地运回食品，然后，在院内食堂[1]门口的空地上均分后，大人们一家一份领回家。这食品有时是带鱼（据大人们说，是从舟山运来的，按头尾、中段平均搭配分发），有时是包心菜（每家可分到几片菜叶），有时是大冬瓜（每户可分到一大块），食堂不时也会自制绿豆芽、黄豆芽分发。还有，就是不知是1961年还是1962年杭州暴雨成灾，住在林业厅对面低洼地的居民[2]因房屋被淹，临时住进了位于大院内的厅机关招待所。大院内积水已过大人们的小腿，周日在家的我突发奇想，想坐着洗澡盆在院内“划船”观景。父母劝阻不成，只得让我坐进木澡盆下水。他们在一旁扶着盆沿前行。那群暂住的孩童们也正赤足踏水而玩，见之，一些十来岁的男孩子纷纷上来，帮忙推行。我父母见状，关照几句要当心安全后，便回了家。那五六个男孩或推行或护卫，让我坐在澡盆里，在院子中转了无数圈，直到母亲喊我回家吃饭才结束。我是独生女儿，没有兄弟姐妹，这是我第一次也是人生中唯一一次体会到如兄长般的关爱和呵护，亦是第一次也是人生中唯一一次在如兄长般的关爱和呵护中获得快乐，那情景至今记忆犹新。细数起来，我在幼儿园吃肉松、找酸妹妹、啃香蕉皮的日子，也是处在三年困难时期。与生于同一年（1955年），同时经历着三年困难时期的农村孩子比，比如，我的丈夫，我的这段时期的生活可谓是无忧的，相关记忆是飘扬着童乐和幸运感的。

在上小学的时候，我就从广播里听到中国存在城乡差别、工农差别、脑力劳动与体力劳动的差别这三大差别，并要努力消除这三大差别，但作为生长在城市里、长于省级机关干部家庭中、家中少有常来常往农村亲戚的我来说，并不清楚这三大差别到底差别在何处。直到开始从事社会学研究，进行了一些基线调查后才深切感知到，并从自己儿时的生活经历中发现了，这三大差别乃至阶层距离的存在。而这作为幼儿时零食的香蕉皮，就是相关例证之一。

注：

1. 在位于高官弄18号的浙江省林业厅大院内，除了行政办公大楼外，还有位于大门西侧的厅机关招待所，两层楼，上下有二十多个房间；机关食堂提供一日三餐，周日不休息，机关干部、职工和家属可在有10张左右圆桌（一张圆桌大约可坐10人）的食堂餐厅中就餐，也可买了饭菜带回家去吃。那时，因父母工作忙，不少孩童（包括厅长、副厅长们家中的孩子）经常一日三餐都在食堂就餐。此外，大院内还散居着二十来户住家，其中有厅长、副厅长、有较长革命经历的处长级（如我的父亲）、年轻的科技骨干（如住在我家隔壁的大学毕业的工程师）的家，以及需不定时为机关工作提供服务的后勤职工的家等，可谓是集办公、后勤服务、居家于一院。
2. 据大人们说，高官弄18号为一个国民党师长的住宅，后该师长不知所踪，该住宅就收归人民政府所有，在二十世纪六十年代初，成为浙江省林业厅的办公之处。高官弄18号大院内，鹅卵石铺成有着不同图案的条条小径，有两三个孩子手拉手才能圈住的大树，有游着美丽金鱼的池塘，池塘边立着玲珑秀丽的太湖石，住房的设计则中西合璧，颇具特色。在高官弄18号的斜对面，隔着一条小道，有一口水井，井近处地势较低，建有十来间木板为墙、瓦片盖顶的房屋，据说，原先住的是那位师长家中的男仆女佣及家人；井的另一边地势略高，盖着一间砖瓦结构的小屋，据说是那位师长家的管家及家人所住。在我儿时，那些房屋中住的都是本地居民了。因地势低，一遇大雨，水井边就会积水，而1961年或1962年的那场大雨，更是几乎淹没了那些房屋，连原先管家住的那间房屋也进了水，还是我父亲带人及时将那些住户唤起，经领导同意，将人和财产转移到了厅招待所中。那些房屋直到二十世纪八十年代才改建成砖瓦结构的房屋，地面也填高了许多。虽仍是平房，但居住条件改善了许多。如今，与附近的杭州六一针织厂（该厂生产的“六一”牌针织衣物和毛巾等，曾是杭州人喜爱的名牌产品）的消失一起，那片地方也早已成为某某商住楼的一部分了。

杏　干

杏干以新鲜杏子为主料制成。在我所吃过的杏干中，以形态分，可分为去皮和不去皮、去核和不去核；以形状分，可分为整个的（带核或不带核、去皮或不去皮），带皮或不带皮切成条、块、丁等状的；以色分，有金黄的、褐黄的、土黄的；以香分，有原味杏香的，也有因添加了辅料及辅料添加量的多少，与或浓或淡的杏香相伴而成的甜香、咸香、甘草香、奶香、辣香等；以味分，有杏子原味的，也有在添加了辅料后出现的甜味（加糖或蜂蜜）、咸味（加盐）、甘草味（加甘草粉）、奶味（加奶油）、辣味（加辣粉）的等，以及加了多种辅料而成的多味的，如加糖和奶油而成的甜奶味；以加工手法分，有直接晒干或烘干的，也有腌制的，如糖渍盐腌；以加工工序分，有直接以原形出现的，也有去核后将杏干进行造型的，如高档北京果脯中的杏脯，造型如花朵或花瓣。在所吃过的杏干中，我最喜欢的是带皮带核整个原味、原状晒干的杏干，那种天然有时还带着太阳味的酸酸甜甜的杏子香、杏子味，那韧皮软肉相结合的嚼劲，那杏核在口腔中的滚动，那从杏核中吮吸而出的酸甜汁液，都是我吃杏干时才有的享受。

记忆中，儿时吃的杏干是晒制的杏干。那时，杭州街头，连皮带核原形状、原生态酸酸甜甜的杏香和杏味浓郁。小巷中，有时会出现挑着担子卖杏干的农人或小贩。因这杏干较商店里卖的陈皮梅、九制橄榄、拷扁橄榄便宜许多，质量也不错，父母有时就会买上一些，作为日常零食。所以，儿时我家中一年总能吃上两三次杏干。1966年“文化大革命”开始后，扫“资本主义尾巴”，穿街走巷的小商贩不见了，似乎商店里也不卖晒干的杏干（是否卖腌制的杏干，我没印象了）。故而，在很长一段时间里，我没见过，更没吃过杏干。再见到杏干，是在二十世纪九十年代。那时，杭州的大街小巷出现了不少卖据说是新疆特产的红枣、葡萄干、杏干，后来还有巴旦木、核桃等的流动商摊。摊主一般两人至三人，均为男性，深目高鼻，络腮胡，或如汉族人的长相，或魁梧或瘦，高而干练，都穿着我们在电影中看到过的新疆维吾尔族人的服装，戴着我们在电影中看到过的新疆维吾尔族花帽，说着变调的汉语普通话。他们或踏着人力三轮车，或推着人力车，在人行道或巷子边停车后，在车上摆上一块木板，木板上分堆（或用木格隔开）摆上上述新疆特产，然后或开叫“新疆特产”，或一言不发，进行营业活动。那摊位上特产的卖相都不错，还未走近，就能闻到枣子的甜香、葡萄干的清香、杏干的酸香。那杏干如我儿时所吃的晒干的杏干，而我也第一次见到如儿时所见杏干的褐黄、土黄不同的金黄色的杏干，真是漂亮！那时，我自己的家在浣纱路，在当时最热闹的离西湖不远的延安路附近。每天下班从公交车站回到家中，我都要从延安路人行道边四五个“新疆特产”摊位前走过。到了休息日，我带着儿子在湖滨路上逛街或进店买东西，不得不在更多的“新疆特产”摊位间穿行。虽心向往之，但在诸多有关这些摊贩售卖行为的流言蜚语中，我最终没买过这些“特产”。当然，自己不买并不意味着吃不到。有朋友买了，实物分享若干的同时，还分享了购物经历和经验。那杏干与小时候吃的相比，味更甜，肉也更厚更糯，味道确实不错，而那与摊贩沟通、交流后增进好感的经历也为我进行社会调查和口述访谈提供了宝贵的经验。后来，丈夫去新

疆开会，他的同事去新疆出差，都带回了包括杏干在内的、在新疆当地购得的新疆特产。那杏干更甜更糯，带着太阳的晒香，还有天然的奶味，连杏核中吮出的汁液也又香又甜。这是我至今吃过的最好吃的杏干！2000年以后，杭城街头巷尾少见摊贩了，那卖“新疆特产”的摊贩自然也不知所踪。好在随着物质的丰富和物流的发达，商店、超市、网购，都能买到杏干，且是品种多多，口味多多，且随时可买。

我对糖渍腌制杏干的记忆始于二十世纪七十年代初。记得那年我上初三（1971年），军队前所未有地扩大了十八周岁以下者入伍的机会（当时，杭州人俗称“招小兵”）。在那年代，参军是很荣耀的事。在不断得知我的同龄邻居和学校同学入伍的消息后，怀着对那种光荣的向往和神秘的军队生活的想象，我也向父亲提出了希望他找门路让我参军的要求。从不徇私的父亲，在我的软磨硬泡下，想起了他1937年参加八路军后，回家乡带出来参加革命的堂弟。我的这位堂叔当时在铁道兵某部任团长，而该部当时正在北京建造地铁。父亲向这位已久无联系的堂弟写信，诉说了我的要求。他回信说，当年的征兵期已过，等明年再想办法。虽没参上军，但我们两家建立了联系，到了春节，也互赠土特产作为过年礼物。其中，特色糕点、北京果脯是这位堂叔寄来的北京特产。而北京果脯中，杏干是必有之物，这让我知道了杏干的另一种存在。北京果脯中的杏干特别甜，无核，柔软，与江南的杏干、新疆的杏干相比，是完全不同的口感，给人一种温柔甜蜜乡的感觉。尽管1972年因社会上传出可能要恢复高考的消息，重新点燃我心中因“文革”实行推荐工农兵入大学的政策而熄灭的、儿时就有的通过高考当大学生之梦。我不想再当兵，但与堂叔家的联系仍密切。故而，这果脯杏干一直是我家中虽少但时有的零食。后来，我和丈夫去北京开会、出差，也会带回包括北京果脯在内的北京特产，而因果脯太甜，不再爱吃，包括果脯杏干在内的北京果脯也不再购买送人。想来到今天，也有十多年不吃那北京果脯了。

2019年，我与丈夫和茶友一起，游了张掖—敦煌—嘉峪关—额济那一线。导游是敦煌人，她告诉我，敦煌近十几年从新疆引种了红杏、葡萄、枣子，通过出售鲜果和加工的干果，农民的生活有了很大的改善。听说她叔叔就种植了几十亩枣树、她的邻居就晒制杏干和葡萄干出售，同行的赵女士立即下单，回家时，同去的四户人家每户都多了一大箱（红枣、葡萄干、杏干各五斤）敦煌特产。据说从新疆引进在敦煌生长、制作的杏干，以“李广杏干”命名，虽包装袋上印着婀娜飘逸的飞天图，但这杏干的实体确实给人一种想象中的飞将军李广的剽悍威武勇猛：个大色褐黄、核硬而大、皮韧肉韧、酸香浓郁、酸甜味宜人。因其个大核小、皮韧肉韧，放入嘴中转不过弯，拿在手中一点点咬又费时费力，但那香味和酸甜口味又是我喜欢的。于是，我就拿它泡水喝，一粒杏干可泡水三四次，酸酸甜甜的杏干饮品口感颇好，香味亦佳。敦煌流行的特色饮品“杏皮水”味更醇、香更浓。故而，在之后的一段时间，自制杏干饮成为我最喜爱的休闲饮品。

说到杏干，不能不说的另一件与之相关的事是敲杏仁。儿时，家中吃杏子或杏干时，必留下杏核，吃杏子和杏干后必做的一件事是敲开杏核取杏仁。这杏仁据说是止咳润肺的良药。攒足一定的量后，母亲就会炒杏仁作为家中的零食。书上说，杏仁有甜、苦之分，我至今没吃到过甜味杏仁，能食的多为淡味的，也许，相较于苦味，这淡味也可以说是甜味吧！大人们说，这苦杏仁是有毒的，所以，凡吃到苦杏仁，我都会大惊失色地吐光口中所有的正在吃的杏仁，用三大杯水漱口，然后静候半天，自觉无任何异感后，才敢进食，包括吃杏仁。好在虽多次吃到过苦杏仁，但从未发生过任何中毒事件，也许是入口的量实在太少（最多一两颗），过于少了吧。

“文革”开始后，杭城街头巷尾中的小摊小贩越来越少，甚至踪迹全无。因此，我父母常在小摊小贩处购买的（通常也只有小摊小贩处买得到）的东西，包括杏子和杏干，也逐渐减少，直至全无；又因此，我承担的敲杏仁的任务也日减，直至全无。当然，在很长一段时间里，我没吃到过杏仁。“文革”结束后，我成了“文革”后第一批通过高考入学的大学生，大学毕业后，又被分配到浙江省妇联工作。那时，尽管商店、摊贩处都有杏子和杏干出售了，但作为成年人，我也不愿再做敲杏仁之事。何况，从二十世纪八十年代中期开始，作为零食之一，杏仁及杏仁制品也在商店、超市、网店中出现，且口味也越来越多样化。直至二十一世纪初，以“美国”的国名作为定语的杏仁——“美国杏仁”占据了杭城零食杏仁的半壁江山，成为新潮人士和年轻食客的宠儿，那儿时的“敲杏仁”也逐渐成为我的一种记忆、一段童年趣事、一抹零食历史痕迹了。

鸭脖子

鸭脖子在零食中属卤味零食，以新鲜鸭脖子为原料。经卤制的鸭脖子，其色为酱红或酱黑色；其形有整条的，也有分段切割成寸许长的；其香以卤制鸭肉的咸香为底香，以浓郁的酱香为主香，依添加辅料的不同，如五香粉、辣椒、花椒等，而融合成扑鼻而来的混合香味；其味以鸭味为底味，这底味又与厚重的酱油味一起组合成咸鲜主味，而因添加的其他调味料的不同，这主味又与之融合成本款鸭脖子的特色之味，如五香、麻辣、鲜辣……作为零食的鸭脖子多为真空包装，有的为整条，如小蛇盘卧；有的为寸段，如按尺寸锯下的小圆木。细望之，也能给人以遐想。

鸭脖子曾一直是作为整鸭的组成部分，烧煮后，与整鸭一起被食用。到了二十世纪九十年代，印象中最早是在武汉，后来逐步蔓延全国，鸭脖子先是作为单品卤菜，后又成为一种零食，受到人们的关注。

在二十世纪九十年代中期以后，足球成为人们的热门话题，进而，在电视机上观看世界杯、欧洲杯足球赛的实况转播或非实况直播，成为一种热门活动。因为时间差，这些赛事转播大多是在半夜开始或要观看到半夜，观看者需有夜宵充饥；因为在观看过程中不断起立、坐下，高声呼叫，观看者需食物补充体力；因在观看过程中，无论高兴还是失望，抑或生气、愤怒，都需发泄，而食物是最佳发泄之物。于是，除了作为饮料——“足球饮料”的啤酒外，“足球食物”也在人们不断的试验、筛选中逐渐形成共识——鸭脖子这一够香够味够美色、有肉但不会吃撑、价廉实惠的美食脱颖而出，与啤酒搭配在一起，成为流行多年的观看足球赛转播者的“最佳伴侣”。直到今天，几大包鸭脖子、几大箱啤酒，仍是许多人观看足球赛实况转播时的必备食品。

我的鸭脖子“处子吃”在二十一世纪初中期。2007年前后，以我为总负责人的“中国的妇女/社会性别学学科发展”项目在国内全面推进，总项目组和陆续成立的子项目组（至项目结束时，子项目组已达12个，包括6个学科子项目组和6个地区子项目组）不时召开相关的学科性、学术性、教学性等研讨会，举办相关的校园行动与社会行动，项目组成员及同行们就经常相聚。中国的女学者们在相聚时，即使是因严肃的学术议题研讨而相聚，也常常会带上自己所在地区的特产或自己喜欢吃的小玩意与大家分享。这些价廉物美情意重的东西常得诸多夸赞，有时也会引发人们的购买欲。比如，我常分享的杭州特产——丝绸围巾，就常被要求代买，而在杭州召开会议（包括其他项目的会议）时，作为主办方，我与会务组也常常被参会者要求调整会议时间（如，将下午的会议移至晚上召开，利用午休时间开会，下午提前休会等），带领有需求者去丝绸市场购物。而我所的高雪玉副研究员因熟知行情、认识店主（她家在丝绸市场附近，得以经常逛市场），善于讨价还价，识得丝绸产品的质量高低用料真假，就成了最好的“导购小姐”。每每丝绸市场回来，各房间就成了丝绸产品展销处，学富五车的女学者成了“服装秀”“围巾秀”“包包秀”等的模特儿。

“中国的妇女/社会性别学学科发展”项目会上，大家分享的土特产及小玩意也有许多，而位于武汉的华中科技大学的郑丹丹教授（那时，她还是年轻的副教授）与大家分享的就是鸭脖子和鸭架子。我从此知道了香辣鸭脖子和鸭架子的摧枯拉朽之巨大诱人功力，也知道了“周黑鸭”是一个商品名，而不是一种鸭子的品种类别名。那时，“武汉鸭脖子”已风靡全国，商品名多多，喜爱者也多多。但因觉得食前食后洗手太麻烦，且鸭脖子也没多少可吃的，我一直没去品尝。那次会议报到的第一天晚上，大家聚在我的房间里讨论学科发展议题，郑丹丹拿来了“周黑鸭”鸭脖子和鸭架子（鸭架子为去掉了鸭肉的整鸭鸭骨架）。一看是居于武汉者从武汉买来的正宗的武汉鸭脖子和鸭架子（那时，市面上已有不少冒牌武汉鸭货），在座的七八人纷纷伸手，闻着那扑鼻的香气，我也不嫌洗手麻烦了，也出手拿了一包分段的真空包装鸭脖子，那又香又辣又鲜的味道令我至今难忘。边啃鸭脖子，边讨论学科发展与建设，也许是这又香又辣又鲜之味的刺激，印象中，那天吃鸭脖子后大家的议论多了许多灵感和活力，有一种脑洞大开的感觉。吃完了鸭脖子，再吃真空包装的整只鸭架子。每人一块骨架，或翅膀，或肋骨，或腿骨，吮着汁味，咬下所剩无几的鸭肉，大家又聊起了家常，并从家长里短之中，又发现了不少妇女/社会性别研究的新议题，比如婆媳之争与翁婿之谊；再如，现代主妇的家庭权力到底有多大？直到凌晨一点左右，这场研讨才在又香又辣又鲜的味道中告一段落。当时不觉，后来想想当时的场景，一群平时在讲台上谆谆教人的女教授、女副教授们，一边大嚼鸭脖子、鸭架子，不时还吮吸一下手指头，一边大谈社会性别分层、社会性别分工、社会性别制度、社会性别角色……直到午夜，还激情洋溢，语音高亢，畅所欲言，无儒雅，无淑静，真是具有后现代意蕴的喜乐感！

郑丹丹与大家分享的鸭脖子和鸭架子的品牌名即为“周黑鸭”，这也解答了我一直对“周黑鸭”是何种类鸭子的疑惑。见大家爱吃，而我又更喜吃鸭架子，在长达四五年的时间里，每逢有郑丹丹参会，我们总有正宗武汉鸭脖子、鸭架子吃。我还因爱吃鸭架子，往往能多得一两袋供带回家独享的“专吃”鸭架子。对此，我们许多人不时表示不好意思——开心地吃并不好意思着，而郑丹丹的回答总是：“就这么几个鸭脖子、鸭架子，又不是什么高价货，大家开心就好！”于是，我们就继续开心并不好意思着了。而也许我的“开口鸭”为“周黑鸭”，所以，我更喜欢“周黑鸭”鸭制品的口味，并自认为其味更香更佳。

我之所以更喜欢吃鸭架子，是因为吃鸭架子更有探索感和惊喜感，也更有趣味——鸭架子是已去肉的骨架子，但在骨壁上，在骨缝里，不时能找到未被完全去除的鸭肉，虽丝丝缕缕，但自有其味，若在某条骨缝中发现了一条鸭肉，那开心不会亚于探索者发现了金矿。即使肉已被完全抠撕拉剥，还有骨头可嚼——“周黑鸭”鸭架子的骨头大多可嚼，其骨汁也是美味可口。这有点像做妇女/性别研究，那些看起来已被人们研究、论述无数次的议题，那些已被认为是无懈可击的概念、理论，若加入性别变量，或以妇女的经历/经验考察之，就会发现存在更大的研究空间或值得商榷、修改、完善之处。如，新药的人体试验大多是不分性别的，由此，药品的性别适应性和适宜性就被忽视或被遮蔽了。再如，对孕妇健康的关注一直被认为是妇女健康权利达致的主要标志之一，但站在妇女的立场上就会发现，这一关注实际分为孕妇和胎儿两个层面。因为胎儿的重要性而给予的对孕妇健康的关注，其实更多的是将妇女视为一种工具——生育工具健康的关注，而非真正对妇女本体健康关注。郑丹丹是国内妇女/性别研究和婚姻家庭研究领域优秀青年学者的重要代表人物之一，她以话语分析的方法，从性别视角切入，对人们习以为常的社会现象有独到的见解，在学术界获得诸多好评，被一些人称为国内妇女/性别研究领域中“女福柯”。我亦为妇女/性别研究者，我的吃鸭脖子/鸭架子之路由郑丹丹导入，而对我而言，吃鸭架子与妇女/性别研究有异曲同工之妙和之乐。所以，凡说起或吃着鸭架子或鸭脖子，我就会想起郑丹丹教授。直到今天，我还经常想起一群女学者在宾馆房间中边大啃鸭脖子和鸭架子，边大谈宏大社会议题的热烈场景，乐也！

鸭舌头

鸭舌头是一种卤品类零食，其以新鲜鸭舌头为原料，经卤制而成。作为零食的鸭舌头为整条鸭舌头，色酱红；熟鸭舌的腴香与相关的调料香融合在一起，形成鸭舌头特有的香味。早年间的鸭舌头仅红烧、五香、酱香等几种口味，近年来，增添了麻辣、香辣、甜辣、醉香等多种口味，鸭舌与浓郁的调味料的味道结合在一起，肉的滑爽腴润多出了几许清淡和清爽，就像大朵大朵盛开的红牡丹花丛旁长出的一抹粉红色的玫瑰，原本的娇美在极致的艳丽背景下，也显得淡雅素净。作为零食的鸭舌头的包装为独条真空包装，抓着袋底，撕开袋口，即开即食，食后也不会汤汁粘手。

儿时，鸭舌头是作为整鸭的组成部分，与整鸭一起食用的。大人们也并不认为这是什么珍馔，谁用筷子夹到了，或谁吃鸭头，就谁吃了。1966年我上小学四年级，“文革”开始了。之后，直到初中三年级（那时的初中为三年制），除了小学期间有半年多时间“停课闹革命”外，每个学期，学校都会至少召开一次全校性的“忆苦思甜”大会，请贫下中农来讲述他们在万恶的旧社会所受的苦难，让我们这些学生懂得今天生活的甜蜜。作为大会的必要组成部分，每个学生还会分到一个糠团子——贫下中农在旧社会吃的主粮，让我们对万恶的旧社会更有一种实体性的感受：在相互监督下，成人半个拳头大小的糠团子必须在会场上就吃完，那种满口粗粝、咽之如割喉的感觉，至少让我确实感到了白米饭是多么好吃！在忆苦思甜大会上，贫下中农讲述的过去的事情让我们产生并增强了阶级仇（对地主阶级）、民族恨（对日本侵略者），以及对劳苦大众的同情与悲悯，也让我们增长了许多知识，增添了许多好奇感。比如，有一次，一位贫下中农说起他家乡的一个地主，吃鸭子只吃鸭舌头，一只鸭子取出鸭舌头后就不要了，每次吃一碗鸭舌头，就要二十多只鸭子。我听后就想，原来鸭舌头这么好吃啊！那时在少儿们的心中，旧社会地主、资本家这些有钱人吃的东西，尤其是爱吃的东西，应该都是好吃的东西。于是，某天我家吃鸭子时，我第一件事就是夹住鸭头，取出鸭舌头，然后塞入口中。速度之迅猛，连想给我夹鸭肉的母亲都大吃一惊。鸭舌头下肚，我狐疑地问父母："鸭舌头没鸭肉好吃啊，为什么地主不吃鸭肉要吃鸭舌头？"父母大笑，问明原委后告诉我：那是有钱人吃腻了鸭肉后换口味的。我才知道，我之所以还没喜欢吃鸭舌头，是因为我吃的鸭子还不够多，我还没吃腻鸭肉。后来，偷看当时受批判的"封、资、修"小说，其中一本只剩中间三十多页的不知何名的小说写一个大资本家家中宴客，有一道冷盘是鸭舌头，做得很精致。于是，我又知道了，熟的鸭舌头是可以用"精致"一词来形容的。

在杭城，就功能而言，即食鸭舌头大致可分为三类。一是作为菜肴，即前菜中的冷盘。这出现在宾馆、饭店、酒店之类餐饮店的餐桌上，基本上由各家厨师以各自的方法制成。有的已形成品牌，不外卖，但吃剩下的可由顾客打包带走。只是一桌仅一盘共十几条的鸭舌头，往往是被一扫而光的。二是作为佐酒之物，即所谓的"下酒菜"。这鸭舌头下酒菜在卤味店、熟食摊上可买到。过去是一元钱一条，现在涨价为2—3元一条，大多为5条一组包在保鲜袋中，一包一包堆放在食盘中，论包出售。这作为下酒菜的鸭舌头较便宜，但以我的感观，其味道却大多略差于冷盘或超市/商场/网店出售的品牌鸭舌头。因不是独立小包装，人们也较少以此作为零食。当然，若家中宴客需要，也有人以此作为冷盘的。三是作为零食，即杭州人所说的“消闲果儿”。这可在商场/网店购买，生产厂家多多，口味多多，有的味道颇佳，已建口碑，形成品牌，有不少拥趸；每条独立真空包装，方便携带，方便食用。其有以不同的条数合成大包，以整包出售的；也有以条散装，以重量（如三两或半斤）出售的。因较少会出现缺货，也有不少人家买回去拆包做冷盘菜肴，或下酒菜的（卤味店、熟食摊一般每天只能供应十余包）。

因儿时的那次经历，我一直对鸭舌头没啥兴趣。直到2006年前后，所里的同事高雪玉，从家中拿来了鸭舌头与大家分享，鸭舌头才进入我的居家旅行常备零食单中。小高拿到办公室与大家分享的鸭舌头，是她在温州的阿姨以温州鸭舌头制作工艺自制，酱色鲜亮，酱香浓郁。厚重的酱油味带着醇厚的红糖味，鸭舌肉滑爽，鸭舌汁的腴香，一条鸭舌头入口，就给我一种惊艳之感，原来鸭舌头是这样的好吃！那鸭舌头原本是小高的阿姨送给小高丈夫做下酒菜的，小高说，有一大包，所以，她就拿了一半给大家共享美味——据她说，温州的传统鸭舌头是最好吃的鸭舌头。吃完了小高分享的鸭舌头后，我再找到其他鸭舌头，几经比较，确实是温州的鸭舌头最好吃，且某知名品牌（不好意思，我只记住了它的外包装）的传统鸭舌头为佳中之佳。从此，我的零食堆里常有鸭舌头。后来，我儿子回杭进行项目洽谈，见到我正在吃的鸭舌头，就告诉我，我儿媳也爱吃。于是，凡他回杭或我们去香港或春节在外地团聚，鸭舌头就成了我的必带之物——先是他们在香港没找到，后是虽找到了，但味道不如温州产的那款。进而，随着孙子们的长大，他们也成了这鸭舌头的喜食者。

几年前，有消息说温州的鸭舌头生产企业要重组，不久，超市中就没了那款包装的鸭舌头。我有些担心，不知这鸭舌头的传统美味会不会如不少传统美食一样，被现代化的强大力量粗暴地改变了味道。好在不到一年，那款鸭舌头重新出现时，那味道还是原先的味道。看来，在现代化的夹缝中，还是生存着一些原汁原味的传统的。

就这样，我并没有如地主般吃腻了鸭肉，鸭舌头还是不断入我口，甚至成为我的常吃零食；我并没有过上资本家的精致生活，那鸭舌头也并不精致——精致地摆放于食碟中，或精致地食用。但我吃鸭舌头是如此自由和随意，精致可以作为一种想象，无限放大。新社会与旧社会的不同，由此也可略见一斑吧！

鸭胗干

鸭胗干属腌制类零食中的酱制类零食。鸭胗干以新鲜鸭胗为原料，经酱油浸制、晾晒后贮存。食用时取出蒸半小时左右，待凉后切成薄片，即可食用。鸭胗干的制作与食用前的准备须注意以下几点：一是酱制鸭胗时，酱油必须浸没鸭胗，并上压有一定分量的石头，以免露出部分或飘浮后发霉，保证鸭胗酱透。二是须在太阳下晒三天左右，在晒出酱香的同时，既不能因晒制时间不足而使鸭胗肉质过软，没嚼头；也不能因晒制时间过长，而使鸭胗肉质过硬，嚼不动。三是贮存须避晒避湿，最好置于陶罐中，密封，否则鸭胗干易变质。四是切片必须在蒸熟过程中缩紧，难以咀嚼。五是蒸熟的鸭胗略凉后即可切片。因凉透的鸭胗外皮较硬，较难切成薄片。而与其他腌制品相同，鸭胗干也是在冬季制作的，且一般贮存时间不超过第二年的春天，否则，就会产生一种不新鲜的腌制品的气味乃至一种不新鲜的腌制品的味道。

切片待食的鸭胗干，形以鸭胗原状为基础，呈现不规则的卵形、椭圆形或圆形；切开的鸭胗干显露内里肉质的酱紫色或酱红色，外裹一层薄薄的外皮（非可剥去的那层鸭胗上外皮，而是紧贴于肉的薄皮）。将切成片的鸭胗干铺陈于白色细瓷食碟上，常给人一种紫宝石原石切片的美感。鸭胗干酱香浓郁，鲜香醇厚，视大小，咬半片或三分之一片在口中细嚼，肉质紧而微弹，嚼劲颇大；酱油香和着鸭胗香在口中弥散，有一缕阳光之香在其中穿行而过，让人想到冬阳的温暖；酱油的咸鲜为主，鸭胗的清鲜为辅，构成了鸭胗干特有的浓而醇的清爽之鲜味。故而，也有人家以鸭胗干作为配清粥的小菜。如肉松、鱼松一般，虽为荤菜，但不油腻肥腴，反倒是以清爽、清淡、清简见长。鸭胗干宜细嚼慢品，才能得其佳香与佳味，否则，唯酱香与酱味耳！儿时贪吃，常一次抓两片，塞进嘴里，狂嚼一通后下咽，并不觉有多好吃。直到有一次病了，母亲以鸭胗干配清粥，我只吃得下半片鸭胗干，且因无力只得慢嚼，不料嚼出一口美味。从此，有了经验的我即使抓了两片鸭胗干，也半片或三分之一片地慢嚼，以吃出好味道。故而，此乃经验之谈，非妄言也。

鸭胗干是江浙沪一带的特色零食。早年间，这些地区生活精致的大户人家在接待来访的贵客或关系密切的亲朋好友时，鸭胗干是常见的主要茶食——佐茶之食品之一，而这些人家中的小姐、太太、姨太太，尤其是年轻的、受过一定西式教育的小姐和姨太太，也颇喜欢鸭胗干这一典型的磨牙消时间的零食，手握一本张恨水的鸳鸯蝴蝶小说，不时地用象牙牙签从茶几上的细瓷白色小食碟中，戳一片鸭胗干咬上半片在口中慢嚼，窗外有远远的青山、盈盈的池水，楼下是爱热闹的太太和其他姨太太打麻将的喧哗。一册小说，一小碟鸭胗干，一个无聊又有趣的下午就这样过去了。据说，旧时，眼尖的客人们还能从鸭胗干切片的厚薄程度上，看到主人家将要发生的兴衰。一片鸭胗干一般的厨子可切十几片，而刀工精良的好厨子可切二十来片，那鸭胗干的切片真可谓薄如纸，可透光。好的厨子属稀缺人力资源，工资远高于一般的厨子，没有一定的社会权势，也很难雇用到家。所以，在传统中国社会，好厨子及该好厨子烹饪的特色菜，能代表其水平的刀工等，是家庭和家族，尤其是大家庭和大家族的重要脸面之一。故而，待客之鸭胗干切片突然发生的厚薄变化，在有心人眼中，也当与主人家可能会发生的兴衰变化相关了。

鸭胗干是在冬天腌制的，所以，在儿时，每到春节前后，我家附近的那家国营葵巷水产商店里，就有鸭胗干出售。五六只一串（用棉纱线串起），有十来串，放在一个竹篳里，供顾客挑选。而商店规定，鸭胗干以串为单位出售，不单只零卖。也许，家禽内脏太小，难以计件；也许是售价较贵（2元一只，那时一般工人的月工资为30—50元）；也许商店里每年可出售的鸭胗干实在太少（每年仅一百来只）；也许，鸭胗干的出售时间实在太短（仅春节前后三十来天时间），买鸭胗干只需钱，不用其他票证。故而，出生于江苏，原在上海工作，后又调到杭州，且与我一样爱吃鸭胗干的母亲，每年总要去买两三串回家。每次蒸个两只，切片摆盘，也算是一道荤菜了。而遇到此时，炒鸡蛋就成了不爱吃鸭胗干的父亲名义上的“专属荤菜”（炒鸡蛋也是我爱吃的菜肴之一）。那佐餐吃剩的鸭胗干，到了下午，也往往成为我与母亲的零食。有时我实在忍不住，也会在午餐后，以“只吃一片”为借口，不断地“只吃一片”到碗橱里取食鸭胗干，直到菜碟中最后只剩一片。对此，母亲总会忍住笑，揶揄地说：“哦，你真有良心，还留着一片给我吃。”

店里买来的鸭胗干质量不稳定，有时会太咸，有时有一种贮藏不当造成的不新鲜味道。故而，若遇到菜场有新鲜鸭胗（一般都是冰冻着从杭州肉类联合加工厂冷库中调剂而出）出售，母亲就会排队买上十来只，自己腌制。相较而言，母亲腌制的鸭胗干更香更鲜更美味。而对于在冬日的阳光下，于一大片的咸肉、酱肉、酱鸭、香肠、咸鸡等中出现的、我家晾晒的鸭胗干，不少家中孩子多且经济负担较重的邻居也会不解：这么一点点东西，又不够下饭的，腌它干吗？担心又被说成是资产阶级生活方式的母亲，往往含糊回答：我家人少，胃口小，够吃了，够吃了！

二十世纪八十年代以后，我很少能买到已加工的鸭胗干了，而九十年代以后，菜场里也难见批量出售的新鲜鸭胗。与之相对应，卤鸭胗成为卤味店常见的一道菜品，而以“鸭肫”为名的卤品零食，也成为一种常见零食。然而，那只是卤味品，而非腌制品，尽管色相似，但香与味却是大相径庭的。于是，有二十多年了，我没吃到过鸭胗干！怀念中！

盐金枣

盐金枣是腌渍类零食，以腌渍后混合的山楂肉、梅子肉、枣子肉、陈皮末等为主料制成。有的外裹甘草粉，其色黑，或呈黄色；其大小如米粒或半米粒，或为圆形，或为立方形，或无规则形；有腌渍果味的香，酸甜咸香混合但不杂乱，醒脑而宜人；其味酸甜，略带咸味，滋味可口而悠长。盐金枣宜含服，两三粒入口，在口中慢慢化开，那盐金枣特有的酸甜微咸之味慢慢在口中弥散，嘴中不再寡淡，脑中不再迷乱，千般闲怨逐渐散去，诸多欢乐悄悄升上心头。

儿时，在我就读的清泰街小学对面，有一排临街房屋，其中的一对老夫妇在他们所住的那间房屋门前，用两张长凳（杭州人俗称“骨牌凳”，因其凳面如骨牌，即麻将牌般为长方形），摆了一个小摊，卖些梅片、盐金枣、爆米花、葵花籽之类的零食，我的同学常去买，我也去买过两次。较之一分钱两片的梅片，我们更喜欢买一分钱两撮（二十粒左右）的盐金枣。因为盐金枣更耐吃，也更易在同学好友中分享。而也正是这更易分享的原因，使得盐金枣较之其他零食，更易被男孩子用来制造恶作剧——在我周围，用盐金枣制造恶作剧的都是男孩子，包括看上去很乖顺听话的男孩子，他们偶尔的恶作剧更易令人上当。盐金枣色黑粒小形不规整，被我们戏称为“鼻头圬”（杭州人对鼻屎的俗称）。搞恶作剧的男孩子会挖出自己的鼻头圬，搓揉成球后混入盐金枣中，送给同学好友吃。上当的同学或好友吃后恶心，大吐不止：我们称之为“隔夜饭也吐出来了”，更甚者，则称之为“1962年吃的六谷糊都吐出来了”[1]。对恶作剧者，我们会痛斥“嫑好坯”[2]，在很长一段时间里，不会与之交往。而对上当者，我们也很少抱有同情心，而是认为其嘴太馋（杭州人称为馋痨坯），人太笨，在很长一段时间内也会鄙视他。好在男孩子们恶作剧的对象都是男孩子，而女孩子之间从来未发生过这种事，所以，我们对男孩子与我们分享盐金枣或女孩子之间分享盐金枣是放心的，不会担惊受怕，也不会因心存疑虑而拒收。

不知为何，小时候我们去过的商店都不售卖盐金枣，我们所吃的盐金枣的唯一来源是学校对面的那个小摊。“文革”开始后，那家关上了房门，小摊当然也不见了。后来听说，这户人家是地主，被遣送回家去农村了。从此，我就没吃到过盐金枣。直到2000年左右，在自己家（成婚后建立的核心家庭）附近的超市中我才与盐金枣重遇。这新时代的盐金枣装在一个圆柱形塑料瓶中，瓶子的底色为白色，一面是彩印的长发美女半身像，旁书“盐金枣”三个大字；另一面用黑体字印着所用食材、保质期、产品质量标准，以及“请保持环境清洁”“不乱丢垃圾”宣传语等商品标配内容。旋开盖子，内装六七十粒的盐金枣，除了形状较规范地呈现较齐整的正方体外，其色、香、味与儿时所吃过的盐金枣并无多少差异。后来，我又在另一家超市见到另一种盐金枣，包装瓶上的美女依然长发飘飘，但相貌不一样了，而瓶中的盐金枣也裹上了甘草粉，其色、香、味都有了甘草的元素。与儿时一分钱两撮、用裁好的一小方旧报纸包装的盐金枣相比，新时代的盐金枣的包装真可谓高端、大气、上档次（俗称“高大上”），那价格当然也上升了许多——2000年左右大约是五元钱一瓶，后来又涨到八元多一瓶。因为新冠疫情，我已一年多未去商场与超市，不知现在还是不是这个价格。

重遇盐金枣，我心中自是十分欢喜，它马上成了我居家旅行必备零食，最高消费量为每月两瓶。在未体验到“财务自由”的时候，我已体验到了“食用盐金枣自由”。儿时，因认为盐金枣、梅片、葵花籽之类的腌渍食品和炒货，或制作时不卫生，或食用时不卫生，父母从不购买这类零食，而我自己则基本无可自由支配的零花钱[3]，仅买过两次盐金枣，因平时经常得到同学的分享，每次也将一半散发给了同学。所以，盐金枣的滋味成为我记忆中一种求之难得的美味。某天，沉浸在食用盐金枣之自由快乐中的我，突然想到儿时从书上看到的一则笑话：一个饥肠辘辘的乞丐见到一个人手拿一个烧饼，边吃边匆匆而过，气哼哼地对旁边的同伴说：“我以后有钱了，一定要一次买两个烧饼吃！”同伴问：“为什么要一次买两个？”答：“我左手一个，右手一个，左边咬一口，右边咬一口！”看看茶几上一个还剩若干、一个刚买来的装着盐金枣的包装瓶，唯哑然失笑。

盐金枣成为我居家旅行必备品后，我是写作时食之，干家务时食之，消闲食之，解馋食之，尤其在坐车时，更不停食之。我极易晕车，只要车行超过半小时，坐的无论是小轿车、中巴车，还是大巴车，我大多都会晕车。而吃了盐金枣后，晕车症状就会减缓，但需嘴中始终含着五六颗盐金枣，一旦化了味减淡，要马上补充。2018年，我与朋友一起去法国进行欧洲小镇游，十天左右的时间，每天至少驱车四小时，幸亏我带了三瓶盐金枣。靠着不停含服盐金枣，加肚脐眼贴云南白药膏（一般用于治疗扭伤等外伤），我居然一次都没晕车。只是，牙齿被大量的酸性物伤到了。从法国归来后，原本一次可吃半斤新鲜青梅的我的牙齿，碰到微酸就难以忍受，且一直未能痊愈。于是，我只能告别诸多爱吃的酸味零食，未能完全抛却盐金枣，但食用量也降至一年两三瓶了。这也是给我一个教训吧！任何事情若超负荷运作，都会产生不良后果，适可而止乃大道。

虽不大吃盐金枣了，但与同龄人在一起仍不时会聊起盐金枣及相关的趣事——对二十世纪五十年代出生的杭城人来说，盐金枣（包括梅片、棒儿糖、爆米花、六谷胖等）是我们共同的童年记忆。不久前，与茶友冯君（她出生于1954年）聊天，说起我正在写的本书，她的第一问就是："你写盐金枣了吗？"

注：

1. 杭州人称玉米为"六谷"——因玉米为外来粮食品种，故被认为是五谷之外的一谷：六谷。"六谷糊"即玉米糊。1962年国内刚度过三年困难期，粮食供应仍较紧张，杭城不少家庭以玉米糊为主食，故后来有了以"1962年吃的玉米糊都吐出来了"来形容呕吐得完全彻底。
2. 嫑（音：biáo）好坯，杭州话，意为不学好的人。
3. 因认为已为我备好了一切，而我临时所需的，只要是合理的，他们也会马上为我购买，所以，父母很少给我零花钱。由此，尽管家庭经济条件、人均消费水平算是高于其他家庭，尤其是我个人的藏书远远多于其他小伙伴，但相较于不时能拿出一两分钱，自由支配买零食或玩具（如，被我们被之为"牛皮筋"的橡皮筋，一分钱两根；被我们称之为"洋片儿"的小画片，一分钱两张）的小伙伴，我是囊中羞涩的。那两次购买盐金枣的钱，来源于春天学校组织郊游（我们当时称为"远足"）时，我感冒初愈，母亲担心我来回走路吃不消，给了我五分钱，让我坐车回家（刚好是郊游地到家附近公交车的车票费）。我走路回家，谎称是坐车的，偷留了这五分钱，并一直偷藏在裤子口袋中，没被母亲发现（那时虽还只9岁或10岁，但已自己的衣裤自己洗涤）。这五分钱对常常空无一文的我而言，可以说是巨款，小心翼翼地藏了半年左右后，实在忍不住，开始使用：两次各花一分钱买盐金枣（每次两撮，共四撮）；两次各花一分钱买梅片（每次一分钱两片，共四片），还有一分钱与两位同学合拼买了三分钱的葵花籽（小摊的葵花籽三分起售），三人各得三分之一。我偷偷地藏了钱，偷偷地买了父母不买的零食，偷偷地吃了父母平时不让我吃的“不卫生”的零食。我平时是一个乖顺听话老实的好孩子，所以，我这“偷偷”并未被父母发现，而同学手中的零钱有的是偷家中钱；有的是帮家里购物时，多报价钱所得（最常见的是将商店四舍五入讨价时便宜的一分钱说成没便宜，从而自留了那一分钱，杭州话称此为“打绿豆儿”），同学们心知肚明，但不会告发，我私藏车费之事，也不会有人告诉我父母，从而这“偷偷”之事就成为我的秘密，至今才公布于众。

伊拉克蜜枣

伊拉克蜜枣属蜜饯类零食，又名椰枣。因其是从伊拉克进口的，所以当时杭城人都称之为伊拉克蜜枣。伊拉克蜜枣为不规则长圆形，不到一寸长，金黄色，甜甜的枣香浓郁，枣肉软糜，粘在一起，给人一坨一坨而不是一粒一粒的感觉。事实上，软糜裂化的枣肉入口，确实也没有颗粒感，没牙的小儿和老人，口中一抿，就可咽下。伊拉克蜜枣很甜，又粘牙，有时吃多了，口中就会出现苦感。大人们告诫的甜的吃多了就会有苦味，我就是在吃伊拉克蜜枣的过程中体会到的。而那糜软的枣肉，一旦多多地粘在大牙（杭州人称臼齿为大牙）上，那种又酸又痛更是难熬。

记忆中，伊拉克蜜枣是在1964年前后出现在杭州市面上的。老师和父母们都告诉我们，伊拉克人民与美帝国主义进行斗争，经济上有困难，中国人民要帮助伊拉克人民打倒美帝国主义，就从伊拉克买了许多他们的蜜枣。说实话，无论是从食用传统，还是从真实口感来说，大家都认为，浙江本地产的蜜枣，尤其是金华地区义乌、兰溪产的本地蜜枣，无论是香味还是口感，都比伊拉克蜜枣好多了。甚至论形状，一颗一颗压着整齐的条纹，如琥珀般的本地蜜枣，也比伊拉克蜜枣漂亮多了。但大家，包括我们这些少儿，更认同作为一个担负着支持和支援世界各国人民打倒美帝国主义的中国人，购买和食用伊拉克蜜枣是一项重要的政治使命，必须努力完成。所以，那时我的邻居们家家户户都或多或少（根据自家的经济条件）购买了伊拉克蜜枣，伊拉克蜜枣一度成为许多人家中必有的零食。记忆中，“文革”开始后不久，商店中就不卖伊拉克蜜枣了，而“伊拉克蜜枣真的很不好吃”的言论也从要遭大人痛斥的儿语，悄悄地成为“太没有本地蜜枣好吃”之说。从此，这伊拉克蜜枣的色、香、味，以及给人之异域遐想的“伊拉克”三字，成为我对伊拉克最初始的国家想象。近年来有人告诉我，通过加工技术的改进，伊拉克蜜枣已成美味，但因我一直没吃到，所以对伊拉克蜜枣仍停留在儿时的印象中。

近年来，“教育理念国际化”“教育思维全球化”是许多学校，包括小学进行自我介绍时常用的词语。回想起来，在我们儿时，“全球化”“国际化”之类的词语并不被人们所知，但我们所受的教育，包括学校教育、家庭教育、社会教育，又何尝不是充满着国际化、全球化，并且更有一种作为一个中国人应承担的国际大任贯穿于其中的。所以，毫不客气地说，相比较于在消费时代成长起来的更注重消费全球化、享乐国际化的一代年轻人，那时候的我们，即使是小小少年，也更胸怀祖国、放眼世界，牢记大人们教导的、伟大的马克思所主张的：只有解放全人类，无产阶级才能最后解放自己。所以，要用火热的激情，用自己的方式，积极投入到反对帝国主义及其一切走狗的世界革命洪流中。

在美帝打压古巴，出现“加勒比海危机”时，我们会唱着“美丽的哈瓦那（哈瓦那是古巴首都），那里有我的家，明媚的阳光照耀着我，门前开红花……”，并自编舞蹈，在居民区召开的大会上演出，表达中国儿童对古巴人民的支持；在美帝欺压巴拿马，出现“巴拿马运河危机”时，我们高唱着“要巴拿马，不要美国佬！要巴拿马，不要美国佬！巴拿马，巴拿马必胜！”与大人们一起上街游行，声讨美帝国主义的罪行；在非洲人民反抗帝国主义，争取民族解放、国家独立的浪潮中，我们高唱“我是一个黑孩子，我的祖国在‘黑非洲’。‘黑非洲’，‘黑非洲’，黑夜沉沉不到头。西方来的老爷们，骑在我们的脖子上头，这帮去了那帮来，强盗瓜分了‘黑非洲’……”，在学校进行的期末总结会上，这首歌成为参演班级的主打歌；在殖民地国家纷纷要求独立的浪潮中，我们会唱着“亚非拉人民要解放……”，为每一个独立国家的出现欢呼；我们还会唱着“全世界人民手拉手，吓得美帝没路走，要是他敢来碰一碰，给他一个拳头”，跳着橡皮筋，把“打倒美帝国主义”的激情融于游戏中，成为一种游戏的快乐。除了唱大人们所写所谱的歌曲外[1]，我们自己也会编儿歌童谣（当然不会谱曲），比如，“黄继光，邱少云[2]，他们牺牲为人民。我们都要学习他，要把美帝消灭净！”这种充满童稚的行为更能体现出当时全球化、国际化对我们的深入影响，以及形塑而成的我们对国际政治的某种自觉意识。而努力吃那并不喜欢吃的伊拉克蜜枣，更是我们用实际行动支援伊拉克人民反对美帝国主义。

进入社会学领域从事社会学研究多年后，每当听到或论及“全球化”“国际视野”，以及“国际政治”等议题时，我总会想到儿时吃过的伊拉克蜜枣，还有至今仍不时浮现在脑海中的那些支持世界各国人民反对帝国主义的儿歌童谣。细想起来，这原本我们不以为然的物与事，实际上具有宏大的意义，如此紧密地与国际主义联系在一起，连结在一起。

注：

1. 印象中，那首《美丽的哈瓦那》就是著名作曲家李劫夫（笔名：劫夫）所谱曲。
2. 黄继光和邱少云都是牺牲在抗美援朝战场上的中国人民志愿军战士。

印　糕

印糕为米粉类糕点零食，以大米粉为原料，略加白糖（也有不加白糖的），将小块揉制的米粉团压入模具中成型，取出后蒸制或烘制而成。因米糕周边和表面有经模具压制后印出的图案，故被称为“印糕”。

印糕为圆形，因模具花型的不同，周边或为竖条纹，或为波浪纹，或为莲花瓣纹，或光滑无痕；上端表面的图案多为祝字（单个），如“福”“禄”“寿”“囍”，或雅致的花样，如梅、兰、竹、菊，也有无字画，一片平整的。

印糕有大、小之分。一般而言，大者直径半寸左右，称“大印糕”；小者直径为二三分，称“小印糕”。印糕的色、香、味因最后一道工序的不同（或蒸或烘）而各具特色。一般来说，就色而言，蒸者为米白色，烘者为米黄色；就香而言，蒸者为清香，烘者为醇香；就味而言，两者都硬脆，大米的清甜带着白糖的润甜，但蒸者嚼之有糯感，而烘者嚼之为粉感。

在儿时，食品商店中有印糕出售，大小两种都有。每到春节，母亲都会买上一两斤应景（因着上面的字或画），待客或作为春节自用的零食。例如，“文革”开始后直到毛主席去世，整整十年，每到12月26日毛主席诞辰日时，母亲总要买上几斤面条，除了自家食用外，还送给附近的“五保户”（当时对国家提供吃、住、穿、用、医最低保障的家庭的称呼），以南方过生日吃长寿面，祝过生日者健康长寿的传统方法，让大家一起为毛主席祝寿。儿时的春节总有印糕，而凑齐祝字和梅兰竹菊“四君子”图案，也是我那时最快乐的一种游戏——凡凑齐了，就归我所有，由我自由支配，可自吃，也可送人。“文革”开始后，因这祝字和画都属于要被打倒、扫除的封资修（当时对封建主义、资本主义、修正主义的简称）大毒草，听大人们说，厂里的模具都被打碎烧掉，而商店里也无印糕出售了。

再次见到印糕是在1973年。1972年，我家从林业厅宿舍七幢搬迁到附近的、由原林业厅食堂改建的农林厅宿舍十幢（二十世纪六十年代末，浙江省林业厅与农业厅合并为省农林厅，搬至原农业厅办公处的华家池，而就近作为林业厅工作人员服务机构的食堂撤销，改建成宿舍）。当时，人们少有财力和机会自行外出，而十幢中共六户，邻里关系颇融洽，出差或外出探亲者，常会带些大多当地的土特产回来，分赠给邻居。邻居中有一位潘叔叔，1973年他带家人回老家（据他儿子小潘说，他父亲的家乡在安徽歙县）过春节，回来后送给邻居们的伴手礼中，就有印糕。这印糕虽无任何图案，边缘光滑一片，但米香清新、米甜糯糯。这是我第一次见到光溜溜的印糕，故印象颇深。第二年也就是1974年，他家返乡过年回来后，赠送的伴手礼中仍有印糕，只是这印糕的周边有了竖条纹，上端边沿有了波浪纹，看上去漂亮了许多。到了1976年，潘叔叔再次携家人返乡过年回来后，所分赠的伴手礼（包括冻米糖、芝麻片、印糕等）中的印糕，就大改其貌了。潘叔叔分赠的伴手礼据说都是他家里人手工制作，前两年所赠印糕的质朴无华，让我对听说的关于歙县（文房四宝中砚的一大佳品歙砚所产地）传统文化的底蕴开始存疑；而在见到这新到手的印糕后，怀疑转为深信不疑。这直径为二三分的小印糕，周边的纹路有横、竖两种，就纹式有条纹、绳纹、波浪纹等，上端周沿的花纹，有线纹、绞丝纹、波浪纹、菱纹、点状纹等。而中间的图案，有“福”“禄”“寿”“囍”等祝字，也有梅、兰、竹、菊、荷等花样。图案精致，做工精细，有一种艺术品之感。与同龄人相比，我母亲是一个文化品位较高、颇具小资情调的人，她尤其喜欢一手可握的小工艺品。于是，当她在潘叔叔家所送的印糕中看到一个罕见的、印有荷花图案（我母亲大名承训，小名云娥，自己取名韵荷）的印糕时，她童心大发，打算收齐这印糕所有的图案，进行一番艺术鉴赏。而也正是母亲这一具有文化意义的决定，最终导致潘家夫妇的误解，引发了我们两家之间的某种不睦。

当时十幢的六家住户中，除了我家以外，都是双职工家庭，小孩放学回家后到其家长回家之间的两个小时左右的时间内，孩子们自行或玩耍或做作业或做家务，我母亲会不时关照或照顾一下。在关照和照顾中，我母亲也会与他们聊天，从国内外大事到家务小事，从作业到游戏。我母亲毕业于旧上海的商业专科学校，生活阅历丰富，生活经验丰厚，会说爱说（据母亲说，她的上海同事曾评论她“鲁迅的笔，蒋承训的嘴巴”），邻居小孩很愿意与她聊天，不时也会到我家来与我母亲聊天。而潘叔叔的儿子小潘，是最喜欢与母亲聊天，也最常到我家来和我母亲聊天的。

我母亲拿着印糕，跟他讲木制印模模具，讲“福禄寿囍”和“梅兰竹菊”的含义和相关的故事（母亲与小朋友聊天时，我一般都在里屋看书），小潘听得津津有味。所以，当我母亲在十一二块印糕中突然翻到那块印着荷花图案的印糕，讲完相关荷花之事，想到要收集不同图案的印糕时，小潘马上回应：我帮你去找！几分钟后，他重返我家，从口袋里掏出五六块印糕交我母亲辨认。我母亲留下三四块不同图案的，还给他四五块重复的，要他还到家中的零食箱中，并告诉他，要他跟他父母说明一下——我母亲也许觉得这是小事，也许觉得六十多岁的人还收集印糕，不好意思，所以，没自己前往，而是请小潘代说。一连三四天，小潘都会从家中拿四五块印糕来让母亲辨识。而因重复的先前已都还给小潘，留下了不同图案的后，我家中的印糕数也逐渐地超过了潘叔叔家原本送给我家的十一二块。那时，零食有限，孩子每天吃零食是有数量限制的，小潘的自食加上送给我母亲的，肯定超过给他的定额。估计他也没与父母说明，他为什么要另送印糕给蒋妈妈（我母亲姓蒋，当时，十幢的邻居们都称她为蒋妈妈）。终于，在我母亲有了十七八块印糕但远未集齐全套图案的第二天，我下班回家（当时，我已是小学教师），推开宿舍大门时，听到小潘的母亲在与邻居金叔叔的妻子说："想不到，蒋妈妈还会骗小伢儿的糕点！"在宿舍一头说话的她们并没发现走向宿舍另一头家中的我。对这背后的评论如何当面做解释，且是事后的解释，我也颇感为难，只得先回家再想办法。进了家门，发现母亲正在一块一块地鉴赏印糕，她并没有听到外面的议论，而对于"文革"中有心惊胆战的遭遇（详见本书附录中最后一段的内容）、我父亲又去世不久的她来说，这是多年来难得的安宁与快乐。于是，我把要说的话又咽回了肚子里，心想，暂且如此，万一潘叔叔家上门，我再出面解释吧！好在潘叔叔夫妇都很大度，他们只是把原本没锁的零食箱加了锁，并告诫小潘少到我家来玩（据小潘说），对我母亲客气如常。而小潘只是在周日父母在家时少来我家，平时照常来我家与我母亲聊天，并把他家的零食箱上锁了、他母亲让他少来我家等事告诉了我母亲，但并没说他母亲所谓的我母亲骗小孩子糕点的言论，想来，潘叔叔夫妇也没在孩子面前说这些话。虽没了进一步的收集，我母亲仍很开心地把玩印糕，而我也终于放心，并很感谢潘叔叔夫妇的大度——当时因种种原因未当面致谢，时隔四十余年，且在此送上迟到的感谢！

在母亲不时地鉴赏中，一个来月后，那印糕终于不再精致精美，落粉纷纷，只能作为零食落肚了。1976年，十幢拆除建楼房，邻居们搬迁各处，再也没见过面，我也再也没吃到过潘叔叔家的印糕。但这件事却永远深刻在我心中，尤其是邻居对母亲的误解，令我很长时间里有一种深深的羞愧感。有时难免会联想到“文革”中那句对知识分子的攻击性恶意评价：知识越多越反动。不免想到会不会文化品位越高的人，越会因着文化性的喜爱而犯错或出现失误？比如，发生在我母亲身上的这次“印糕事件”；再如，有一定书画素养和喜好的贪官会收受名家字画的贿赂等。

鱼皮花生

鱼皮花生是烘烤类零食，它以去皮花生仁（又称花生米）的内仁，裹以用面粉、鸡蛋及相关调味品做成的外壳制成。较成年妇女无名指端小一些，椭圆形；传统的鱼皮花生外壳似鱼皮，故被称为鱼皮花生。如今的鱼皮花生多为棕色；闻之，有烘烤的面粉鸡蛋及调味品的混合香；嚼之，外壳酥脆加上内仁松脆，外壳的混合香加上内仁的花生香，更有外壳的微咸甜鲜进入花生仁的腴甜味，十分可口。亦可用舌头将花生仁拨到齿颊间，光嚼外壳，再拨回花生仁，尝其油润的香甜，分而食之，两种香和味，也十分有趣。

我是在1965年春节在上海第一次吃到鱼皮花生的。我的外公外婆和舅舅一家住在上海。儿时，父母亲每年都会带着我一起去上海过春节。1965年的春节是我们最后一次大团圆，只是当时无论是大人还是小孩，都不知晓。那次，不知为何，父母让我在舅舅家住了好多天，舅舅家有六个孩子，与我的年龄相差不大，我们玩得很开心。一天，表弟蒋金戈和表姐蒋金燕说要给我吃一种没吃过的好东西。然后，他们从藏在一个大箱子的小边箱中的各自一角钱的压岁钱中，各拿出五分钱，凑在一起，到家门门旁的小店中买了一包东西回来。那袋里的东西椭圆形，胖胖的，比花生仁大，黑黑的，光溜溜的，还有一股面粉鸡蛋香。在我猜了十几样东西都不对后，他们大笑着告诉我，这是鱼皮花生！这袋鱼皮花生共八粒，他们给了我四粒，余下的一人两粒。这是我第一次吃鱼皮花生，这美味带着纯真的姐妹/姐弟之情，成为我心中难以磨灭的温暖回忆。

与这第一次吃鱼皮花生相关的，还有一件有趣的事。因上海话中的“鱼”与杭州话中的“油”读音相近，那鱼皮花生外壳光溜溜的，给人一种油润感，而那包装袋上也无任何字，于是，作为小学三年级学生的我，想当然地就认为此物名为“油皮花生”。一直到了初中二年级，有邻居从厦门回来，送给我家一袋“鱼皮花生”，我才从那袋上的商品名及商品简介中，知道了“油皮花生”应为“鱼皮花生”，以及“鱼皮花生”之名的来历。

不知为何，杭城市面上一直少有鱼皮花生出售，而因认定其是厦门特产，在别的城市，我也不会费心寻觅，所以，直到二十世纪九十年代中期，我才第一次吃到自己购买的鱼皮花生。因从社会性别（gender）研究性病/艾滋病在中国的蔓延及相关的项目行动取得较好的社会效益，在社会上和学术界也引起较多关注，那一年，某国际组织推荐和资助我及其他国内学者、政府部门工作人员共十几人，参加了在菲律宾首都马尼拉召开的世界预防艾滋病大会。那时，从杭州飞马尼拉须在厦门转机，回程时，在转机等候的两个多小时里，我第一件事就是去机场商场买鱼皮花生——这也是我首次厦门游购买的首件物品。两大袋鱼皮花生带回家，分给同事若干，众乐乐；与家人分享，群乐乐；写作间隙自享，独乐乐。而随着我事业的扩展，去厦门参会、学术考察、项目行动机会的增多，之后，我在厦门购买鱼皮花生的机会也增多了。有很长一段时间，家中不时有鱼皮花生出现。

鱼皮花生是在2019年作为一种常规性零食进入我的零食单中的。而这，归功于茶友冯君的推荐与帮助。冯君与我一样，也是零食爱好者。以不久前听到的有关国内新职业门类的新闻为出发点，基于新划定的“猫粮品尝师”的职业类别，我想，更应该为人类零食爱好者定一种职业——“（人类）零食品尝师”。故而，我和冯君也可提前自定为“（人类）零食品尝师”吧！

2019年春末的某一天，在茶聚时，我与冯君分享相关零食的信息时，她告诉我，近日吃到了一款很好吃的零食——鱼皮花生，她在网店中进行了多次比较及对网评的分析，才决定购买，试吃后，感觉很好。一听是鱼皮花生，我马上心动加行动，请她帮忙购买（我的许多网购物品是她帮助下单的）。几天后，一大瓶鱼皮花生到家。虽与传统的相比，那“鱼皮”成了棕色，漂亮了许多，但无“鱼皮”之感，但那口味还是传统的，且花生仁也较我以前买的更新鲜，香脆度更高。刚好儿子返家，在一家三口的共同努力下，一大瓶鱼皮花生很快“颗粒归肚”。于是，我马上又请冯君帮忙买了两大瓶。有了网购、有了冯君的帮忙，鱼皮花生的食用有了机制性保障和人力资源保障。

鱼片干

鱼片干是烤制类零食，以新鲜马面鱼的鱼肉去骨后制成。其形如去头的鱼身，约成年妇女手掌的三分之二大小；色淡黄。宜人的海鱼咸鲜味中，不时有浓浓的海鱼鱼腥味透出，有人喜欢有人厌弃。嚼之松软，味咸鲜中略带甜味，清爽而不清淡。最早，鱼片干为散装半斤或一斤的大包装，后来，改变为单片独立小包装，携带与食用都较方便。二十多年了，直到如今仍未改变。

马面鱼是海鱼，因其体形如马脸，故有此名。马面鱼鱼小肉薄，骨头少而软。曾有渔民在二十世纪九十年代的时候告诉我，过去，这类鱼在渔家是用来做饲料或肥料的。不过，在八十年代后半期，马面鱼在杭州成了“抢手货”。这鱼便宜而体量轻，一张鱼票所买的量较多而所花的钱差不多，且鱼类也被杭州人认为是富有营养的食物。故而，那时，有少儿的家庭都倾向买马面鱼做菜肴，包括我家。记得那时候，我是想尽办法，比如，清蒸、红烧、糖醋、煨汤、鱼肉蒸蛋等方式烹饪马面鱼，以让儿子吃到各种味道的马面鱼。到了九十年代初，杭州市面上出现了舟山试制成功的用马面鱼制作的鱼片干，我的烹饪马面鱼的工作量减少了——鱼片干可给儿子做早餐的佐菜，以及补充营养的零食。而当我们结识一些朋友，可用批发价乃至出厂价买到鱼片干后，鱼片干也成为我和丈夫的常吃零食，以及来不及烧菜时的菜肴替代品。

随着改革开放的深入，在二十世纪九十年代，我和丈夫都有了出国考察、参会、讲学和培训的机会。那时候，因公出国人员每次都会得到一次性服装补贴费50美元，以及每天5—8美元的餐饮补贴。每次，我们都会省下这些补贴费，给亲朋好友买些国外特色的小礼物，剩下的则回国后存起来。一次，我丈夫参加部门组织的出国业务培训，在培训中，餐费发给个人，自餐自理。我丈夫得知这一消息后，带了整整半箱子鱼片干出国参训，说是可以当菜肴，省下菜肴开支。近一个月的培训回家后，那半箱子鱼片干化成了半箱子伴手礼，而家中的美元“存款”也多了些许。那伴手礼中，我印象最深的是送我的价格80美元的腕表（当时对我家来说，这块腕表是除了电视机、电冰箱外，最贵的一件物品），腕表的玻璃表面加工出24个交叉晶点，手臂一动，便有钻石般的光点闪烁，引得不时有人来问我何处购得此表。直到五六年后，该表也颇吸人眼球。送给儿子的是一个价格为20多美元的轨道火车玩具，轨道上有隧道、有拱桥，火车翻着跟头下桥，下桥后又自如地前行，这在当时的国内是没见过的。这使得那时还上幼儿园的儿子放学回家，就抱出这玩具，拼搭完成后，启动火车，然后一圈一圈地跟着火车模型，围着轨道爬行，观看、研究这火车怎么运行，怎么过隧道，怎么上拱桥，怎么翻着跟斗，下桥后又怎么恢复轨道行驶……送给那时与我们住在一起的我母亲的，是价格为十几美元的镀金耳环和胸针。在很长一段时间里，我母亲常佩戴着，向别人炫耀：这是我女婿从美国带回来给我的。此外，还有送给我婆婆（我公公已去世）的一盒西洋参片。只是，我丈夫因在这二十多天里，天天以鱼片干当菜肴，吃到最后，甚至不愿闻这鱼片干的味道，从此不再吃鱼片干。直到今天，闻到鱼片干的味道，他仍会远远避开。

我丈夫于1999年被调到福建龙岩工作。2000年暑假探亲，那时的路线是从杭州坐飞机到厦门，再从厦门翻越（那时还没隧道）板寮岭到龙岩。那板寮岭很高，据说，抗日战争期间，日本军队打到板寮岭，也没能翻山进入山区。我原本极易晕车，那板寮岭一圈一圈地上去、一圈一圈地下来，晕得我在车上就大吐。到达住处后，我直冲厕所接着再吐。吐完后休息了一下，想起要整理带来的衣物，打开箱子，准备在龙岩开心做零食的那一大包鱼片干的鱼腥味扑面而来，于是，又是一阵呕吐，然而空空如也的腹中只吐得出苦胆水。于是，从此之后，鱼片干也被我排除常吃零食之列了。直到今天，有时在团拜会聚会时也会遇到鱼片干，在别人递上又不便推辞时，我也只是开包吃上一小块，难以恢复如前一次可吃五六包仍吃兴不减的状态了。

丈夫和我之所以会对鱼片干由喜到弃，源自过食导致的身体不适（丈夫）和气味对身体不适的加剧（我），以及这不适在身体和心理上留下的深刻记忆。由此可以说，在许多时候，味道对身体和心理来说，确实是一种记忆（味道中的记忆，如我和丈夫的鱼片干记忆），或者反过来说，在许多时候，记忆确实是一种味道（记忆中的味道，如儿时妈妈烧的菜肴的味道）。

顺便再说一下，用去肉后的去头马面鱼鱼身骨（保留着鱼尾骨）制作的另一款零食——鱼排。鱼排是烤制零食，棕黄色，鱼骨上微存鱼肉，涂抹调味品后烤制的鱼排咸而微辣，骨软而脆，调味品的香气与熟鱼的鱼腥气融合成鱼排特有的香气。鱼排很便宜，只要5分钱一袋（独立真空包装，一包为一袋，而鱼片干的零售价为两角钱一袋，贵了许多），而鱼排的口味又是少儿们喜爱的微咸微辣又带着一点点甜，所以，在二十世纪八十年代末至九十年代初，鱼排是杭城少儿们的热门零食。那时，我给上幼儿园的儿子每月5分钱的零花钱，见周围的小伙伴们常去宿舍旁的小店里买鱼排吃，儿子有时也会去买一袋以解馋。在亲自品尝，验证了鱼排的安全性和生产厂家的可靠性（正规企业）后，我同意儿子的这一自主行为。不过，当家中有了可以不限量吃的鱼片后，认为鱼片干比鱼排好吃，且不用花自己钱的儿子，就不再买鱼排吃了。而随着生活水平的提高，那美其名曰“鱼排”实为鱼骨头的鱼排零食，也在杭城销声匿迹。包括零食在内，许多食物就是这样，在社会的前行中，因着适宜性，应运而生，应运而盛，应时而衰，应时而灭。

榛　子

榛子为坚果类零食，圆形，壳硬，所食者为其仁。也许是因为榛子树的品种不同（如，直至2019年我才知道松子仁的树种有油松、红松、白松等之分），也许是产地不同，也许是改良与非改良之差异，我在杭城所见的榛子，大小不一，小者如成年妇女食指指甲盖大小，大者如成年妇女大拇指指甲盖大小；外壳色有的为棕黄色，有的为棕色，有的为棕红色，颜色不一；内仁为黄色，但深浅不一，从淡黄到深黄均有。内仁嚼之，有的为清香，有的为果香，有的为腴香；有的松脆，有的硬脆；有的清甜，有的果甜，有的甜且有奶油之味。

2019年，我去黑龙江省伊春市进行社会考察。位于小兴安岭的伊春市，曾是一个木业大市，六十余年来，砍伐森林制成木材销至全国是该市最大的经济支柱。2015年前后，该市逐渐转变发展模式，林下经济及旅游等成为重要的发展路径。林下经济所产之产品及加工产品，如灵芝、木耳、菇类、松子及松子仁、蓝莓干、蓝莓酒等广受欢迎。那次，我和同行者就买了诸多商品，我买的商品中，就包括野生榛子。这当地所产野生榛子较成年妇女小指甲盖略大，长圆形，外壳褐棕色，较非野生的更硬；内仁土黄色，嚼之清香丰盈，微甜。三四粒入口并嚼，闭眼沉浸于这清香微甜中，有初春清晨在江南小丘林中漫步之感。甚妙！只是壳太硬，且无方便手剥的初加工，需手握坚果钳夹开外壳取仁，有一些麻烦。不过，话又说回来，也许正因为这取仁的过程有所麻烦，使这榛子仁食之更为香甜。

回头看，二十世纪八十年代晚期，杭城市面上出现来自东北的榛子时，不少人读作“秦子”。对于这来自传统的“字不相识读半边”，我又得不时纠正，并以著名元帅聂荣臻的“臻”字强化其记忆。而榔头（用以敲）和老虎钳（用以夹）就是当时许多人吃榛子时的必备工具。到了九十年代中期，市面上出现了专用的坚果钳（用于夹开山核桃、榛子等小型坚果），人们吃包括榛子在内的坚果就方便了许多。后来，据说这些坚果钳都是如今被称为“中国五金城”的浙江省永康县（如今已成为县级市）生产的。到了本世纪初的十年间中期，市面上出现了外壳上有一裂缝的开口榛子，用手就可扒开外壳，吃起来更为便利。只是这开缝的加工常有“漏网之鱼”，一斤榛子中常有七八颗“闭口者”，那坚果钳仍还得常备。大概是2010年以后，市面上去壳的榛子仁越来越多，带壳榛子渐渐难觅，吃榛子终于不再艰难，并终于能从一粒一粒地艰难取出入口，变成可一把一把地轻松抓着入口了。而随着榛子仁的大量出现，其口味也由单一的原味扩展为多味——盐焗味、奶味、蛋黄味等，用榛子仁制作的榛子糖、榛子糕等零食也成为许多人的“新宠”。当被定义为“健康养生食品”后，榛子更是与花生、大核桃仁等一起，被商家装入“每日一包”的小包装袋中，成为人们送给长者和幼者之养生营养佳品，眼下正在流行。

我是在二十世纪七十年代中期（1976年前后）从当时组织观看的电影《青松岭》中，知晓“榛子”这一物事的。《青松岭》讲述的是有关东北一个山林中，一位贫下中农与村中走资本主义道路的投机倒把分子斗争，最后取得胜利的故事。这个投机倒把分子是生产队赶大车的，他利用生产队出车的机会，从村民手中收山货后到市集上出售，从中获取差价。而这一倒买倒卖，也使他家成为村中的富户，影片中他的姓名就叫“钱广”。看这部电影，我增长了不少知识。比如，钱广为了掌握赶车权，驯马到了山岭的青松村前就发蹄狂奔，这让我知道了惊马有时是被驯出来的；再比如，东北山村中的炕很大，一家人都可睡在上面。冬天的时候，吃饭、聊天、做针线、小孩游戏都可以在炕上进行。而“榛子”一词，也是从钱广所倒买倒卖的山货名称中得知的。当时，我并不知“榛子”为何物、如何写，与同龄人讨论了许久也未果。回家问母亲，母亲告诉了我“榛子”的写法，并说她吃过榛子，跟栗子差不多样子，但小很多，壳很硬，香还是蛮香的。于是，我对榛子有了初步想象，并在八十年代终于吃上了榛子。

那时候，我在杭州市建国一小任教。学校组织师生一起观看了《青松岭》这部电影。而在看了这电影没多久后，学生中就流传开一首自编的儿歌，用的是当时普遍传唱的一首革命歌曲《一枪消灭一个侵略者》[1]。这儿歌之搞笑和朗朗上口，令我时隔近四十年后，仍一字不差地记着：“钱广赶大车，专门卖私货（‘私货’一词为电影中批判钱广的用词），卖了辣椒多给了钱。钱广的老婆气呼呼，为什么多给他两块五？钱广说，你懂个屁，放长线，钓大鱼，今天多给他两块五，明天就多赚五块五。”这儿歌是以电影中的情节为蓝本编的，儿童们的创造力可见一斑！而此后，我也会经常思考，为什么儿童对电影、戏剧中的反面人物、反派事情更感兴趣？为什么更会自编一些不入流的儿歌[2]？

如今，在中国，“投机倒把罪”作为一种罪名，在二十世纪末已被取消，榛子已作为一种常见零食。但作为一名社会学学者，在一种学科的惯性力的作用下，每当见到榛子，我总不免想到榛子作为一种物质，所承载的中国历史和中国记忆。

注：

1. 记忆中，《一枪消灭一个侵略者》的歌词如下："走向打靶场，高唱打靶歌，豪情壮志满心窝。子弹是咱们的铁拳头，钢枪是咱们的铁胳膊。阶级仇，不能忘，民族恨，记心头。瞄得准来打得狠呀，一枪消灭一个侵略者，消灭侵略者！"
2. 每个时代，儿童都会自编一些非主流乃至反主流的儿歌。以我熟知论，我（1955年出生）在小学四年级时写过："七点半，我到校，老师上课我睡觉。放了个屁，做了个梦，你说好笑不好笑，我说好笑真好笑！"这儿歌后来在本校乃至外校被学生们传唱；我儿子（1984年出生）小学三、四年级时，告诉我他同学编写并传唱的儿歌："星期天的早晨雾茫茫，卖破烂的老头子上银行。破鞋子破帽子满天飞，想入非非，想入非非，变成土匪。"2021年，我的上小学三年级的大孙子（2013年出生）和刚上小学一年级的小孙子（2015年出生）告诉我，他们编了一首儿歌："人之初，性本善，不做作业是好汉，老师知道怎么办？脱下裤子给他看。老师不看怎么办？回家去找奥特曼。奥特曼，跑得慢，跑到已经三点半，手里拿着大炸弹，作业炸个稀巴烂。"这儿歌半年中（我这两个孙子2021年9月迁到杭州入学），已从班级唱到全学校，据说，这几天外校的学生也有唱的。由此可见，以儿歌研究儿童心理，探讨社会—文化对儿童的影响，也许应该成为儿童研究与社会—文化研究的一个新领域。

芝麻糖

芝麻糖是传统零食，以芝麻和糖浆为主料制成。因形状、工艺、添加物不同，它也有诸多子名称。如，圆条形的，被称为“芝麻条”；长条柱形的，被称为“芝麻糕”；制成长方形大块后切成片状的，称“芝麻片”；在糖浆上浇上芝麻再划成极薄片状的，称“浇切片”；在芝麻中加入炒花生仁的，称“花生芝麻糖”（与在花生仁中加入芝麻的，被称为“芝麻花生糖”的零食，相映成趣）。芝麻糖的一大特点是松脆。上述几款常见的芝麻糖相比较，松脆度依薄厚度的递增而递减：最薄的浇切片最为松脆，芝麻片次之，片状的花生芝麻糖再次之，而块状的芝麻糕、花生芝麻糖、芝麻条的松脆度则更低。

制作芝麻糖所用的芝麻，有的是白芝麻，有的是黑芝麻，有的是黑白芝麻混合。由此，作为芝麻糖的又一特征——主体的芝麻香中，也存在不同之处：白芝麻更具芝麻的清香，黑芝麻更具芝麻的醇香，黑白芝麻混合，则是芝麻的醇香中游动着芝麻的清香。而芝麻糖在最后成形（如切片、搓条等）过程中，为了减少黏附力，制作者往往会在相关接触物（如切刀、切板、手等）上涂抹食用油。这所用油品中，有芝麻油（近年来多用），也有较便宜的豆油或菜油（二十世纪九十年代常见）；而在二十世纪六十年代，我还吃到过使用了当时作为日常食用油的、价格更为便宜的棉花籽油。这外来的油量虽少，但也会对芝麻糖的香气产生影响，或使之更香（如芝麻油），或使之有了豆类的厚度（如豆油），或被更浓郁的生菜油味或棉花籽油味减弱了本体香，并混合成一种奇怪的气味（因我认为这味宜人度低，故不称为香味，而称为气味）。此外，加了炒花生仁的芝麻糖，花生香与芝麻香相辅相成，令人闻之便会产生食欲。

芝麻糖所用的糖浆常见的有红糖和麦芽糖，也有用白糖制作的。芝麻糖的另一特征是甜，而因所用糖的原料不同，这甜也存在差异。其中，红糖的甜为醇而鲜，尤其是甘蔗制作的红糖，甜鲜味更厚更悠长；麦芽糖的甜更浓厚；白糖的甜则更为清爽。相比较而言，我更喜欢吃用红糖糖浆制作的芝麻糖，尤其是用著名的甘蔗红糖产地——浙江义乌所产红糖（义乌红糖是传统历史名产）制作的芝麻糖，那醇厚的鲜甜使普通的芝麻糖不再普通。

在二十世纪九十年代之前，芝麻糖可谓节庆零食，只有在过年时才有，只有在结婚、生子等重大喜庆事件中才有，大多是农村家庭自制，且是较富裕的人家才有钱制作这一当时高档的零食。那时，有农村亲戚，尤其是关系好的直系亲属的邻居、同学，在朋友过年返乡或参加亲属婚庆（杭州人俗称：吃喜酒）、生子宴等回杭时，有的会分享一些芝麻糖，从他们口中，我得知了这芝麻糖背后存在的贫富差距。如今，商品化和生产厂家网店的流行，使得芝麻糖不再具有时令性和特有的喜庆意义（如，生活如芝麻开花节节高、多子多福），与诸多零食相比，它的价格也较便宜，而香甜脆仍广受欢迎。于是，如今的芝麻糖已是一款美誉度颇高的普通零食。

有一次——仅这一次，我吃到一款带咸味的芝麻糖——浇切片。这咸味不知是制作者出于“若要甜，加点盐”的传统调味方法，而在糖里加盐时，失手多加了盐，还是想做一款与众不同的椒盐味芝麻糖，那甜中微咸的芝麻糖确实使吃惯了甜芝麻糖的我出乎意料，有一种奇特的口感。这款芝麻糖是我的大学同学徐明分享的。在大学毕业后的近四十年来，我们一直保持着大学里建立的友谊。尤其是退休后，作为相同的零食爱好者，分享吃到的新、奇、特零食，更是我们日常交往的一大内容。这次，她吃到了新口味的浇切片，就带了几片给我，只是她把外包装扔了，内包装袋上无任何标识，她也忘了何处买的或何人送的，令我无从追根溯源，只能将这微咸的甜芝麻糖味留存在记忆中。

徐明也经常帮我网上购物和在实体店购物，尤其她得知一家品质颇佳的炒货店，每次去购炒货前，总要微信问我，并大包小包地送货上门。去年，这家炒货店新增孜然味锅巴，我和家人都爱吃，每次总让徐明帮我买一两斤。吃那孜然味锅巴时有一种西北游牧民族的豪放之感，犹如金戈铁马驰骋草原，与具有江南婉约之风，犹如小桥流水的芝麻糖相映成趣。于是，我吃一会儿孜然锅巴，吃一会儿芝麻糖，任思绪在塞北和江南间恣意飞扬……

煮荸荠

新鲜荸荠加清水煮熟，即为煮荸荠。煮过的荸荠外皮为深紫色或紫褐色——杭州人以此为一色系，称“荸荠色”。儿时，家中做了一个橱子，请来漆匠油漆，母亲说漆成“荸荠色”，漆匠即知为何色了。去皮后，可见熟荸荠肉为玉白色，透明莹润。熟荸荠清香盈鼻，带着微微的甜香；嚼之爽脆，清爽清甜。

熟荸荠不仅好吃，也具有祛火、润喉、清肺等功效。在荸荠上市的秋冬季节，用荸荠煮汤当饮料，是浙北杭嘉湖地区人们的传统保健饮品。若加上也是冬季上市的青皮甘蔗同煮，不仅更美味，疗效也会更好。所以，在儿时，每年秋冬季节，我家就荸荠不断，不仅作为价廉物美的果品（荸荠也可生吃，但性寒，我家多熟吃），也在感冒初起、咽痛喉干咳嗽时，大剂量喝荸荠汤，进行治疗。一般喝个三五天，症状就会减轻直至消除。作为一种传统，现在我家还保留着这一习惯。前段时间荸荠上市，荸荠是我儿媳妇常给孩子们吃的一款果品。不久前，孩子们出现了咽痛，我让儿媳妇煮了荸荠汤给他们喝，也收到一定效果。

而加了青皮甘蔗煮出的荸荠汤，更是儿媳和孙子们爱喝的饮品，儿媳每天早上为孩子们各备一瓶，带到学校当水解渴。

每当吃煮荸荠，甚至只要说到煮荸荠，我就会想到著名作家王蒙先生的小说——《组织部来了个年轻人》（原名《组织部新来的青年人》）[1]。在二十世纪五十年代反右派斗争运动中，风华正茂且风头正健的王蒙先生被打成“右派”，最大的罪证就是他发表的这篇小说。而这篇小说也因被定性为“反党、反社会主义的大毒草”，成为“右派”小说的一大典型代表作。1965年，我上小学三年级（10周岁），开始喜欢阅读以文字为主的“大人的书”[2]。某日，我随手从家中大约有一百来本各种书籍（这在当时属罕见的家藏书数量）的书柜（这在当时也属罕见的家具）中，抽出了一本蓝灰封面的书，记得书封面上用粗粗的黑体字印着书名——《“反右”斗争学习资料》。现在想来，该书当是“反右”斗争时，组织上发的学习资料。打开一看，书中大部分是批判“右派”言论的内容，我没看懂；之后，有一部分内容是作为附录，供进一步批判前面论及的被批判对象的“反动言论”；最后一篇，就是小说《组织部来了个年轻人》，也是唯一的一篇小说。那时，我已对有故事情节的小说感兴趣，那些政论性文章读之觉得索然无味，大多也读不懂，所以，一见有小说，就如饥似渴地开始阅读。连续三遍（那时书少，许多书，包括家中藏书，如《红岩》《苦菜花》等，我都是无数次阅读）后，我想到了前面看到过的批判内容，再回头去看那篇批判文章，来回对照阅读数遍后，只看懂了一个内容：《组织部来了个年轻人》说“党不管党”，这就是反动的“右派”言论。但我又想，那小说中也说“党不管党”是不对的，是要改正的，党是应该管党的呀！独自想了几天，因担心父母批评我乱看书，也不敢去问父母，于是，始终处于政治困惑中。直到上世纪八十年代，进入社会学研究领域后，某一天吃煮荸荠时想到此事，细细思考后，我才明白那批判文章说的是因为不存在“党不管党”的现象，所以《组织部来了个年轻人》说到“党不管党”之事是不对的。看来，年幼的我虽然已表现出独立思考的自觉和潜力，但政治敏感性还是蛰伏的。

之所以会将阅读《组织部来了个年轻人》的年份记得这么清楚，是因为第二年就是“文革”开始的1966年。“文革”开始后，为了避免成为批判对象，父母撕、剪了不少照片（剪掉合影中可能会被批判的，留下我的部分），如一直放在书桌上的镜框中的母亲烫着长波浪似的长发、戴着金丝边眼镜（度数很低，母亲平时不戴）、穿着缀花旗袍、涂着口红的彩色美人照，也扔掉了不少书，包括那本《“反右”斗争学习资料》（因为附录中有反动文章），这本书再难寻觅。而在看《组织部来了个年轻人》时，只是因为遇到从未见过的新词引发的好奇感和探索欲，“党不管党”一词才让我感兴趣，力图解惑。事实上，连同“党不管党”一词一起，小说中让我颇感兴趣之处有三。另两处，一是年轻人进入组织部后，听到各房间传出的此起彼伏的电话铃声和电话通话声后产生的机关工作感。这让我想起儿时（1963年之前）我家住在高官弄18号省林业厅机关大院[3]。有时会与小伙伴们一起溜进办公大楼，看大人们如何办公的情形：大屋顶楼房（这是二十世纪五十年代流行的苏联式建筑）、水门汀地面走廊（“水门汀”是当时流行的以中文音译英文“水泥”的读音）、办公室红漆木地板、办公室进进出出的工作人员和从门中传出的此起彼伏的电话铃声及通话人大声说话声，这一起组成了我对机关办公大楼最初始也是最基本的印象。二是小说中写到年轻人与一位离婚带孩子的女同事一起，在他宿舍中用小火炉煮荸荠吃。他与这位女同事对组织系统中存在的问题有共同的看法，煮荸荠、吃荸荠时，交流观点，讨论解决的办法，甚是融洽。不料，他吃到了一颗坏了的荸荠，大叫一声，女同事惊吓，忙问怎么了。他说，吃到了一颗烂荸荠，于是，两人一起大笑。每看到此，我就会想，我家绝不会发生吃到烂了的煮荸荠的事！母亲每次都仔细洗干净后才煮的。再说，烂了的坏荸荠是软的，或者至少会有一块发软处，洗的时候（有时洗荸荠是我的活）是很容易发现的，这个人（指书中的年轻人）真没用！接着就想，有了烂荸荠在里面，那荸荠汤也一定不好喝了！真是可惜！

我没记住小说中人物的姓名，也没有记住小说中其他内容，但机关大楼，“党不管党”，煮荸荠、吃煮荸荠这三个情节却印记在心，至今都没忘记。回过头来想想，以老年人所说的，从幼时可看到大时，可见我从小就展露出具有丰富想象力、拥有较高独立思考和分析的能力，但有时政治敏感性偏低的一个吃货的本性了。

注：

1. 我的阅读书籍经历可追溯到两周岁。父母因工作繁忙，在我出生满月后，就将我送到上海，由外公外婆照料——我的表哥（我舅舅的儿子）也是由我外公外婆照料的，我跟着他，一直称外公、外婆为“爷爷”“奶奶”。远在山东的我的爷爷奶奶对此不知，但我父母、外公外婆、舅舅舅妈也未进行纠正，男性主流社会中男权的裂缝可为一例。在我两周岁时，爱上了看书，老是去抢外公给表哥订阅的《小朋友》杂志，外公于是也给我订了一份。一开始，我总是将一本翻破了后，再去抢表哥手中完好的《小朋友》，外公被吵得无奈，想出一法，在两本《小朋友》上分别写上我和表哥的名字，然后，教我认识了自己的名字。从此，即使是无数次地翻阅，属于我的那本有着我的姓名的《小朋友》杂志，不再破损。顺便再说一下，除了这一“光辉事迹”外，在我长大后仍不时被母亲笑谈起的、由我外婆告诉我母亲的、我在三周岁（我三周岁时从上海回到杭州，进入省林业厅幼儿园全托）前在外公外婆家的“光辉事迹”还有二：一是外婆买了带菜花的青菜回来，我会把菜花一根根拔下，再挨个绑在桌子腿或凳子腿上，然后，硬拉着正在干活的外婆或正在看书的外公，要他们去看“桌子开花了”“凳子开花了”，和我一起“逛花园”。二是我外公外婆家所在的上海市四川北路克明里14号一带为石库门房子，据说是日式的（四川北路属虹口区，而虹口区曾为日本租界区，所以，有这个可能）。外公外婆家在二楼（在一楼半处有一个十几平方米的房间，据说是与二楼房间配套的。但自我记事起，这个房间就一直住着一户四口之家），配有一个厨卫一体房，房中有自来水及水池、管道煤气灶，而这煤气灶旁就是一个坐式抽水马桶，自来水中的漂白粉气、煤气中的硫化氢气、抽水马桶的冲水声、马路上有轨电车的咣咣声，是我儿时对上海记忆的主体。透过二楼房间的窗户，可见七八米外对面二楼三楼的厨卫一体房，有幼儿会到这房中，喊着“妈妈”要吃的。而每听到对面人家有孩子喊“妈妈”，我就会在自己房中，冲着对面人家，高喊：“囡囡也有姆妈的！囡囡的姆妈在杭州！”借此书留下这一个人成长史的片段，以作为中国社会研究的一个基础性资料。

2. 儿时，我家的藏书就十分多样，有长篇小说（如《红岩》《苦菜花》《欧阳海之歌》等），有政治文章集（各种文集性的学习资料），有革命史类著作（如《红一方面军长征记》等），还有一本《白蛇传》（汇校本）——之所以记住了此书名，一来是因为看了许多页后，发现一点也没有看懂，打算以后再看，但“文革”初起，父母就把这本书连同二十余本可能会被认为是“毒草”的书一起扔了，“这本书到底说了什么”成为我心中永远的疑团；二是“汇校”二字，直到我入读了杭州大学（今浙江大学）历史系后，才明白是何意。此外，还有我舅舅蒋星煜先生所著少儿读物《海瑞的故事》《刘伯温的故事》等。除了这些文字书外，还有不少父母（主要是父亲）给我买的和我要求父母（主要是父亲）买的各种连环画。而在我喜欢上“大人看的书”后，也常要求父亲给我买书（给我买书是父亲承担的家庭重要工作，另一家庭重要工作是洗碗）。但“文革”开始后，我喜欢看的小说类的书越来越少，而父亲又不愿意空手而归，于是，《打倒“洋奴哲学”》之类的大批判著作也成了我阅读之书——可见，当时对书的阅读需求是何等如饥似渴。1972年，得了癌症的父亲来回步行一个小时，到市中心的新华书店给我买的最后一本书是《智取威虎山》（演出本）——包括台词、唱腔简谱、伴奏乐器等，他很抱歉地对我说，“那些书你都看过了，只有这本你没看过，以后我再去看看有没有新书，给你买”。但半年后，父亲就去世了，这“以后”也就成了永远。后来，母亲见我伤心，也抽空去新华书店，给我买了两本新书《潮汐》《地震》；再后来，我参加了工作，也就自己去书店买书了。

3. 1963年，省林业厅从高官弄18号搬出，省机械厅搬入，但以此地为单纯的机关办公处，直至2014年前后。2014年后，高官弄18号被拆迁，连片改建成商品房。

煮毛豆

煮毛豆是家庭自制食品，以新鲜毛豆带壳，加盐煮成。可当菜肴，也可当零食。煮毛豆色碧绿，清香盈鼻，味清鲜，口感软糯，老少咸宜，老少咸爱。

儿时，毛豆只有夏、秋两季才有。到了夏天，毛豆大量上市，价格降至五六分钱一斤时，在杭城，只要经济条件还可以的人家，都会不时买上半斤、一斤的当零食吃。那人口多，尤其是有四五个及以上孩子的家庭，有时会买上两三斤，煮了用脸盆盛着给孩子们一次吃个够。在我家，因人少，母亲大多一次只买半斤毛豆煮了当零食。只因天热，买多了吃不完，隔夜就变馊，不能吃了，浪费了钱。而有时买一两斤，煮了吃的也最多只半斤左右，剩下的会做成晒青豆（煮后剥出豆粒晒）——或半软，放入瓶中，置于干燥处，作为冬天的零食；或干透，保存好，作为菜肴的配料。

说段题外话。晒青豆远不如用木炭烘出的烘青豆好吃。烘青豆有一种木炭作用下形成的豆糯感，更有一种木炭香，豆粒色泽青绿如翠，较太阳暴晒下毛豆粒出现的木古黄色美观许多。因条件所限，母亲只能做出晒青豆。儿时所吃到的烘青豆均为邻居、亲友等所赠。而在2009年，我参加了浙江省人事厅组织的“浙江省有突出贡献的中青年专家”休养团外出休养，认识了同团的德清县蚕种站站长楼梁静女士（她也是省级有突出贡献的中青年专家）。旅途上，她分享给我们吃的零食就是她自己做的烘青豆，那是我至今为止吃到的最好吃的烘青豆！吃后我大谈“吃后感”，也跟她聊起儿时如何爱好烘青豆却往往求之不得。于是，此后一连数年，每到烘青豆的时节（秋天），她都会给我寄她自己做的烘青豆，美味难忘！友情更难忘！

言归正传。儿时，虽然吃煮毛豆的次数比别的小伙伴多，但看着有的小伙伴能围着一脸盆的煮毛豆吃，想想自己每次最多只能吃一饭碗煮毛豆，心中还是颇为羡慕的。到了高中二年级（1973年）[1]，我终于与同学一起，吃到了一大脸盆煮毛豆。记忆中，1973年8月，为了学农，我们提前开学，在烈日炎炎下进了大观山果园[2]，进行学农劳动[3]。

那时的大观山果园，以出产水蜜桃、水蜜梨闻名杭城，而在果园里果林旁的空地上，还种着毛豆等蔬菜。相关的农活，原本由农工（农业工人的简称）承担，但我们到达后，所到之处（似乎被称为“组”）的农活就由我们这些学生承担了，而农工们则是坐在工具房里，摇着扇子（不知为何，轮到我们去大观山学农，总是在夏天），喝茶聊天。在我们劳动时，那些已工作多年的老农工较为负责任，对我们也较关心，不时会走出工具屋，到同学中指点一番，或检查一下工作质量，关照我们要注意安全，小心别中暑了。而那些刚入园不久的知识青年新农工，则是进了工具房就不出门了，坐在房间里，摇摇扇子，喝喝茶，聊聊天，不时透过打开的大门，对着被大太阳晒得昏头昏脑还得不停干活的我们，吆喝几声：“好好干，不要偷懒啦！”或责骂几声：“干得这么慢！懒惰坯！”对此，我们表面和当面只能默不作声，而心中却怨恨地应对：你们什么也不做，都是偷懒！以及背转身就抱怨：这些事情原先都是他们自己应该做的，现在都推给我们做，还要骂我们，这些人真坏！然后，我们干的农活就越来越粗糙。比如，应该小心轻放的熟桃子，我们摘下后会随手扔进筐中；

再如，我们加快了给毛豆锄草的速度，而不管锄掉的是杂草还是毛豆苗。老农工检查时发现了，我们就指着那些新农工说，他们要我们加快速度，要加快速度就来不及细细察看了。老农工看看他们，看看我们，长叹一声，只得作罢。

包括在非定点的农村学农所干的农活[4]，我们在学农期间所干的农活中，最怕的是炎炎夏日在大观山果园摘桃子和锄毛豆地里的杂草。即便如我在农村秋收割稻割破左手无名指，痛得眼泪直掉，两个多月后才伤口愈合，至今无名指仍留有伤痕者，亦是如此，甚至至今想到那感受，仍如同噩梦一般。之所以怕摘桃子，是因为水蜜桃多茸毛。那细小浓密的茸毛粘在汗涔涔的脸上、脖子上、手上，粘进汗毛孔中，奇痒奇痛，有时还会出现红肿，几天都不能消退，十分难熬。而怕毛豆地锄草，是因为太阳的暴晒。即使在农村的“双抢”劳动，上午干四小时（7点到11点），下午农民会心疼我们，只让我们在太阳较弱的下午3点到4点干一小时就叫我们回房休息，每天还给我们送凉茶和绿豆汤解暑。但在大观山果园，每天上午从7点半干到11点半，下午从1点半干到5点，若那位老农工在，他会在下午让我们在树荫下休息十来分钟，若他不在，新农工们不会让我们休息，还不时催我们“手脚快一点”。在三伏天午后毒辣的太阳下，我们穿着厚厚的卡其布衣裤（听从家中大人的吩咐或吸取了教训，以免晒伤），戴着大草帽，在无遮无盖的地里干活，豆大的汗珠冒出来但不会流下来，因为一冒出来就被晒干了，留在衣裤上的，是汗被晒干后形成的一层厚厚的盐霜。每天，我们都被晒得头昏体疲，浑身骨头痛；没几天，我们的脸上、手上就被晒脱了一层皮，火辣辣地痛。那种昏头昏脑，那种骨痛和皮肤痛，也是十分难受的。

当然，最难受的农活也伴有仅有的两项福利。就摘桃子而言，农工们会在一筐筐的桃子中挑选出最好的，留下自己吃；挑选出虫咬鸟吃过的，长相难看的，烂了一些但还可以吃的，分出一些给我们——每个宿舍（上

下铺，住12人）一盆（十五六只），余下的送亲朋好友；而挑选后留下的，则交到场部——他们当着我们的面挑选、言说，不怕被我们听到，我们当然也就看在眼里，听到耳里，记在心里了。

在摘桃子的学农劳动中，我们每隔一天就可吃到大约一个桃子。尽管想到农工们自留的又大又好的桃子，我们难免有所怨言，但这一待遇在家中是没有的，且大观山水蜜桃确实又甜又香又鲜，因此，那种奇痒奇痛、那种不满也会减少了许多。记得有一次，是在我们返家前分桃子，我要了一个长相难看但完整的，第二天带回家给母亲吃。那时，我父亲才去世不久（我父亲于1972年底去世），见到母亲拿着桃子，露出欣慰的笑容，我也感到前所未有的快乐。

大观山果园种着两种毛豆，一是秋天收获的秋毛豆，一是夏天收获的夏毛豆。在我们为秋毛豆除草时，夏毛豆也到了收获季节。夏毛豆的收摘是先将毛豆棵整棵拔起，然后将一堆毛豆棵搬到树荫下，或房间里（如食堂），坐着用手摘或剪下毛豆荚。与为秋毛豆除草相比，这拔摘毛豆的活多由农工承担，而摘下的毛豆荚，基本上也是农工带回家的福利。当然，我们这些学农的学生有时也能搭便车地吃上一道有着毛豆粒的菜，如咸菜毛豆豆腐汤。那天下午，当我们除草后精疲力竭地下工回宿舍时，不知为何（后来听说是那天毛豆收的实在太多），食堂通知我们每个寝室派一个人去用脸盆取煮毛豆。当组长（学工学农时，以小组为单位分配寝室，一个班级为四个小组。当时我们所在的班级为男生、女生各两个小组）端着整整一满盆的毛豆进入寝室时，每个房间都传出了欢呼声。我们寝室的十二个人，站在两排高低铺中间的长条桌旁，欢笑着一把一把地抓着煮毛豆，大快朵颐，我也终于体会到了大把抓吃脸盆里煮毛豆的痛快。但好景不长，吃完煮毛豆后不到十分钟，我就感到了头痛欲裂，全身烧得难受，没去吃晚饭，就病倒在了床上。等同寝室的同学吃完晚饭回来，我仍昏昏沉沉的，只听得她们说，隔壁寝室的丁建平[5]也病了。又有一个女生说，她们肯定是装病，想明天不出工。马上有人反驳说，她们晚饭都没去吃，不会装的。突然间，我就腹痛难忍，趴在床沿大吐，把吃下去的煮毛豆全都吐了出来。同学们一看慌了，马上报告了带队老师，老师又马上报告了农工负责人，让他们请了队部的场医（那时候以农场统称农业单位，故其医生被称为“场医”）来诊治。带队老师、农工负责人带着场医来了，场医穿着医生穿的白大褂，背着一只棕色人造革面、面上画着红十字的卫生箱，问诊、用听筒听诊，用体温表测温（体温表显示为38℃）后，断定为中暑。场医给我开了药，嘱我多喝水，就去了隔壁房间，为丁建平诊治。临走时，农工负责人介绍说，场医名叫时代强[6]，我谢了时医生，没记住他的样貌，但记住了他的姓名，因为当时觉得这姓名取得真好，革命性很强。吃了时医生的药，睡了一夜，第二天早上，我头不痛了，烧也退了，虽然身上软绵绵的，但想到不能让别人说我“装病”，就咬牙上工了。丁建平也来了，也是病恹恹的。我听到有人在一旁悄悄地说，王金玲38℃，是发烧，丁建平只有37.5℃，又不是真的发烧，是装病。我心里很气愤，也很委屈：我们都来上工了，你们还这样说来说去，就故意从那些人旁边走过，那些人见到我，也不作声了。

我们在大观山果园学农劳动时，若是采桃子都能多多少少/好好坏坏地享受到吃桃子的福利，但煮毛豆的福利只享受过这一次。它填补了我未吃过脸盆装煮毛豆的空白，却没给我留下美好的记忆，实在是一大遗憾。

如今，各种零食五花八门，煮毛豆不再是少儿们的零食，而是作为一道冷菜出现在餐桌上。甚至在一些高档餐厅宴席上，某些具有独门秘诀的煮毛豆，也成了店家招徕食客的拳头产品。有的菜肴成了零食，如鸭脖子；有的零食成了菜肴，如煮毛豆。零食也如社会变迁，白云苍狗，沧海桑田，“三十年河东，三十年河西”。

注：

1.1972年，我所就读的杭七中规定，根据毕业时（1972年7月）不满17周岁、已有兄弟姐妹去农村插队落户或已成为黑龙江、内蒙古等边疆地区的生产建设兵团的战士、独生子女（按政策规定可留在杭城）、学习成绩较好等条件，可入选进入高中学习。我以不满17周岁（我出生于1955年9月）独生子女、学习成绩较好等多项条件入选，进入高中学习。记忆中，当时杭七中有十二个初中班，每班四十余人。而高中仅两个班级，每班四十余人，包括了从其他学校入选到杭七中高中班的。当时传闻，出来主持工作的邓小平同志要改变“文革”中实行的由工厂、农村、部队推荐人员进入高校学习的政策，实行经高考再加政治审核（简称：政审）选拔合格者进入高校学习的新政策。故而，我们整个高中一年级没去学工、学农，也没军训，老师教授的文化课据说也快达到“文革”前高中一年级的水平（我们这届学生的整体文化知识水平低于“文革”前的初中毕业生，故高中课程的教授也只能循序渐进）。但到了高中二年级（1973年），随着邓小平同志的再次被打倒，传闻大学生仍须是“工农兵学员”（当时对从工厂、农村、部队推荐入学的大学生的称呼），老师的教学虽仍努力向“文革”前高中生的水平冲刺，但每学期都有了学农时间（每次15天左右），以及军训时间（每次一个星期一左右）。

2.当时，大观山果园是我就读所在的杭州市第七中学（简称：杭七中）定点学农单位之一。在二十世纪九十年代，经考古发掘，大观山果园所在地发现了良渚文化重要文物。如今，此地已成为良渚文化遗址重要组成部分。

3.在“文化大革命”期间，根据当时的教育方针，学生不仅要学文（学习文化知识），也要学工（到工业第一线，向工人阶级学习）、学农（到农村或农业单位，如农场、果园等第一线，向贫下中农学习）、学军（请解放军毛泽东思想宣传队，简称军宣队，到学校进行军训，即军事训练的简称，向解放军学习），而每个学校都有相对固定的学工、学农地，以及进驻军宣队的部队。如上注所述，就我所就读的杭七中而言，大观山果园是定点学农地之一，而浙江航运公司所属造船厂和驻笕桥机场部队则分别是定点学工地之一和定点驻校军宣队所在部队。

4. 从初中到高中，除了定点学农地外，根据需要，我们还会临时到农村去学农。我经历过的那些学农劳动有：三伏天中水稻田里的“双抢”（“双抢”是抢收—收割和抢种—插秧的简称。因种双季稻，即一年种两次，必经在一定的时间内完成收割和插秧，故称“抢”）；秋天的割稻；冬天响应“变农闲为农忙”的号召，我们也去农村帮助翻地。而在定点的大观山果园，我们干的农活主要有：给初长成的梨包装（防止虫咬鸟吃）、摘桃摘梨、给毛豆地锄草、摘毛豆。

5. 丁建平是我高中同学。那时，据说她母亲与父亲在江西九江工作，她与祖母在杭州生活。许多家务活要她承担，许多家务事由她做主。故而，在我的印象中，她较我们独立性更强，家务活上更能干，也更直爽坦诚，具有正义感。此事过后，原本与我交往不多的她与我有了较多的交往，且多次为我打抱不平，让无端说我坏话者羞愧难当。高中毕业后，一直到前几年开同学会，我们才又见面，她已忘了当年对我的帮助，所谓纯粹不计功利地施以援手，对施者而言，想必就是如此云淡风轻，不会挂怀；但对我——受者而言，我永远会记住少年时代这一难忘的同学之谊。

6. 在二十世纪九十年代末，我主持进行“社会—心理—医学新模式救助性服务妇女”（“救助”在该项目第二、三期时改名为“赋权”）时，请省性病/艾滋病防治中心推荐一位性病/艾滋病防治方面的专家，作为医学项目的负责人，协会推荐的是时任省性病防治中心主任的时代强。当时，一看这名字，我就想到了大观山果园的那位场医。见面后一聊，果然就是他。作为医学子项目的负责人，我们长达近七年的合作一直很顺利。在大家的共同努力下，项目也取得了显著的社会效益，受到广泛好评。由此，我常感叹：世界真的很小！

醉鱼干

醉鱼干是位于浙北的嘉兴、湖州地区的特产零食，它用去头去尾的经盐腌制的青鱼鱼干，浸泡于绍兴黄酒中15—20天制成。因浙江人将用酒浸泡食材的工艺称为“醉”，而其又以鱼干为原料，故而这款零食被称为“醉鱼干”。

醉鱼干的制作须掌握以下几个关键点：一是鱼必须是青鱼，且并非青鱼中食草的青鱼（杭州人俗称草青），而是以螺蛳为食物的青鱼（杭州人俗称螺蛳青）。若用其他的鱼，或会肉太薄（如鳊鱼），或会刺太多（如鲫鱼、鲢鱼），或会肉太松（如草青），都不如螺蛳青美味易食。二是腌制完成的青鱼须略晒风干，使鱼肉紧致有弹性。不能不晒或风干，否则，肉质太松软；也不能过长时间晒或风干，否则，肉质会太硬，晒或风干三四天，剖开的鱼肉表面形成一层表皮即可。三是浸泡的酒须是同样产自浙江的绍兴黄酒，以使醉鱼干的香与味醇厚绵长。若用白酒，香与味就醇绵不足。四是醉制过程必须密封、避光、避湿、避摇动，以防细菌污染霉变、钙化等现象的发生。五是醉制时间为15—20天，时间太短，美味不足；时间过长，肉质会趋向糜软，可嚼性降低。六是鱼干须完全浸泡于酒液中，以使醉制均衡，亦防止与空气接触后，鱼干易发生的霉变。在过去，家中无冰箱，限于以上要求，开盖取食后，醉鱼干须在一定时间内食完。当然，相对来说，当时所食用的醉鱼干也更为新鲜。二十世纪八十年代后，冰箱日益在家庭中普及，醉制完成的醉鱼干也可从酒液中取出，置入耐腐蚀性高的陶制、瓷制或玻璃制容器，放入冰箱中冷藏以备食用，保存期大大延长了。到了九十年代以后，醉鱼干有了真空独立包装，其保存期也就更长了，尽管相较于过去那些开盖后须在一定时间内吃完的，新鲜度降低了许多，并由此，美味度也减弱了不少。

醉鱼干是即食食品。过去在陶或瓷的罐、坛、甏等之中制作后直接售卖，即开即食；如今，商场、超市和网店中所售的多为真空独立包装，一块醉鱼干一个包装，也是即开即食，且随身携带更方便，也更具有零食的特性。过去，醉鱼干也是佐酒菜和冷盘，有时家中突然来了客人，来不及烧菜，取几块醉鱼干摆盘，也可算作一道荤菜。所以，那时的醉鱼干可谓是集菜肴和零食于一体。如今，以醉鱼干当菜肴的已极少，其基本上已将其认定为一款零食了。

在二十世纪八十年代中期以前，每到过年前，母亲总会腌和酱一两斤猪肉（用肉票买的），腌和酱一两只鸡（自己在两幢宿舍间的空地上搭鸡棚圈养的，后来是在自家门前小小露天的空地上，用鸡笼圈养的），作为过年必备年货。有时，母亲也会不知从何处买来一条四五斤重的螺蛳青，腌制后，大部分作为青鱼干菜肴之用，小部分切块后制成醉鱼干。而无论是青鱼干，还是醉鱼干，作为菜肴食用后若有剩余，肯定成为我的零食。

我是1982年大学毕业后，分配到浙江省妇联工作的。1986年，经本人要求，组织批准，我调入浙江省社科院工作。而记忆中，从二十世纪八十年代中后期开始，至本世纪初年，作为一种单位福利，浙江省省级机关各单位都会不时向本单位职工发送一些食品，如夏天的西瓜，秋天的桔子，到了春节，各单位分发年货，有带鱼、猪肉，以及活鸡等，更使得省府大楼内热闹非凡。年货多了，而市场供应也日益丰富，加上母亲年纪也大了，而我只会言说不会制作，于是，家中所吃的酱肉、腌鸡、咸鱼干之类，也从商场上买了。也就在此时，我遇到了浙江德清县下渚湖产的醉鱼干。

就一般而言，醉鱼干为宽约半寸、长为一寸至两寸左右的长方形。鱼体有大小，但做青鱼干的鱼一般不会小于四斤，长短差异也不会太大。醉鱼干覆有一层鱼皮，黑白分明，鱼纹清晰；鱼肉的表皮为浅棕色，表皮内的鱼肉色白如玉；绍兴黄酒的醇香和着腌鱼干的咸鲜鱼香，形成醉鱼干特有的香气，浓郁扑鼻；肉质软韧，酒味的绵厚加上咸鱼味的咸鲜，让人食之不忍释手；鱼骨酥软，嚼之，有一种与鱼肉不同的口感，螺蛳青的鱼香幽幽地在口中回旋，不由得令人醉入其中。而下渚湖产的醉鱼干，不仅绵厚的酒香中飘出一股清香，鱼肉和鱼骨中螺蛳青的鱼香也浓一些，故而，我更喜欢。

我是在二十世纪九十年代与下渚湖醉鱼干相遇的，那时还没有独立真空小包装，一块块鱼干被码在一个陶罐中。陶罐为直立圆形收口式，土黄色，上有具原始艺术意境的绳纹和鱼形纹，令学历史出身的我想起人类亘古不灭的智慧之光。因我也喜欢这陶罐，醉鱼干取食完毕，它被我留下做了盐罐。只可惜，后来那罐盖不小心被打破了，用了一个代用的盖上，而那罐身至今仍完整无缺。

进入本世纪，醉鱼干越来越多地使用独立真空小包装，罐装的终于难觅踪迹。因小包装上的字太小，看起来太吃力，我买醉鱼干就如同买近两年流行的“盲盒”（包装中内含物不明），有时买到的醉鱼干类似下渚湖口味，有时买到的却不是。直到2010年左右，我在超市中看到了礼盒装的“秀水醉鱼干”，买来一试，味道不错，酒香和鱼香都很纯正。于是，就一直认准了这个牌子。每到冬天（它只在冬天上市，不像散装的醉鱼干，夏日都不间断，而气候原因之下，夏日买的醉鱼干有时会有异味）总会买上两三盒（每盒半斤）享用。我儿媳也爱吃这醉鱼干，但她在香港买不到。

于是，我去香港或我们春节在珠海团聚时，我总会带上一两盒醉鱼干，作为春节零食和送她日常品尝的零食。

秀水醉鱼干品质好，购买时的确定性也很强，只是与我曾吃过的下渚湖产的醉鱼干相比，螺蛳青的鱼香略有不足。故而，下渚湖产的醉鱼干仍是我的思念之物。2021年，有朋友去德清下渚湖，我便托他帮我买下渚湖产的醉鱼干。因有当地陪同的朋友，我想，这次肯定能买回正宗货了。期盼了三天后，朋友返杭，告知我那下渚湖生产醉鱼干的企业已倒闭。我问原因，朋友说未详问，总离不开经营不善或资金链断裂之类吧！但当地人说，下渚湖醉鱼干确实曾经很有名，销量很好，但如今已不生产了。对此，我只能扼腕长叹，不为自己吃不到好吃的醉鱼干，而是为了曾经生产出名牌产品的企业的倒闭。在新的国际国内形势和格局中，如何使名牌产品经久不衰，如何使知名企业保持鲜活的生命力和生长力，值得我们做更广泛深入的研究。

附录　与本书相关的我的家庭背景资料

我的母亲蒋承训1912年出生于江苏省溧阳县（属苏南地区），父家（蒋姓）和母家（孙姓）都是当地颇有声望的、开明的士绅大家族。据她说，她在22岁左右孤身一人从溧阳赴上海求学，先是考取了上海某师范学校（首选，因免学费且政府提供免费食宿），但读了一学期后，因体育成绩不行而退学，后又考入上海商业专科学校（中专），还未毕业，恰逢上海恒义升袜衫厂（民族私营企业）招工，她去应考，因考生多达二百余人，而厂方只招十余人，故考试设笔试和面试两道。最后，母亲考中，且入职出纳岗（仅两人），余者均为工人。还未毕业即应职考入选，且为职员，又是女生，这在当时她所在的学校尚属首例，所以，当时母亲在学校中还风光了一阵，学校甚至同意她不必再来上课，安心上班，只参加毕业考即可。就这样26岁的母亲进入了当时外地人很难进入的上海职场中层，成为当时国内很少的职业妇女中更少见的女职员（今称女白领）中的一员。据说，此事在她的家乡溧阳当地曾一时成为美谈。母亲说，后来老板告诉她，之所以选她当了出纳，是因为她英文考了高分，这在当时是罕见的。而事实上，那篇英译汉的文章，她只看懂了“兔子”“乌龟”“跑”“快”“慢”这几个单词（学校中有英文课），她当时把这几个单词细想一下，灵机一动，就想到了“龟兔赛跑”的故事，并写了下来，所以阅卷者认为她的意译比别人的直译好许多，给了高分。其实，她只是蒙对了，再加上较好的语文功底编好了而已。

1945年，恒义升的老板买下了杭州一家棉纺厂（即解放后杭州最大的棉纺企业——杭州市第一棉纺厂的前身），母亲被调到该厂任出纳，后又升为会计。解放后，母亲因职员的身份成为资方留用人员，经工商干部学校学习后，被调到杭州胶木电器厂（后更名为杭州低压电器厂），成为车间中的一线工人。

与当时中国绝大多数妇女是家庭妇女，绝大多数妇女是文盲或认字很少相比，母亲的中专文化程度和工厂职员身份是少见的，故而，母亲十分自豪和自得。也与当时许多妇女不同，她独立承担起经济上赡养父母的责任（母亲有一位弟弟，但当时他仅十多岁，还在学校读书），且后来一直承担着这一责任（我舅舅有六个子女，舅妈是家庭妇女，经济压力颇大，故母亲的赡养费就一直是外公外婆的主要经济来源）。母亲说，由此，在解放前，她的择偶标准有三：一是对方要同意她养娘家；二是不做小老婆；三是对方家中要有花园洋房和汽车。虽有不少机会，但最后都未成功，母亲成了现在所说的“大龄女青年”。解放后，面对组织和亲友不断给她介绍的南下干部，她的择偶条件有二：一是对方要同意她养娘家；二是对方在老家不能有“离婚不离家”的原妻（在1950年代，大批北方干部南下，其中有一些人到了南方后与老家的妻子离婚，在所在城市另择新妻。而这些被离婚的妻子中，有不少人因已无娘家可归或不愿或不能回到娘家，而留在原夫家，承担照料原公婆和与原夫所生孩子的责任。这一现象当时称为“离婚不离家”，而这些妇女当时被称为“离婚不离家”的原妻们。我母亲认为丈夫若有“离婚不离家”的原妻，自己就与小老婆无异，故而有这一择偶条件）。我父亲符合这两个条件（母亲说，父亲曾有前妻，但早已去世）。于是，在1954年，42岁的母亲与50多岁的父亲在组织的介绍下成婚，而我则是在第二年（1955年）出生的。

直至1963年，母亲以资方留用人员工资（因为职员，工资高于工人）的退休额度（高于一般工人的退休金）、工人的身份（退休年龄为50周岁，较职员的55周岁低5岁）退休。在当时西风最盛的“十里洋场”（旧时国人对上海的别称）度过的青春岁月和获得的骄傲，在她的身上留下了深深的印记，使她的行为或多或少地呈现与周围人群不同的“洋派范儿”，即使她已久居杭州，即使她已成为一线工人，即使她已与出身山东地主家庭、1937年参加八路军、具有南下干部身份的父亲成婚。比如，她的发式是烫发的披肩长波浪，直到“文革”，才改成齐耳短发；她常年旗袍，直到“文革”，才改成短衣长裤，但外出穿的衣服始终是右衽大襟衫，如同旗袍的上半段。家中有一只她与父亲结婚时买的茶色玻璃花瓶（这在二十世纪五十年代极少见），瓶内经常插着她从湖滨花店中买来的鲜花。我印象最深的是夜来香，白色秀丽的花束插在茶色玻璃花瓶中，不时飘来一阵浓郁的花香，常令当时年幼的我想起“资本家”这一词。“文革”后期，花店关闭，家中的花瓶也空了——母亲不屑插非花店出售的花。此外，家中的收音机、华生牌电风扇也是常被人讥讽为“资本家生活”的两大家用物件。

◇◇

我的父亲王文成是山东汶上人，其家族是明代从山西洪洞县迁移至山东汶上县后，形成的大族。据说在日寇侵占山东前，其家庭有两辆胶轮大车，这相当于今天家中有两辆凯迪拉克豪车。1937年抗日战争爆发后，父亲所在的村庄自发组织了护村队，与日寇战斗。在战斗难以取胜的情况下，村庄长老们决定派人向正规军求助。当时，最著名的抗战正规军为国民党领导的军队和共产党领导的八路军，分别在不同的区域进行战斗。这些出村寻找正规军的汉子们，一部分向左一部分向右分头寻找，分别找到了国民党军和八路军，而我父亲就在找到了八路军的那批人中。从此，我父亲成为中国共产党领导下的人民军队中的一员，从抗日战争到解放战争，一直打到解放杭州后又一路南下解放了遂昌县（如今属丽水市）。然后，他转业回到杭州，在浙江省林业厅工作。父亲于1972年去世，那年我刚满17周岁。

◇◇

我的外公于1965年去世。1966年，“文化大革命”爆发，我舅舅被打成“反动学术权威”，被关进了“牛棚”，后又被发配至位于上海近郊的奉贤县的上海市文化系统“五七”干校劳动、学习、改造，一连数年，都在当地过“革命化春节”，甚至难以与我舅妈及表兄弟姐妹们团聚。1966年冬季的某一天，我母亲被我家所在地的下马坡巷居民区“文革”小组传唤，至第二天凌晨，我母亲才回家，带着一脸死里逃生的表情，对一夜未眠、担惊受怕的父亲和我说，“文革”小组五位成员对她进行了具有审问含义的谈话，好在母亲平时是居民区活动积极分子，又有我父亲这位老革命靠山，所以，这些人态度还比较和蔼。而这事的起因在于我母亲有一位堂兄（母亲的大伯父的儿子）曾任国民党组织部部长陈立夫的秘书[蒋（蒋介石）、宋（宋子文）、孔（孔祥熙）、陈（陈立夫和陈果夫两兄弟）在解放前是中国最有势力的四大家族，而陈家兄弟在国民党内势力的强盛，又被民间以“蒋家天下陈家党”形容之]，解放后，他被作为重刑犯关进监狱（印象中，他大约是在“文革”结束后，才被特赦的）。“文革”开始后，他在监狱中写信，揭发我母亲有他这样一位堂兄，并且由此会产生对党和政府的不满。这封揭发信经层层转发，到达下马坡巷居民区所属的横河街道“文革”小组，并作为一项重要的政治任务下达给了下马坡巷居民区“文革”小组。我母亲说，“文革”小组成员问她，有没有兄弟被关押，她就想到被关在“牛棚”中的我舅舅（她的同胞弟弟），赶紧回答有，并介绍了我舅舅的情况。但那些人说，不是这个，有没有关在监狱里的？因平时从不联系，儿时因大家族中各房之间明争暗斗十分激烈（我外公为第三子，我母亲那位堂兄之父为长子，在我儿时，母亲常跟我讲起旧时在大家族中被欺压），关系不好，母亲没想起那位堂兄。在“文革”小组成员们的不断启发下，终于想到了此人，于是，不仅大吐旧社会在大家族中受的苦，也讲了这位堂兄在得知她嫁了个老革命（我父亲1937年参加八路军，比我母亲大9岁）后，嘲笑她嫁的是“土包子”“山东佬”，痛斥这位堂兄就是恨她嫁了共产党员，从仇恨共产党出发，进行污蔑。我母亲说，因为他是反共的，而自己是坚决跟共产党走的，再加上儿时的仇怨，所以，她与这位堂兄，包括他的家人从不联系，即使在他有权有势出尽风头时，她也是靠自己的努力，考进工厂里，先是当女工，再是当出纳的。经母亲一而再再而三摆事实，再加上对父亲的信任，“文革”小组成员终于全体相信了母亲的清白和对党的忠心。母亲说，离开那谈话的房间时，“文革”小组组长拍着她的肩膀说，“我们相信老王（我父亲姓王），也相信你。你以后要更坚决地与阶级敌人斗争，保卫毛主席，保卫党中央”。此事过后，我们全家，包括作为老革命的父亲，更为小心谨慎，连到上海探望外婆也改为让外婆来家居住了。后来，我舅妈、我父亲、我外婆在八年时间内相继离世。故而，1965年春节，是外公外婆家、舅舅舅妈家与我家最后一次大团圆。

后 记

就学术使命而言，我应该写一部从零食角度分析、研究中国社会的学术性专著，但因种种原因，力不从心，终于只能写成更具基础性研究资料的本书。《零食里的中国》也就增添了一个副标题——我的零食故事。甚惭愧，也甚遗憾！

本书的出版得到了社会科学文献出版社的大力支持。本书的选题提出后，童根兴先生就予以肯定，编辑也做了大量的编校工作。长期以来，社会科学文献出版社对我的科研工作予以许多支持，我设在该社的"王金玲性别研究优秀成果奖"基金的工作，更是得到了该社的诸多帮助。在此，深表谢意！

本书文字的电脑录入由高雪玉副研究员承担，初校由姜佳将副研究员承担。我退休前，高、姜两位是我科研团队的骨干成员，也是我日常工作的得力助手；我退休后，她们仍继续大力支持我的科研工作，给予我许多帮助。也深深感谢她们一直以来的支持与帮助！

要致以深切谢意的还有给我购买、制作零食的父母；送给我家和我零食、与我分享零食的诸位，以及大自然的馈赠……如果没有你们，就没有我的零食故事，也就没有本书。

此外，还要感谢我的丈夫。一直以来，他是我科研工作的精神支持者，他的首肯和支持，使我可以在广阔的想象空间自由飞翔，也达到了一定高的学术高度，科研成果取得了较好的社会效益。

在惭愧和遗憾中完成本书，希望本书能对中国研究有所裨益。若如此，也是对我有所安慰了。

王金玲

图书在版编目（CIP）数据

零食里的中国：我的零食故事 / 王金玲著. -- 北京：社会科学文献出版社，2023.9（2024.5重印）
ISBN 978-7-5228-2037-8

Ⅰ. ①零… Ⅱ. ①王… Ⅲ. ①饮食－文化－中国
Ⅳ. ①TS971.2

中国国家版本馆CIP数据核字（2023）第121535号

零食里的中国
——我的零食故事

著　　者 / 王金玲

出 版 人 / 冀祥德
责任编辑 / 孙　瑜　佟英磊
责任印制 / 王京美

出　　版 / 社会科学文献出版社 · 群学分社（010）59367002
地址：北京市北三环中路甲29号院华龙大厦　邮编：100029
网址：www. ssap. com. cn
发　　行 / 社会科学文献出版社（010）59367028
印　　装 / 北京联兴盛业印刷股份有限公司

规　　格 / 开　本：880mm×1230mm　1/32
印　张：12.5　字　数：345千字
版　　次 / 2023年9月第1版　2024年5月第2次印刷
书　　号 / ISBN 978-7-5228-2037-8
定　　价 / 99. 00元

读者服务电话：4008918866